KB187245

우리 아이
응급 주치의

상황별 응급 대처법으로
건강하게 키우기

우리 아이
응급 주치의

응급의학과 전문의
최석재 지음

책들의정원

응급실 가야 할까,
말아야 할까 고민하는 엄마 아빠들에게

아이들을 키우다 보면 응급실을 찾게 되는 일이 꼭 생깁니다. 저는 의사이지만 세 아이를 키우는 아빠로서 소아 환자의 보호자가 되기도 합니다. 실제로도 응급실에서 도움을 많이 받고 있습니다. 아이들은 여러 가지 질환을 앓기도 하고 사고로 인해 다치기도 합니다. 그렇다면 어떤 상황일 때 응급실에 가야 할까요? 보호자들이 가장 먼저 궁금해하는 것은 응급실에는 언제, 어디로 가야 할까 하는 것입니다.

응급실은 문자 그대로 빠른 대처가 필요한 환자를 위한 공간입니다. 따라서 응급실에 방문해야 할 증상과 방문하지 말아야 할 증상이 뚜렷하게 정해져 있지는 않습니다. 해열제에도 반응이 없는 고열, 전혀 먹지 못하고 아이가 기운이 없이 축 처지는 상태에서 구토·설사를 하거나 기관지염이나 폐렴으로 인한 호흡곤란, 청색증 등이 나타날 때는 꼭 응급실로 오셔야 합니다. 또한, 드문 경우지만 저혈당이나 심장 질환 악화, 천식 발작 등 기저질환을 가진 아이들의 응급 증상도 있습니다. 이럴 때는 '괜찮겠지' 하고 지켜보지 마시고 과감하게 응급실의 문을 두드리십시오.

하지만 응급이 아닌 상태를 응급 상황으로 오인해 응급실에 방문하는 경우가 많은 것도 사실입니다. 통계로 보면 응급실 방문 환자의 80%가 비응급 질환이라고 하니까요. 한 예로 첫 아이를 키우는 부모라면 아이에게 조금만 열이 나도 걱정되어 응급 상황이라고 생각해 뛰어오실 수 있을 겁니다. 이럴 때 고열의 의미와 어떤 초기 처치를 하고 지켜볼 수 있는지를 알려드리는 것도 의료진의 몫이겠지요. 다만 아이들의 상태를 진단하고 조치할 수 있는 방법 몇 가지는 미리 알고 계시는 것이 좋습니다.

먼저 응급실은 외래와는 진료를 보는 역할이 다릅니다. 간혹 "외래에서 받던 약이 떨어졌어요." "외래에서 예약했던 검사를 받으러 왔어요." 등 응급실의 역할을 넘어서는 문제를 가지고 오시는 분들이 있습니다. 응급실은 응급 환자를 위해 응급 처치를 하는 곳이지 본인의 낮일과를 마치고 여유 있을 때 진료를 받거나 검사를 빨리 받기 위해 존재하는 공간이 아닙니다. 따라서 약은 1~3일 정도로 제한된 약만 처방이 가능합니다. 또한 검사도 응급 검사만 가능하고 외래에서 예약되는 검사와는 프로세스 자체가 달라서 도움을 드리기 어렵습니다.

응급실은 진료를 하는 순서도 외래와 다릅니다. 응급실은 응급 환자를 위한 공간이기 때문에 생명의 촌각을 다투는 환자를 우선 진료하고, 그 외의 환자는 상태가 위중한 순서대로 진료를 보게 됩니다. 가령 응급실 안에 심폐소생술 중인 환자가 있을 때는 모든 응급실 자원을 동원해 심폐소생술을 우선하게 되므로 다른 환자의 진료가 30분~1시간 정도 지연되게 됩니다.

또한 보호자가 보기에 급한 증상도 의료진에게는 비응급으로 판단될 수 있습니다. 예를 들면 기침, 가래가 있으면서 아이에게 호흡곤란이 있다고 하여 빠른 초기 평가를 시행한 경우가 있었습니다. 의료진의 확인 결과 콧물이 심할 뿐 산소포화도가 정상이고 호흡수가 빠르지 않아 비응급으로 판단하고 보호자께는 더 기다려달라고 설명드렸습니다.

이런 경우 초기 평가를 먼저 받는 것은 중요합니다. 그렇지 않으면 의식 저하나 심정지, 기도 폐색 등 정말 급한 증상을 의료진이 인지하지 못해서 환자가 위험에 빠지는 일이 생기기도 합니다. 설마 하시겠지만 한 번은 감기 증상이라고 왔는데 아이가 얼굴이 시퍼레져서는 호흡을 못하는 상황이어서 응급 처치를 뒤늦게 시행한 적도 있습니다. 아이를 처음 키우시는 부모라면 어떤 상황이 응급인지 잘 모르실 수 있겠죠.

그럼 많이 아프면 무조건 큰 응급실로 가야 할까요? 아무래도 응급실에 오실 땐 급한 상황이라고 생각하고 대형병원 응급실만을 고집하는 경우가 있습니다 하지만 대학병원에서는 오히려 적절한 처치를 받지 못하는 경우가 있습니다. 특히 고열, 탈수, 외상 등 소아 응급 증상의 상당수는 가까운 병원의 응급실에서 처치가 가능한 경우가 대부분입니다. 또한 경련, 호흡곤란, 의식 저하 등 당장 긴급한 처치가 필요한 경우에도 가까운 병원의 응급실에서 초기 처치와 검사를 시행하고 추가적인 처치가 필요할 경우 적절한 병원으로 이송하는 것이 더 안전합니다.

다만 기저질환이 있어서 원래 다니던 병원이 가까운 곳에 있다면 다니던 병원의 응급실을 방문하는 것이 더 효율적입니다. 또한 돌이 지나지 않은 영아에게 응급 증상이 발생했을 때는 가능하면 소아 전용 응급센터의 도움을 받는 것이 좋습니다. 특히 생후 6개월 미만의 영아에게 발생한 열은 소아청소년과의 전문 진료가 필요한 경우가 많습니다. 영유아를 키우고 계신 부모님들은 미리 근처 대학병원에 소아 전용 응급센터가 있는지 확인해 두는 것이 좋습니다.

아쉽게도 우리나라 의료 전달 체계가 병원별로, 응급실 규모별로 역할을 제대로 분담하고 있지 못합니다. 환자가 원하기만 하면 무조건 대학병원 응급실에 방문할 수 있는 상황이죠. 그렇다 보니 정말 대학병원에서 치료받아야 할 환자가 증상이 경미한 환자와 섞여서 제때 적절한 처치를 받지 못하는 일이 생깁니다.

그래서 나온 보완 제도가 응급의료 관리료 제도입니다. 응급실은 크게 다섯 분류로 나눠집니다. 권역응급의료센터, 전문응급의료센터, 지역응급의료센터, 지역응급의료기관, 그리고 기타 응급실이 있습니다. 기타 응급실은 야간 외래의 개념으로 보시면 되고, 지역응급의료기관과 지역응급의료센터가 일반적으로 근방에서 도움을 받을 수 있는 응급실이라고 보시면 되겠습니다. 국가에서는 정기적으로 평가를 시행하여 응급실에서 준비해야 할 인력과 장비를 규정하고 심사하고 있습니다. 그리고 평가 결과에 따라 응급의료 관리료라는 소위 응급실 기본 이용료를 차등하여 지불하게 함으로써 규모와 역할에 따라 적절한 환자가 배치될 수 있도록 보완하고 있습니다.

Tip. 내 거주지 근처에 어떤 응급실이 있는지 미리 알아 둘 필요가 있겠죠? 그럴 땐 중앙응급의료센터 홈페이지 또는 응급의료정보제공 애플리케이션에서 확인할 수 있습니다. 만약 급박한 상황에서 근처 응급실을 알아봐야 한다면 119 상황실을 통해 확인하시는 것이 좋습니다. (부록의 <전국 소아 전용 응급실 목록>을 참조해주세요.)

그렇다면 119에 신고해 응급실에 가야 하는 경우는 어떤 경우일까요? 119 구급대원의 도움을 받아야 하는 경우가 따로 정해져 있지는 않습니다. 비용도 따로 지불하지 않습니다. 응급실로 이동하는 동안 처치가 필요하거나 이동하면서 손상이 가중될 수 있는 상황들, 예를 들면 의식 저하나 호흡곤란으로 인해 산소 처치가 필요하거나 경련으로 초기 처치를 하면서 이송되어야 하는 경우 등은 당연히 119 구급대원의 도움을 받아야 합니다. 그 외에 보호자가 거동이 안 되는 문제가 있다든지 하는 특수한 상황이 있을 수 있습니다. 이럴 때는 정말 필요한 경우이니 구급대원의 도움을 받아 응급실로 가세요. 환자의 상태를 잘 아는 보호자가 구급차를 타고 같이 오시는 것도 빠른 환자 상태 파악과 처치를 위해 중요합니다.

다만 구급차가 국민 모두의 세금으로 운영되는 상당히 비싼 자원이라는 사실은 인지하고 계셔야 합니다. 보통 구급차 한 대에 운전하는 대원 포함 세 분이 탑승하게 됩니다. 그리고 그 안에는 응급 상황에서 사용하는 여러 값비싼 장비들이 비치되어 있습니다. 이 구급차가 한 번 출동하는 데 드는 평균 비용이 약 50만 원 내외인 것으로 알려져 있습니다. 따라서 꼭 필요하지 않은 경우에 이용하는 것은 사회적으로 값비싼 자원의 낭비라는 것을 알아주셨으면 합니다. 외래에 방문하기 위해, 택시가 안 잡혀서 등 꼭 필요하지 않은 상황에서 구급차를 이용한 경우 정말 비싼 택시 이용하신 거라고 넌지시 얘기하곤 합니다.

응급실을 방문하는 꼬마 손님들이 가지각색인 이유

가뜩이나 정신없이 아이들 키우는 초보 엄마 아빠를 더 당황하게 만드는 응급 상황들, 어떤 게 있을까요? 저도 평소 '이런 이런 질환을 자주 본다'는 느낌은 있지만 정확하게 확인해 본 적은 없었습니다. 그래서 소아 환자가 주로 어떤 증상으로 응급실에 방문하는지 조사를 해 보았습니다.

자료를 보시기에 앞서 제가 근무했던 병원 응급실의 특성부터 알려드릴까 합니다. 이곳은 아파트가 대부분인 경기도 신도시 내의 지역 응급의료기관이라는 특징이 있습니다. 학령전기와 초등학교 학령기의 어린 친구들을 키우는 부모가 특히 많이 살고 있는 지역이라고 볼수 있겠죠. 급한 일이 생기면 바로 찾을 수 있는 작은 응급실에서 흔히 보는 소아 환자 유형이라고 보시면 되겠습니다.

먼저 보름간의 환자 정보를 모두 엑셀에 받아 정리한뒤, 그중 소아청소년 환자 중에서도 특히 영유아, 학령전기로 볼 수 있는 만 7세 이하만 남겼습니다. 이렇게 확인된 271명의 환자 정보를 가지고 보호자가 처음 진술한증상을 중심으로 '질환' 197명과 '외상' 74명으로 나눈 뒤, 항목별, 연령별로 나누어 보았습니다.

일단 질병의 발생으로 몸이 아파서 온 질환부터 살펴보죠. 어떤 증상이 가장 많았을까요? 예상하고 계셨는지모르지만 만 0세부터 7세까지 각 연령별 가장 많은 응급실 방문 이유는 '열'이었습니다. 무려 107례로 총 환자의40%를 차지하는 수였습니다. 다쳐서 온 경우를 제외한

만 나이	발열	복통	두드 러기	기침 가래 콧물	귀 통증	구토	경련	설사	호흡 곤란	그 외	총계
0	7	0	0	1	0	0	1	1	1		
1	24	2	5	3	0	2	0	0	0	보챔	
2	27	1	3	4	2	1	2	2	0	탈장	
3	11	4	1	1	3	1	0	0	0	코피	
4	11	3	3	0	1	1	0	0	0	비뇨기 통증2 턱부음	
5	11	6	2	1	2	1	0	0	1	두통	
6	11	2	2	1	1	1	0	0	1	흉통	
7	5	2	0	1	2	3	1	0	0	두통 치통 결막염	
	107	20	16	12	11	10	4	3	3	11	197

질환만을 비교했을 때는 반이 넘는 54%를 차지했네요. 그다음으로 흔한 증상은 '복통'이 20례로 질환 중 10%를 차지하였고, '가려움과 피부병변'이 16례로 8%, '기침 가래'가 12례, '귀 통증'이 11례, '구토'가 10례로 각 5~6%를 차지했습니다. 그 외에 '경련' 4례, '설사' 3례, '호흡 곤란'

<외상>

만 나이	팔다리 손상	팔 빠짐	두경부 손상	교통사고 관찰	화상	그 외	총계
0	0	0	1	1	1	상처 소독	
1	1	5	5	0	1		
2	6	7	1	0	2	약물 복용	
3	2	5	4	1	0		
4	7	1	0	1	0		
5	5	0	1	1	0		
6	3	0	0	1	0	벌레 물림	
7	5	0	3	0	0		
	29	18	15	5	4	3	74

3례가 있었고 드물게는 '두통', '비뇨기 통증' 각 2례와 '보챔', '탈장', '코피', '흉통', '치통', '눈 가려움'이 각 1례씩 있었습니다.

다쳐서 온 외상의 경우는 어떨까요? 분류하기 나름이겠지만 손가락, 발가락을 포함해 팔, 다리까지 어느 하나라도 다쳐서 온 '팔다리 손상'을 뭉뚱그려 세었더니 29례로 외상 중 40%를 차지하고 있음을 확인할 수 있었습니다. 애들이 이곳저곳 다치는 건 워낙 여러 가지니까요. 그럼 비슷한 외상으로 묶을 수 있는 건 뭐가 있었을까요? '팔꿈치 빠짐'을 아시나요? 주관절 아탈구라고도 하는 팔 빠짐 증상이 18례로 외상 중 25%를 차지했습니다. 다음으로는 얼굴, 머리를 포함하는 '두부 손상'이 15례로 20%, '교통사고'인데 증상 없이 온 경우 5례와 '화상' 4례가 있었습니다. 기타로는 엄마의 약을 잘못 먹은 경우인 '약물중독', 꼭 응급실로 왔어야 할 상황인가 싶은 '벌레 물림'과 '상처 소독'이 1례씩 있었습니다.

아픈 사람이 없는 세상이 있다면 좋겠지만 현실은 그렇지 않습니다. 특히 꾸러기 어린이들은 더 자주 다치고 더 자주 아프죠. 다행인 것은 아이들은 어른보다 더 잘 낫는다는 것입니다. 다만 그 과정에서 정말 도움이 필요한 환자가 적절한 이송을 통해 적절한 응급실에서 처치를 받도록 하는 것이 중요하겠죠. 그 적절함을 찾기 위

해 응급 구조사, 응급실 간호사, 응급의학과 의사들이
지금도 뛰고 있습니다.

2020년 6월

최석재

차례

질환 편

PART I

열

외상 편
PART 2

질환 편

PART 1

열

기침· 인후통·고열, 독감 주의보!

[도와주세요!]

아이 친구들이 독감에 걸려 고생 중입니다. 어제부턴 우리 아이도 고열에 기침과 목 통증을 호소하네요. 독감에 걸린 걸까요? 어떻게 해야 하나요?

[의사의 답변]

독감 시즌에 고열과 기침, 인후통을 호소한다면 독감에 걸렸을 가능성이 높습니다. 독감 예방주사를 맞았다고요? 그래도 독감에 걸릴 수 있습니다. 가까운 소아청소년과 의원에서 독감 진단을 받았다면 항바이러스제를 복용하며 집에서 5~7일간 푹 쉬어야 합니다.

🧰 집에서 따라하는 응급처치

· 고열을 조절하기 위해 물찜질과 해열제를 적극적으로
  사용합니다.

· 가까운 소아청소년과에서 진찰 또는 검사 후 항바이러
  스제를 처방받아 복용합니다.

· 5~7일간 집에서 자택 격리를 합니다. 푹 쉬고 많이 잡
  니다.

의사 아빠의 응급 이야기

매년 겨울이면 찾아오는 불청객이 있습니다. 매년 그 위
세가 더해지는 독감, 다른 이름으로 인플루엔자인데요.
2018년 겨울은 특히 더했습니다. 질병관리본부를 통해
독감 유행이 선포된 12월 초, 그전부터 그 기세가 심상
치 않더니 봄이 다 지난 4월까지도 기승을 떨쳤습니다.

독감 의심 환자 수가 증가하고 있다는 기사를 인용하지 않더라도 현장에 있는 사람들은 그 심각성을 먼저 알 수 있는 법이죠. 내과, 소아청소년과, 이비인후과, 응급실 할 것 없이 넘치는 독감 환자들로 북새통을 이루었으니까요.

여러분 댁은 좀 어떠셨나요? 저희는 첫째가 제일 먼저 독감을 진단받았습니다. 즉시 타미플루(항바이러스 치료제)를 복용하고 적극적으로 격리를 해가며 감염 방지에 힘썼죠. 하지만 결국 11개월 영아인 셋째에게 고열과 경련에 더해 폐렴까지 오는 바람에 일주일간 입원 치료를 해야 했습니다. 덕분에 크리스마스와 새해 첫날을 병원에서 맞아야 했지요.

아마 열나는 아이들과 간호하던 엄마와 아빠까지. 독감을 이겨내느라 고생하셨던 가정이 많을 겁니다. 2019년에는 특히 A형과 B형 독감이 동시에 유행하는 바람에 한 번 독감을 앓았다고 하더라도 안심할 수 없는 상황이었죠. 또한 필수 예방접종으로 공급되었던 3가 백신이 2019년에 유행한 B형 독감을 커버하지 못하는 바람에 예방주사를 맞았음에도 불구하고 독감에 걸리는 경우도 자주 보였습니다. 이런 상황은 의료진도 마찬가지였습니다. 환자를 돌봐야 할 간호사도 독감에 걸려 한 명 한 명 병가에 들어가길 수차례. 남은 의료진의 피로도가 극에 달하는 바람에 다 같이 힘든 겨울을 보냈죠.

독감(인플루엔자)은 늦가을부터 겨울에 걸쳐 길게는 초봄까지 유행하는 질환입니다. 이름이 독감이니 그저 독한 감기겠거니 싶으신가요? 아닙니다. 독감은 단순한 바이러스 감기와는 다른 질환으로 봐야 합니다. 최근엔 겨울 날씨가 매서워서인지 독감 유행을 겪지 않은 해가 없는 것 같네요. 보통 10년에 한 번, 큰 변이가 일어나 대유행을 겪는다고 하는데 제가 레지던트였던 2009년에 큰 유행이 한 번 있었으니 2019년이 그 시기가 아니었나 합니다. 그 당시 환자가 어찌나 많았던지 외래가 끝나는 시간에 맞춰 응급실 아래 지하층 통로에 임시 진료소 세 개를 만들고 각 과의 도움을 받아 수많은 기침, 고열, 인후통 환자를 따로 진료했던 기억이 납니다.

환자가 내원하면 응급실에서는 어떻게 진료를 볼까

요? 독감 유행 시기가 되면 접촉력을 물어보는 것이 별 의미가 없어지기도 합니다. 감기 증상 또는 인후통과 함께 고열이 있는 환자가 오면 열을 조절하기 위한 주사제를 사용함과 동시에 독감을 확인할 수 있는 간이 키트 검사를 시행합니다. 30분가량 지나면 검사 결과가 나오는데 결과에서 양성이 나오면 타미플루와 해열제, 그리고 증상에 맞는 감기약을 처방하고 자택 격리 교육을 합니다.

다른 사람에게 옮기지 않도록 학교나 직장을 쉬고 집에서 5일간, 타미플루를 사용하지 않을 경우는 7일간 지내게 됩니다. 집에 소아나 노인이 있을 경우 가능하면 따로 지낼 것을 권유하기도 하지요. 만약 간이 키트에서 음성이 나왔더라도 열난 지 몇 시간 되지 않은 경우에는 위음성, 그러니까 독감임에도 검사가 음성일 가능성이 있어 임상적 판단 하에 처방을 내는 경우도 있습니다.

위의 조치는 소아나 더 어린 영유아의 경우도 마찬가지입니다. 다만 독감이 지나간 후 폐렴이나 장염이 오는 경우가 더러 있어서 주의 깊게 지켜볼 필요가 있습니다.

열경련과 바이러스성 뇌염, 수막염도 조심해야 할 합병증 중 하나입니다. 타미플루를 잘 복용하지 못하는 경우 시럽으로 된 독감약인 한미플루 현탁액이라는 약이 있으니 참고하셔서 주치의와 상의하시면 되겠습니다.

독감약에 대해 좀 더 설명을 드릴까요? 타미플루는 사용하면 하루 이틀 내로 열이 떨어져 좋은 약이긴 하지만 구역·구토가 흔하게 나타나는 단점이 있습니다. 그런 경우 대안으로 리렌자라는 흡입제나 페라미플루라는 주사제를 사용할 수 있습니다. 페라미플루는 한 번만 주사를 맞으면 되기 때문에 약을 삼키기 어려운 노인 등에게 사용할 수 있는 장점이 있지만 가격이 비싸고 수액에 섞어 맞아야 하는 불편함이 있습니다. 또한 소아나 임산부에게는 자료가 부족해 사용이 제한되는 단점이 있습니다.

특별한 합병증이 없는 대부분의 독감 환자는 집에서 자가 격리를 유지하면서 5일 뒤 증상이 호전되면 일상생활로 돌아가면 되지만 상황에 따라서는 꼭 입원을 해야 하는 경우가 있습니다. 폐렴이나 장염이 심해 수액 치료와 항생제 치료가 필수인 경우도 있고, 기저질환이 있어서 반드시 입원 관찰을 해야 하는 경우도 있습니다. 이럴 때 격리병실에 대한 부담이 있는데 병원에 따라 다인실 몇 개를 독감방으로 지정해 운영하기도 하니 필요한 경우 원무과에 병실 상황을 확인해 보시면 도움이 될 것입니다. 독감 자체는 꼭 대학병원 치료가 필요한 질환이 아니니 가까운 2차 병원이나 작은 종합병원을 알아보시는 것이 좋겠습니다.

독감 유행이 계속되면 기저질환을 가지고 있던 분들이 더 나빠지는 경우가 많아 병원마다 중환자실과 입원병실이 없어 난리입니다. 덩달아 응급실도 매일 저녁과 휴일엔 자리 내기도 쉽지 않을 정도로 난리통이 됩니다. 평소보다 대기시간도 세네 배 늘어 진료를 기다리던 환자분들의 불편함이 큰 것은 의료진들도 잘 알고 있습니다. 전국적으로 어려운 상황일 때는 서로 조금씩 이해하면서 어려운 시기를 현명하게 넘겨야 합니다.

끝으로 당부 말씀을 드리자면, 독감이 유행할 때는 바이러스에 대한 저항성을 유지하기 위해 평소보다 일을 줄여 무리하지 마시고, 하루 2L씩 수분을 보충하면서 몸 관리를 하셔야 합니다. 또 한 가지, 마스크와 손 씻기로 개인위생을 챙기는 것 역시 중요합니다. 댁내 자녀들도 같은 방법으로 위기 잘 넘기시고 따뜻한 봄날이 올 때까지 건강하게 겨울 나시길 기원합니다.

 기억해주세요!

독감 시즌에 고열과 감기 증상을 보인다면 빠른 진단과 처치로 독감을 이기는 지혜가 필요합니다. 항바이러스제는 열이 난 지 2일 이내에 복용해야 효과가 있기 때문입니다. 적극적으로 열을 조절하면서 마스크를 착용하고 야외 활동을 자제해야 합니다.

감기

대표적인 호흡기 질환, 감기

감기는 호흡기 질환의 대표 격으로 비인두염이라고도 합니다. 주로 바이러스로 인해 코와 인두(비강과 식도 사이에 있는 기관)에 발생하는 질환입니다. 감기는 사람에게 나타나는 가장 흔한 급성 질환으로 우리에게 아주 친숙한 병입니다. 그래서 감기의 치료나 예방법이 널리 알려져 있지만, 정확히 알고 있는 경우는 드뭅니다. 우리 아이들의 건강을 위해서는 미리 감기에 대한 지식을 알아두고 대비하는 것이 좋습니다. 특히 소아는 성인에 비해 면역력이 떨어지기 때문에 감기에 쉽게 걸리고 합병증도 더 생기기 쉬우므로 아이들의 컨디션에 신경을 써야 합니다.

성인은 감기에 걸려도 면역에 특별한 문제가 없다면 3~5일 정도면 저절로 치유되고 상태가 좋아집니다. 그리고 한 번 걸리면 같은 바이러스에 대해서는 스스로 면역을 만들기 때문에 2~3주간은 다시 감기에 걸리는 경우가 드뭅니다. 그러나 아이들은 어른보다 저항성이 낮아서 한 번 감기에 걸리면 일주일 이상 가기도 하고, 여

생후 6개월 미만

생후 6개월 미만의 영아는 모체로부터 받은 면역이 남아 있기 때문에 질병에 잘 걸리지 않습니다. 이 시기에 감기 증상이 나타난다면 단순한 감기가 아닐 수 있습니다. 폐렴, 패혈증 등 심각한 질환으로 진행되지 않는지 면밀히 살펴야 합니다.

생후 6개월 ~ 만 2세

모체로부터 받은 면역이 점차 없어지고 감기에 걸리기 쉬운 시기입니다. 주위 환경을 깨끗하게 하고 가급적이면 주 양육자 외에 접촉을 줄여야 합니다. 두 달에 한 번, 많으면 한 달에 한 번 감기에 걸릴 수 있습니다. 단, 한 달에 두 번 이상 걸리면 알레르기 비염이나 부비동염 등을 의심해야 합니다.

러 번 반복해 걸리거나 합병증이 나타나기도 합니다. 감기를 빨리 낫게 하기 위한 특별한 방법은 존재하지 않습니다. 적절히 증상에 맞는 치료를 하며 몸 안의 방어기전이 바이러스를 이겨내도록 기다리는 방법뿐입니다.

또한 감기와 동반되어 합병증으로 발생하거나 감기와 구분하기 쉽지 않은 질환들이 있습니다. 비염, 부비동염, 모세기관지염과 같이 진단만 되면 비교적 쉽게 치료가 가능한 질환도 있지만, 급성 후두개염, 천식, 폐렴처럼 생명에 위협을 주어 빠른 진단과 치료가 필요한 질환도 있습니다. 또한 매년 늦가을부터 봄까지 반복되는 계절성 독감도 꼭 감별해야 할 질환 중 하나입니다. 독감은 독한 감기가 아니라 일반 감기 바이러스와는 다른

만 3세 ~ 만 8세

만 3~8세의 아이들에서는 감기의 빈도도 감소하고 자연 회복도 잘 됩니다. 일부에서 감기 증상 후에 일과성 고관절염이 생기는 경우도 있으나 이것은 감기를 잘못 치료해서 오는 것이 아니라 특별한 원인이 없이 찾아오는 경우가 많습니다. 감기 외에도 감염, 외상, 알레르기성 과민증 등이 원인이 되기도 합니다. 일과성 고관절염에 걸리면 걷는 것을 자제하고 쉬는 것이 좋습니다. 1주일 정도 시간이 지나면 대부분 저절로 낫게 됩니다.

인플루엔자^{influenza} 바이러스에 의한 질환입니다. 치료도 달라지므로 해열제에 반응하지 않는 39도 이상의 고열이 난다면 진료를 받는 것이 좋습니다.

안타깝게도 자의로 단순 감기라고 판단해 종합 감기약만 먹이며 지켜보다 병이 악화된 후에 병원에 가거나 심한 경우 응급실을 방문하는 경우가 적지 않습니다. 병원에 가는 목적은 단순히 감기를 진단하는 것만이 아니라 다른 질환은 아닌지, 합병증은 없는지 확인하기 위함입니다. 증상만 봐서는 감기인지 다른 질환인지 정확히 판단하기 어렵기 때문에 증상이 지속되면 가까운 소아청소년과 의원에서 진료를 받는 것이 좋습니다.

감기 치료법

감기는 바이러스가 원인이므로 특별한 치료 방법은 없습니다. 아이가 감기에 걸리면 수분과 영양을 충분히 섭취하게 하고 푹 쉬게 해야 합니다. 더불어 실내를 자주 환기시켜 곰팡이와 먼지를 줄이고 가습기를 틀어 실내의 적정 습도를 유지하는 등의 방법으로 주변 환경을 쾌적하게 유지시켜주는 것이 중요합니다. 또한 감기는 접촉을 통해 전염될 수 있으므로 다른 아이들을 위해서라도 외출을 삼가는 것이 좋습니다. 많은 엄마들이 감기를 약으로 치료하려는 경향이 있습니다. 하지만 현재까지 감기 치료약은 없습니다. 증상 조절을 위한 약물이 있을 뿐입니다.

열이 심할 때는 해열제부터

일반적으로 성인의 경우 정상 체온은 직장 온도를 기준으로 36.1~37.8도로 봅니다. 영유아의 경우는 정상 체온이 이보다 높고 겨드랑이로 재는 체온은 직장 체온보다 낮게 측정됩니다. 직장 체온이 가장 정확한 방법이나 재는 것이 어려운 것을 감안해 일반적으로 고막 체온을 기준으로 38도 이상이면 열이 나는 것으로 봅니다.

아이에게 열이 난다고 해서 바로 병원으로 갈 필요는 없습니다. 다만 열이 많이 나면 아이가 힘들어하고 열성경련을 일으킬 가능성도 있으므로 해열제를 사용해 열을 떨어뜨리는 것이 좋습니다. 대표적인 해열제로는 타이레놀 시럽(아세트아미노펜)과 부루펜 시럽(이부프로펜)이 있습니다. 해열제를 먹인 후 30분~1시간 정도 지켜봐서 열이 내려가면 반응이 있는 것으로 봅니다. 2시간 이상 지켜본 후 반응이 미진한 경우 먼저 복용한 해열제와 다른 계열의 해열제를 복용합니다. 그래도 열 조절이 되지 않으면 32~34도 정도의 미지근한 물로 몸을 닦아주는 것이 좋습니다. 찬 물이나 알코올 등의 냉매를 사용해서는 안 됩니다.

그래도 열이 지속되면 병원 방문을 고려하시는 것이 좋겠습니다. 39도가 넘는 열이 지속되거나 경련이 동반된 경우 가까운 응급의료기관에서 도움을 받아야 합니다. 생후 6개월 이하, 특히 100일 이내의 영아가 예방접종 후 발열 외의 열이 날 때는 즉시 소아응급센터에 방문해야 합니다.

감기에 의한 합병증

아이들은 감기에 걸리면 기관지염, 중이염, 폐렴과 같은 합병증이 생기기도 합니다. 귀를 자꾸 만지면서 아프다고 하거나, 침이나 음식물을 삼킬 때 통증을 호소하는 경우 병원에서 진료를 받고 적절한 치료를 해야 합니다. 만 4세 미만의 어린 유아는 정확한 통증을 호소하지 못하는 경우가 많으니 잠을 잘 못 이루고 울거나 자신의 귀를 잡아당기는 표현을 보이면 병원에서 확인이 필요합니다.

항생제를 사용하면 감기가 빨리 낫는다고 생각하시는 분들이 있습니다. 하지만 감기는 바이러스에 의한 질환이므로 치료에 항생제가 필요하지 않습니다. 오히려 면역 기능에 도움을 주는 유산균 등 유익균까지 죽여 악영향을 끼치기도 합니다. 하지만 의사의 판단 하에 감기가 아닌 다른 세균성 질환을 진단받은 경우라면 항생제 사용이 꼭 필요할 수 있습니다.

또한 반대로 항생제를 먹이면 안 된다고 생각하시는 분들도 있습니다. 외견상 감기와 같은 증상을 보인다 하더라도 세균성 질환의 증거가 보인다면 항생제를 꼭 써야 할 때가 있습니다. 이 같은 판단을 위해서 의사가 목과 코를 들여다보고 청진으로 폐음을 확인하는 것이죠.

진찰을 받고 항생제를 처방받은 경우에는 증상이 호전되었다고 자의로 약을 끊으면 안 됩니다. 항생제를 사용해야 하는 기간은 질환에 따라 1주에서 4주로 다양한데 증상이 호전되었다고 해서 마음대로 약을 끊으면 완전한 치료가 되지 않고 오히려 내성균만 키우는 결과를 만들 수 있습니다.

코로나19라는 미지의 불안을 앞에 두신
많은 엄마 아빠 여러분들께

2020년 우리 사회, 아니 전 세계에 큰 위협으로 번져 버려 삶의 궤적을 바꾸고 있는 코로나19 앞에서 더 의미가 특별한 인사를 드립니다. 안녕하신지요?

어느 정도 잦아들었나 하고 안심할까 싶으면 다시 들불처럼 일어나 바이러스가 퍼지는 모습에 불안함을 감출 길이 없습니다. 많은 엄마 아빠분들이 가족을 지켜내기 위해, 아이들을 지키기 위해 생업의 위기 속에서도 어떻게든 집 안으로 불길이 퍼지지 않게 하려는 힘겨운 싸움을 하고 계신 줄로 압니다. 우리 삶의 많은 것이 제한되고 멈추고 바뀌고 있지만 지치지 말고 함께 위기 이겨냈으면 좋겠습니다.

일단 여러 언론 매체를 통해 코로나19를 예방하기 위한 기본적인 수칙을 여러 차례 들어 잘 아실 거라고 믿습니다. 가장 중요한 철저한 손 씻기와 마스크 쓰기. 잘 지켜주고 계시죠? 아직 약국을 통한 마스크 공급이 완전히 원활해지진 않아 썼던 마스크를 재활용하거나 천 마스크를 쓰기도

하시는 걸로 알고 있습니다. 저도 준비된 마스크가 모자라다 보니 병원 밖에서는 마스크 끈이 떨어질 때까지, 보풀이 올라올 때까지 다시 사용하고 있어 그 불편함을 충분히 이해하고 있습니다.

우리의 안전을 위해서 일반적인 생활 수칙을 한 번 정리해서 안내를 드릴까 합니다.

하나, 집에서 지내는 것이 가장 안전하지만 피치 못할 사정으로 외출을 할 때는 최대한 사람이 많이 모이거나 출입이 잦은 곳은 피하시고 특히 건물 안이나 엘리베이터 안을 피해서 활동해야 합니다.

둘, 타인과 양팔 간격 이상으로 항시 거리를 두도록 신경 쓰고 기침하는 사람이 있다면 자리를 피합니다. 본인이 기침이 나온다면 손으로 막지 말고 팔꿈치를 들어 옷소매로 가리는 것이 손을 통한 재감염 방지 차원에서 안전합니다.

셋, 외부에서도 여러 사람이 만지는 손잡이를 잡지 않도록 최대한 노력하고 만졌다면 손을 씻을 때까지 얼굴을 만지지 않도록 주의합니다. 얼굴을 만지거나 머리를 쓸어 올리는 행동이 무의식적으로 이뤄지는 경우가 많아 특별히 주의해야 합니다.

손 씻기는 많은 분이 잘 알고 계시겠지만, 여러 번 강조해도 지나치지 않으므로 한 번 더 설명하겠습니다. 손을 씻을 때는 흐르는 물과 비누를 이용해 30초 이상 씻어야 하고 여섯 가지 방법으로 손 곳곳을 세세하게 씻어내어야 합니다. 비누가 바이러스를 직접 사멸시킬 순 없지만, 우리 손에 있는 각질층을 일부 녹여 바이러스와 함께 씻어내므로 감염의 빈도를 유의미하게 낮출 수 있는 것으로 되어 있습니다.

코로나로 인해 뒤늦게나마 5월부터 등교가 시작되었습

열

<올바른 손 씻기 방법>

손바닥과 손바닥을
마주대고
문질러 주세요

손등과 손바닥을
마주대고
문질러 주세요

손바닥을 마주대고
손깍지를 끼고
문질러 주세요

손가락을
마주잡고
문질러 주세요

엄지손가락을 다른 편
손바닥으로 돌려주며
문질러 주세요

손가락을 반대편
손바닥에 놓고
문지르며 손톱 밑을
깨끗하게 하세요

출처: 보건복지부·질병관리본부

니다. 이제 학생들도 학교에서 수업을 듣고 있지요? 마찬가지 이유로 아이들에게도 위와 같은 내용을 철저하게 가르치고 따르도록 해야 안전을 지킬 수 있습니다.

만약 열이 나거나 기침, 인후통 등 감기 증상이 있으면 어떻게 해야 할까요? 이전까지 하던 대로 근처 병원에 바로 방문하면 절대로 안 됩니다. '나는 아니겠지' 하는 안일한 생각으로 평소처럼 행동했다가 다른 중한 환자를 돌봐야 할 의료기관이 폐쇄되는 사회적인 큰 손실이 발생할 수 있거든요. 특히 병원을 통한 감염은 원내에 입원해 있던 수많은 위험군 환자들의 생명에 위협을 주는 결과를 가져오기 때문에 각별히 주의하셔야 합니다.

그럼 무조건 코로나19인지 그냥 감기인지 확인하기 위해서 열나자마자 바로 선별 진료소에 방문해야 할까요? 아닙니다. 지금과 같은 코로나19 범유행 시기에는 일단 바로 검사를 하는 것보다 자가 격리를 유지하는 것이 더 중요합니다. 코로나19라 하더라도 젊은 분들은 위험에 빠지는 경우가 드물기 때문에 호흡곤란이 없다면 가족과 떨어진 채 3~4일 정도 집에서 머물면서 증상이 호전되는지 지켜봅니다. 만약 열도 없고 기침, 콧물도 완전히 사라졌다면 이후 다시 3일가량 증상이 재발하는지 지켜보고 자가 격리를 해제하도록 합니다. 무증상 감염과 재활성화 가능성이 있어서 그렇습니다.

혹시 확진자와 동선이 겹친다는 안내 문자를 받으셨나요? 그렇다면 얘기가 다릅니다. 증상이 없더라도 검사를 받으라는 안내가 있다면 안내에 따라 검사를 받으셔야 합니다. 또한 열과 기침, 인후통 증상이 악화되고 호흡곤란이 있으면 지체없이 1339 또는 지역번호+120을 통해 본인, 또는 가족의 상태를 알리고 대처 방법에 따라 안내를 받아야 합니다. 일반적인 대처 방법은 집에서 가까운 곳에 정해진 선별 진료소를 방문합니다. 그 과정에서 대중교통을 이용해서는 안 되고 자가 차량을 이용해 혼자 방문하는 것이 원칙입니다.

어서 코로나19가 소멸하여 우리 모두 평온한 일상으로 돌아갈 수 있으면 좋겠습니다. 그 시기가 빨리 올 수 있도록 각자 자리에서 노력해주시고 조금만 참아주시길 마음 깊이 당부드립니다.

병원에서 듣기
힘든 열 조절과
탈수 방지법

[도와주세요!]

저녁때부터 아이에게 미열이 있더니 밤이 되고부터 고열이 납니다. 응급실에 갈 정도는 아닌 것 같아서 가지고 있던 해열제만 한번 먹였는데 괜찮을까요?

[의사의 답변]

아이 컨디션이 나쁘지 않고 해열제를 먹였다면 열이 나자마자 바로 응급실을 방문할 필요는 없습니다. 발열이 시작된 첫 날엔 열의 원인이 불명확한 경우가 많고 저절로 낫는 바이러스 질환이 대부분이기 때문입니다. 해열제를 적극적으로 사용하면서 물놀이 또는 물찜질로 열을 조절해주시고 다음날 아침에 소아청소년과 진료를 받으세요.

📋 집에서 따라하는 응급처치

· 고열을 조절하기 위해 물찜질과 해열제를 적극적으로 사용합니다.

· 해열제는 부루펜 계열과 타이레놀 계열을 번갈아 4시간 마다 사용할 수 있습니다.

· 다음날 가까운 소아청소년과 의원에서 진찰 또는 검사를 받습니다.

· 수분 보충을 위해 평소보다 물을 많이 마시게 하고 무리하지 않고 푹 쉬게 합니다.

의사 아빠의 응급 이야기

고열로 인해 응급실에 오는 환자가 많아지는 시기가 있습니다. 성인, 소아 할 것 없이 발열 환자가 늘어나지요. 대부분 목감기로 통칭해 부르는 다양한 바이러스성 질환들입니다. 인후두염, 구내염, 편도염, 헤르판지나 등입니다. 이 질환들은 고열과 인후통이 특징입니다. 약 3일에서 5일 정도 고열이 나다 저절로 열이 떨어지면서 낫게 됩니다.

하지만 이렇게 저절로 낫게 되기까지 넘어야 할 산이 두 개가 있습니다. 하나는 이 기간 동안 발생하는 열을 효과적으로 조절하는 것이고 다른 하나는 인후통으로 도통 먹질 못하는 아이가 탈수되지 않도록 하는 것입니다. 대부분의 바이러스 질환은 각자의 면역기능을 통해 저절로 이겨 내게 되므로 이 기간 동안 열과 탈수라는 두 가지 산을 잘 넘는 것이 중요한 치료라고 할 수 있습니다. 그래서 병원의 짧은 진료 시간 동안에는 들을 수 없는 효과적인 열 조절과 탈수 방지 방법에 대해 알려드리고자 합니다.

아이들을 키우다 보면 응급실에 갈 일이 한 번씩은 꼭 생기죠. 응급의학과 의사인 저도 아이 셋을 키우다 보니 종종 응급실 신세를 집니다. 저라고 별 수 있나요. 특히 39도가 넘어가는 고열이 나면 열성경련을 막기 위해서라도 응급실로 달려가 해열진통제 주사(성분명: 디클로페낙)

를 맞춥니다. 열성경련 예방처치라고 부르는 물찜질(테피드 마사지)도 해야 하죠. 열나는 아이를 데려온 보호자께도 같은 설명을 드립니다. 여기까지는 다른 선생님들과 똑같죠? 아무래도 몇 가지 노하우가 더 있다 보니 보호자분들께 설명할 거리가 늘어납니다. 엄마들에게 "집에서 물찜질 잘 해주시나요?" 하고 물어보면 대부분은 "우리 애가 물찜질을 싫어해서요"라며 말끝을 흐리십니다.

응급으로 열을 조절하기 위한 주요 방법 중 하나인 물찜질이 대부분 제대로 이뤄지지 않는다는 것을 알 수 있죠. 그럼 물찜질, 즉 테피드 마사지에 대해서 조금 더 알아볼까요? 물찜질은 물이 증발하면서 소비되는 기화열이라는 기전을 이용해 고열이 나는 환아의 몸에서 열에너지를 뺏어내는 것입니다. 물에서 수증기가 될 때 에너지가 필요해 피부 표면의 열에너지를 뺏어가는 과학 기전을 활용하는 것이죠. 차가운 물의 온도로 체온을 낮추는 것이 아닙니다.

더운 여름에 샤워할 때 찬 물보다 약간 따뜻한 물로 샤워하는 게 좋다고 하는 것과 비슷하다고 볼 수 있습니다. 몸의 모세혈관도 확장되고 오한도 줄이는 것이죠. 그래서 아이에게 물찜질을 해줄 때도 찬 물보다는 약간 따뜻한 정도의 미지근한 물을 사용하는 것이 효과가 더 좋습니다. 하지만 이런 과학적 기전을 다 알고 있다고 하더라도 실제로 물찜질을 잘 하게 되는 것은 아닙니다. 응급실에서 뒤편에 자리를 마련하고 미지근한 물을 준비해드려도 아이는 낯선 환경에 울기 바쁘고 엄마, 아빠는 비지땀을 흘리며 어찌할 줄 모르는 모습을 보이는 경우가 많습니다. 아이가 놀라 빽빽 우는데 과연 열이 떨어지긴 할까요? 열이 더 나지 않으면 다행이겠죠.

정말 40도 넘는 고열에 축 처진 아이이거나 당장 열성경련을 해서 온 것이 아니라면 저는 다음과 같이 교육시키고 집에 보내드립니다. 집에서 물놀이하고 재우시라고요. 물놀이, 얼마나 재미있는 방법입니까? 근데 그걸 응급실에서 하려니 아이도 힘들고 엄마도 힘들죠.

방법은 간단합니다. 욕실 욕조에 따뜻한 물을 10~15cm 깊이 정도로 자박하게 채워놓고 아이와 함께 욕조에 들어갑니다. 물조리개로 화분에 물을 주듯이 머리부터 시작해 몸 이곳저곳에 물을 뿌려줍니다. 물 튀기기 놀이를 해도 좋죠. 습도가 낮을수록 기화가 잘 되므로 여름에는 욕실 문을 살짝 열어두는 것도 좋습니다. 겨울엔 추우니까 환풍기를 틀어주세요.

이렇게 아이와 함께 웃고 떠들며 물놀이를 하는 사이에 아이의 체온도 뚝 떨어지게 됩니다. 열만 떨어지면 아이들은 컨디션이 금방 좋아지죠. 재잘재잘 말도 많아진 내 아이의 모습을 보면 부모의 긴장도 다 녹아내립니다.

두 번째 산이 남았습니다. 목이 아프다며 도통 먹지 않는 아이, 어떻게 도와줘야 할까요? 목에 수포가 보일 정도로 염증이 진행되면 아이들은 물도 못 넘길 정도로 힘들어합니다. 어른도 똑같죠. 편도염이 심하게 오면 밥맛이 없고, 밥 넘기는 게 상당히 고역입니다. 어떻게 하는 게 좋을까요? 그럴 땐 아이스크림이나 음료수를 먹으면 좋습니다.

차가운 아이스크림이나 음료수는 입안의 염증을 덜 자극하기 때문에 먹을 때 통증이 덜합니다. 아이들도 똑같죠. 먹고 싶은 것 먹게 하시고 아이스크림도 이럴 땐 못 이기는 척 허용해주세요. 저는 아이스크림 대신 얼린 감, 얼린 망고, 얼린 딸기, 얼린 블루베리 등 얼린 과일을 두고 먹이는데 이것도 효과가 좋습니다. 특히 가을에 박스로 사놓고 얼려 둔 홍시는 한여름에 아주 좋은 간식거리죠.

다만 아이가 얼린 과일이나 좋아하는 아이스크림도 못 먹고 물도 전혀 못 넘기는 상태가 24시간 이상 지속된다면 탈수될 우려가 있기 때문에 입원해서 수액 치료를 받아야 할 필요가 있습니다. 응급실에서 한 번 맞는 수액은 많아도 500cc 정도로 탈수를 충분히 보정하기엔 모자라기 때문에 병실이 허용한다면 수액을 달고 입원하는 것이 나을 수 있죠. 병실이 없으면 하루하루 수액 맞으면서 며칠을 버텨야 하는 경우도 생깁니다.

탈수 상태가 오기 전에 수액을 맞겠다며 아이가 한 끼만 못 먹어도 미리 응급실을 찾으시는 어머니들이 계십니다. 하지만 너무 이른 수액 치료는 별 의미가 없습니다. 그 수액이 금방 소변으로 나오거든요. 아이들에게는 주사를 맞는 것이 아주 무서운 일일 수 있기 때문에 괜히 주사 트라우마만 생기게 하는 결과가 될 수 있습니다.

가벼운 증상인데 응급실에 오는 건 도움이 되지 않습니다. 그렇다고 너무 버티면 아이도 엄마도 고생하게 마련이지요. 그렇기 때문에 응급실을 가야 하는 것인지 아닌지 아이의 상태를 파악할 수 있는 최소한의 지식이 필요합니다. 현명하게 응급실을 잘 활용하시길 바랍니다.

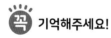 기억해주세요!

고열을 방치하면 열성경련 등의 위험에 빠질 수 있습니다. 적극적으로 열 조절을 시행해주세요. 컨디션이 잘 유지된다면 구태여 수액 치료를 할 필요는 없습니다. 아이가 너무 기운이 없고 구토까지 동반된다면 장염이나 수막염일 수 있으므로 진찰 및 검사가 필요합니다.

연령별 정상 체온과
체온 재는 법

체온은 연령에 따라 다르고 재는 방법에 따라, 아침저
녁 일주기에 따라 조금씩 차이가 납니다. 영유아 및 학
령전기 소아는 성인에 비해 체온이 약간 높습니다. 정상
체온의 범위는 연령별로 볼 때 만 1세 이하 영아는 37.5~
37.7도, 만 3세 이하는 36.7~37.4도, 만 6세 이하는 36.5~
37.2도, 만 6세 이상은 성인과 같이 36.5~37.0도를 보입
니다. 재는 방법에 따라서 겨드랑이 체온의 정상 범위
는 35.3~37.3도, 구강 체온은 35.5~37.5도, 고막 체온은
35.8~37.8도, 직장 체온은 36.6~37.9도로 봅니다. 연령

에 따라, 재는 방법에 따라 발열 기준이 다르지만 대체로 38도 이상이면 발열이라고 판단할 수 있습니다. 집에 체온계가 있다면 우리 아이의 정상 체온은 어느 정도인지 미리 알고 계시는 것이 좋겠습니다. 집에서 정확하게 잰 체온을 의사에게 알리는 것도 진료에 도움이 됩니다.

체온 측정 시 주의점

· 겨드랑이 체온을 측정할 때는 땀을 닦은 후 움직이지 않는 상태에서 5분가량 측정합니다.

· 겨드랑이 체온은 구강이나 직장 체온에 비해 정확성이 떨어지기 때문에 정확한 체온을 측정하기 위해서는 다른 방법을 이용하는 것이 좋습니다.

· 고막 체온은 측정이 쉽고 빨라 효율적이지만 귀지가 많으면 부정확할 수 있습니다. 체온을 한 번만 측정하지 말고 반대쪽 귀를 포함해 3회 정도 측정하여 가장 높게 나온 체온으로 발열 여부를 판단해야 합니다.

· 직장 체온은 가장 정확하다고 알려져 있지만 자주 측정하기 어려운 단점이 있습니다. 특히 무리해서 체온계를 삽입하는 경우 직장 천공의 위험이 있으므로 주의하세요.

· 활발하게 움직인 후에는 체온도 약간 상승하므로 안정되길 기다려 측정해야 합니다.

연령별 정상 체온(직장 체온 기준)

1세 이하 : 37.5도
3세 이하 : 37.2도
5세 이하 : 37도
7살 이상 : 36.6~37도

기준이 되는 직장 체온보다 구강 체온은 1도, 겨드랑이 체온은 1도, 고막 체온은 0.5도 가량 낮습니다.

생후 3개월 미만인 영아의 발열

생후 3개월 미만의 영아가 직장 체온 기준 38도, 다른 방법의 체온 기준 37.5도 이상의 열이 나면 단순한 감기라고 생각하지 마시고 즉시 병원 진료를 받아야 합니다. 패혈증이나 폐렴 등의 중한 질환일 수 있습니다. 해열제를 먹이며 지켜보지 말고 바로 소아 전용 응급실이나 소아청소년과 병원을 찾아가야 합니다.

· 아이가 열이 난다 싶으면 바로 체온을 측정하는 것이 좋습니다. 손으로 이마를 만지는 것만으로는 정확한 온도를 알 수 없고 보호자의 체온이나 환경에 따라 다르게 느껴질 수 있기 때문입니다. 병원에 방문하기 전 해열제를 복용할지 판단하는 데에도 도움이 됩니다.

열이 날 때 바로 응급실에 가야 하는 경우

생후 6개월 미만의 아기가 38도 이상의 열이 난다면 열의 원인이 감염성 질환인 경우 혈액을 통해 전신에 균이 퍼지는 패혈증으로 악화될 가능성이 있습니다. 해열제를 먹이며 지켜볼 것이 아니라 바로 소아청소년과 전문의를 찾거나 일과시간이 아니라면 소아응급센터를 찾아가야 합니다.

그 외에 6개월 이상 소아가 해열제에 반응 없이 39도 이상의 열이 날 때, 열성경련 과거력이 있어서 빠른 해열이 필요한 때, 의식이 처지거나 눈이 돌아가고 손발을 떠는 등의 경련 증상을 보일 때에는 즉시 가까운 응급실에서 도움을 받아야 합니다.

열이 있더라도 잘 먹고 일상적인 컨디션을 유지한다면 해열제를 먹이고 하룻밤 정도는 지켜봐도 괜찮습니다. 특별한 증상이 없는 발열의 70%는 단순 바이러스 질환으로 이 경우에는 대부분 응급 진료가 필요하지는 않습니다. 하지만 아이의 상태가 평소와 달리 많이 처져 걱정된다면 병원에서 진료를 받는 것이 좋겠습니다.

해열제는 권장 용량에 맞춰 먹입니다

해열제는 발열을 일으키는 질환을 치료해주는 약이 아닙니다. 우리 몸의 면역 반응에 의한 과도한 발열 상태를 조절하여 회복에 도움을 주는 약입니다. 따라서 해열제에 대한 과도한 믿음으로 용량보다 과하게 사용하는 것이나 약물에 대한 불신으로 필요할 때에 사용하지 않는 것 모두 지양해야 할 필요가 있습니다.

해열제는 종류별로 권장 용량과 사용 가능한 최대 용

량이 다릅니다. 일반적으로 사용하는 타이레놀 시럽과 부루펜 시럽을 기준으로 말씀드리면 타이레놀과 부루펜은 공히 체중에 1/3~1/2을 곱한 숫자만큼의 ml를 하루 3~4회 사용할 수 있습니다. 1회 복용에 20ml를 넘기지 않습니다. (예를 들면 20kg 소아는 타이레놀과 부루펜 7~10ml를 4시간마다 번갈아가며 사용해 발열을 조절합니다. 또는 가루약에 해열제가 들어 있는 경우 가루약은 하루 3회 일정하게 복용하고 다른 계열의 시럽을 중간에 추가하는 방법으로 조절하기도 합니다.)

5일 이상 지속되는 발열, 가와사키병

가와사키병은 다양한 장기에 영향을 미치는 급성 열성 혈관염으로 대부분 5세 이하의 소아에서 발생합니다. 38.5도 이상의 고열과 사지말단의 부종, 피부의 발진과 결막의 충혈, 경부 림프절 비대와 딸기처럼 빨갛게 변하는 혀 등의 증상을 특징으로 합니다. 원인을 알 수 없는 38.5도 이상의 고열이 적어도 5일 이상 지속되고 앞에 기술한 기타 증상이 보일 때 진단합니다.

치료는 면역글로불린 요법과 아스피린을 사용하는데 진단과 치료가 늦어지면 심장 혈관인 관상동맥 합병증이 남게 되어 주의를 요합니다. 원인은 아직까지 확인되지 않았으나 유전 요인이 있는 것으로 알려져 있어 가족 중에 가와사키병을 앓은 분이 있다면 특히 조심할 필요가 있습니다.

열이 날 때 의심해봐야 하는 질환들

복통, 설사, 구토와 함께 발열을 보이는 급성 장염, 증상은 비슷하지만 수술이 필요한 충수돌기염, 귀에 통증을 일으키는 중이염, 구토와 두통, 의식장애까지 발생 가능한 뇌염, 수막염 등 다양한 질환이 발열을 특징으로 합니다.

다른 증상 없이 열이 나는 영유아나 빈뇨, 배뇨곤란, 복통을 보이는 소아, 학령기 아동은 요로감염을 의심해야 합니다. 소변 검사 및 배양 검사를 통해 진단할 수 있습니다. 요로감염은 증상이 호전되었어도 균이 완전히 사라질 때까지 꾸준히 항생제 치료를 해야 합니다. 한번 요로감염에 걸린 아이는 30~50%에서 재발을 보이기 때문에 주의를 요합니다.

체온이 정상보다 낮아질 때

사람의 몸은 물에 빠졌다거나 옷을 제대로 갖춰 입지 않고 비바람을 맞는 등의 추운 환경에 노출되면 체온을 잃기 쉽습니다. 또, 다양한 내분비계 질환으로 인해 인체 대사율이 감소하여 저체온증이 발생하기도 하고, 저혈당 발생 시나 뇌손상, 뇌졸중과 같은 중추신경계의 이상으로 인해서 저체온증이 유발되기도 합니다.

아기의 체온을 쟀을 때 체온이 36도 이하로 떨어졌으면 다시 한번 체온을 측정합니다. 겨드랑이 체온을 측정하기보다는 구강이나 고막 체온을 측정하는 것이 좀 더 정확합니다. 체온을 다시 측정했을 때도 아기의 체온이 낮다면 일단 이불을 덮어주어 몸을 따뜻하게 해주고 불렀을 때 반응이 명료한지 살펴봅니다. 의식 상태가 불안정하다면 두꺼운 이불로 감싸서 바로 응급실로 데려가야 합니다. 아이의 의식이 명료하다면 난방을 올려 따뜻한 환경을 만들어줍니다. 간혹 패혈증의 경우에도 체온이 낮아지는 경우가 있으므로 호전이 없으면 소아청소년과에 찾아가서 진료를 받습니다.

소아에게 열이 나면 중심 체온이 올라가면서 손발 말초 부위의 온도는 낮아지는 경우가 있습니다. 팔다리만 찬 경우라면 중심 체온을 우선해 해열 조치를 하면서 손끝 발끝은 보온해주시면 됩니다.

단순한
감기가 맞나요?
애가 가슴이
아프대요

[도와주세요!]

며칠 전부터 감기 증상이 있더니 오늘은 가슴이 아프다며 앞가슴을 부여잡네요. 그냥 감기약만 먹이고 지켜봐도 될까요?

[의사의 답변]

만약 감기 증상이 있다가 흉통 또는 호흡곤란을 호소하는 경우, 중한 질환을 의심해야 합니다. 단순한 기관지염부터 폐렴, 심근염 등의 가능성이 있으므로 소아청소년과 또는 소아응급센터에서 진료를 받아야 합니다.

📷 집에서 따라하는 응급처치

어린 아이가 흉통 또는 호흡곤란을 호소하는 경우, 지체하지 마시고 소아청소년과 또는 소아응급센터의 도움을 받으세요. 만약 청색증이 동반되거나 의식이 떨어지는 상태라면 119의 도움을 받아야 할 수도 있습니다.

의사 아빠의 응급 이야기

갑자기 우당탕 하며 가슴을 부여잡고 응급실에 환자가 실려 들어옵니다. 순간 응급실 의료진의 심박동 또한 마구 빨라지기 시작합니다. 환자분이 식은땀과 함께 혈색 없는 모습으로 심하게 찡그린 얼굴을 하고 계시면, '아이고 올게 왔구나' 하는 생각이 들죠. 응급실의 수많은 환자 중에서 흉통을 호소하는 환자가 가장 긴급한 검사와 처치가 필요합니다. 흉통은 심근경색, 협심증, 대동맥

박리 등 생명을 위협하는 질환일 때 나타나는 증상이기 때문이죠. 그렇다면 어린이 환자의 경우엔 어떨까요?

열

전공의 시절에 있었던 일입니다. 아침 의국 회의를 준비하면서 환자를 정리하던 중이었죠. 갑자기 "여기 좀 봐주세요!" 하는 다급한 남자의 목소리가 들렸습니다. 고개를 돌려보니 남자의 품에 의식 없이 고개를 떨군 유치원생 정도 되는 여자아이가 안겨 있었습니다. 침상에 눕혀 맥박을 확인해 보니 맥박은 없고 의식도 전혀 없는 상태로 심정지 상황이었습니다. 급히 심폐소생술을 시작하면서 보호자인 아빠로부터 자세한 상황을 물었죠.

최근 감기 증상이 있어 소아청소년과에서 진료를 받던 아이는 아침부터 이상스레 가슴이 아프고 숨이 차다는 얘기를 했다고 합니다. '별일 아니겠지' 하고 지켜보기엔 아이가 너무 힘들어해서, 아빠는 아이를 차량 뒷자리에 태우고 외래 진료를 볼 요량으로 병원으로 향했다고 해요. 병원에 거의 다 도착했을 무렵, 아이가 말이 없어 뒤돌아보니 거품을 물고 경련을 하고 의식이 없었다고 합니다. 아마 병원으로 향하던 중에 심장마비가 발생한 것 같았습니다. 꺽꺽 대며 차마 크게 소리도 내지 못하는 아빠의 안타까운 울음을 뒤로하고 온힘을 다해 심폐소생술을 이어 갔던 기억이 납니다. 하지만 안타깝게도 아이의 심장은 다시 뛰지 않았습니다.

당시 혈액 검사와 도착 전 상황을 종합해 추정한 사망의 원인은 급성 심근염이었습니다. 바이러스가 심장 근육과 심장을 둘러싸는 심막에 염증을 일으켜서 발생하는 질환이죠. 심근염의 무서움을 다시 한 번 확인하게 되는 순간이었습니다. 보통 성인에게 발생하는 흉통은 관상동맥이라는 심장 근육에 혈액을 공급하는 혈관이 좁아지거나 막혀서 발생하는 경우가 많습니다. 소아의 경우에는 그런 경우가 흔치 않죠.

특별히 선천성 심질환(심장 기형이나 심판막질환 등)을 앓고 있었거나 심혈관에 이상을 일으키는 질환을 가지고 있는 경우가 아니라면 보기 어렵습니다. 하지만 심근염이라면 얘기가 다릅니다. 증상은 보통 감기 증상 이후에 열과 빈맥, 호흡곤란을 보이면서 흉통을 호소하는 경우가 많습니다. 단순히 기침을 해서 가슴이 아프겠거니 하고 무시하면 안 되는 이유입니다. 열이 없고 감기 증상이 없었다면 폐에 구멍이 나서 공기가 새어 나오는 기흉을 의심해볼 수 있고, 자신도 모르게 어딘가에 부딪치거나 근육이 긴장해 발생하는 근육통 등 다른 원인을 고려하게 됩니다.

그럼 소아 흉통이 발생하면 어떻게 해야 할까요? 아이들에게 어디가 아프냐고 물어보면 두루뭉술하게 답하는 경우가 많습니다. 어른들처럼 숨을 들이쉴 때 아픈지, 움직일 때 아픈지, 운동 시 더 아픈지 등 자세하게 파악하기 어려운 경우가 많지요. 가슴이 아픈지 윗배가 아픈지도 자세히 물어봐야 알 수 있습니다. 하지만 부모님이라면 진료실에서보다 많은 정보를 얻으실 수 있지요. 집에서 시간을 두고 지켜보며 관찰했던 모습을 의료진에게 알려주시면 진료에 큰 도움이 됩니다. 어떤 행동을 할 때 통증을 호소했는지, 계속 아팠는지, 간헐적으로 아팠다 안 아팠다 했는지, 통증을 잊고 잘 놀기도 했는지 등 세세한 정보들 말입니다.

만약 호흡곤란이 동반되거나 입술이 파래지는 청색

증이 있거나 움직이지 못할 정도의 흉통을 보이면 바로 가까운 응급실에 가서 진료를 받으셔야 합니다. 그런 응급 증상이 없다면 소아청소년과 외래 진료를 받으셔도 늦지 않겠습니다. 중요한 것은 '애들이 가슴이 아프다고 해서 별 일 있겠냐' 하는 어림짐작으로 골든타임을 놓치지 않는 것이겠죠. 가슴 엑스레이 검사 하나만으로도 위험한 질환을 상당 부분을 잡아낼 수 있으니까요.

아이가 심상치 않은 가슴 통증을 호소한다면 무시하지 마시고 아이의 말과 행동을 잘 듣고 관찰해주세요. 통증이 계속되거나 잘 놀지 못할 정도로 힘들어한다면 빨리 의료진에게 알려주세요. 위기를 넘길 수 있는 마지막 기회일 수도 있습니다.

꼭 기억해주세요!

흉통이 있으면 단순한 감기가 아닐 수 있습니다. 아이가 가슴을 부여잡고 아프다고 하거나 호흡곤란을 호소한다면 가볍게 생각해서 그냥 지켜보지 마시고 소아청소년과에서 진료를 받으세요. 특히 입술에 청색증이 보이거나 의식이 떨어진다면, 즉시 119의 도움을 받아 소아응급센터로 가서 진료를 받아야 합니다.

해열제의 종류와 사용법

경구약과 좌약

해열제는 입으로 먹는 경구약과 항문에 삽입하는 좌약, 두 종류가 있습니다. 보통은 경구약을 우선적으로 사용하지만, 아이가 먹지 못하거나 약을 토할 때, 의식이 없을 때는 좌약을 사용하는 것이 좋습니다. 시중에 유통되는 좌약은 아세트아미노펜 계통의 써스펜 좌약이 있습니다.

경구약과 좌약을 별개로 생각하는 분들이 계십니다. 그러나 해열제는 입으로 먹으나 항문으로 넣으나 몸에 흡수되는 것은 마찬가지이기 때문에 타이레놀 경구약을 먹였다면 바로 써스펜 좌약을 사용하실 필요는 없습니다. 구토가 있거나 아이가 거부해 약을 먹이지 못하는 경우에 한해 좌약을 사용하는 것이 좋습니다. 해열제는 정량을 먹이는 경우는 안전하지만, 정량을 초과하게 되면 간독성, 위 손상 등 부작용을 초래할 수도 있기 때문에 주의해서 사용해야 합니다.

해열제의 성분에 따른 종류

해열제에는 성분에 따라 아세트아미노펜, 이부프로펜(덱시부프로펜) 계열로 나뉩니다. 아세트아미노펜 계열의 시중에 유통되는 해열제는 타이레놀과 챔프 시럽, 세토펜 현탁액 등이 있고, 이부프로펜 계열 중에는 부루펜 시럽, 이부서스펜 시럽, 바비펜 시럽, 어린이 파렌 시럽 등이 있으며, 이부프로펜과 거의 같은 성분으로 구성된 덱시부프로펜 계열 중에는 맥시부펜 시럽, 맥스프로 시럽, 덱시탑 시럽, 애니펜 시럽 등이 있습니다.

아세트아미노펜과 이부프로펜은 안전성과 효과가 비슷하지만 구분해서 사용하는 것이 좋습니다. 생후 100일부터 6개월 이전의 아기라면 아세트아미노펜을 사용하고, 생후 6개월이 지난 아이라면 아세트아미노펜과 이부프로펜 모두 사용할 수 있습니다. 해열 효과는 큰 차이가 없다고 알려져 있으나 아이에 따라 한 가지 해열제가 더 잘 듣는 경우가 있습니다.

해열제는 용법대로만 사용하면 매우 안전한 약이지만 아세트아미노펜은 다량 복용 시에 간 손상의 가능성이 있고, 이부프로펜(덱시부프로펜)은 위장 장애가 생길 수 있습니다. 정량을 먹인다고 해도 자주 먹이면 부작용의 우려가 있으므로 주의해야 합니다. 유통되는 해열제에는 연령별로 복용량이 적혀 있지만 더 정확하게는 몸무게에 따라 복용량을 조절하는 것이 좋습니다.

또한 15세 이하 소아에게 아스피린을 사용하면 '라이증후군'이라는 심각한 뇌병증을 유발할 수 있습니다. 어른이 사용하던 아스피린을 의사의 처방 없이 아이가 복용하는 일은 없어야 합니다. 아스피린이 소아에서 권장

체중별 해열제 복용 용량의 기준

아세트아미노펜 계통		이부프로펜 계통		덱시부프로펜 계통	
3~4.5mL (몸무게 10kg당)		2.5~5mL (몸무게 10kg당)		2.5~5mL (몸무게 10kg당)	
5kg	1.5~2.3mL	5kg	1.34.5mL	5kg	1.3~2.5mL
10kg	3~4.5mL	10kg	2.5~5mL	10kg	2.5~5mL
20kg	6~9mL	20kg	5~10mL	20kg	5~10mL
30kg	9~13.5mL	30kg	7.5~15mL	30kg	7.5~15mL

덱시부프로펜의 용량은 이부프로펜과 동일합니다. 일부 논문에서는 덱시부프로펜을 사용 시 이부프로펜보다 더 적은 용량으로 동일한 효과를 본다고 하기도 합니다. 공히 체중의 1/3에서 1/2 사이로 하루 3~4회 먹입니다.

되는 경우는 가와사키병 치료만으로 제한됩니다.

아세트아미노펜의 올바른 사용법

아세트아미노펜의 경우 1회 복용 시 몸무게 1kg당 10~15mg의 용량을 4~6시간마다 먹입니다. 시중에 유통되는 아세트아미노펜 계통인 타이레놀 시럽의 경우 1mL에 32mg이 들어 있으므로, 몸무게 10kg당 3~4.5mL, 체중에 1/3~1/2를 곱한 숫자만큼 복용하는 것이 적당합니다. 하루에 복용하는 횟수는 5회를 초과하지 않도록 합니다. 써스펜 좌약은 3~12개월 영아는 1개, 1~2세는 1~2개, 3~6세는 2개를 항문을 통해 직장 내에 삽입합니다. 하루 2~3회 사용이 가능합니다. 직장의 근육 긴장으로 인해 좌약이 밀려 나올 수 있으므로 양쪽 대퇴부를 1분 정도 오므려줍니다.

아세트아미노펜 복용 시 주의사항

아세트아미노펜 계통의 해열제는 적절한 용법대로 사용하면 매우 안전한 약이지만, 용량을 초과해서 사용하거나, 정량을 사용하더라도 장기간 복용하면 간에 손상을 줄 수 있습니다. 12세 이하의 소아는 5일 이상 복용 시에 주의해야 하고, 성인은 10일 이상 복용 시에 주의해야 할 필요가 있습니다. 성인 기준으로 일일 최대 복용량은 4,000mg이며, 이를 초과해서는 안 됩니다. 아세트아미노펜과 알코올을 같이 복용하면 심각한 간 손상을 유발할 수 있습니다. 알레르기 반응을 일으킬 경우는 즉시 복용을 중지해야 합니다.

이부프로펜의 올바른 사용법

이부프로펜의 경우 1회 복용 시 몸무게 1kg당 5~10mg 의 용량을 6~8시간마다 먹입니다. 이부프로펜과 성분이 거의 동일한 덱시부프로펜은 몸무게 1kg당 5~7mg의 용량을 8시간 간격으로 먹입니다. 시중에 유통되는 이부프로펜 계통인 부루펜 시럽의 경우 1mL에 20mg이 들어 있으므로, 몸무게 10kg당 2.5~5mL를 복용하는 것이 적당합니다. 하루에 복용하는 횟수는 3~4회를 초과하지 않도록 합니다. 덱시부프로펜 계통인 맥시부펜 시럽의 경우 1mL에 12mg이 들어 있으므로, 몸무게 10kg당 4~5.5mL를 복용하는 것이 적당합니다. 하루에 복용하는 횟수는 4회를 넘어서는 안 됩니다.

이 기준을 적용해 외우기 쉽게 정리하면 이부프로펜 또는 덱시부프로펜 계열 해열제는 체중에 1/3 또는 1/2

을 곱한 숫자만큼 하루 4회까지 사용하면 되겠습니다.

이부프로펜과 덱시부프로펜 복용 시 주의사항

이부프로펜이나 덱시부프로펜의 경우 생후 6개월 미만의 아기에게 복용시켜서는 안 됩니다. 또한 장기간 복용 시에 위장관 질환과 신장 장애를 일으킬 수 있습니다. 신장 장애 병력이 있거나 구토나 설사를 하고 배가 아픈 아이의 경우는 소아청소년과 전문의와 상담하는 것이 좋습니다. 특히 탈수 증상이 있는 아이가 이부프로펜 계통의 해열제를 사용할 경우 신장 손상의 위험이 있기 때문에 주의가 필요합니다. 피부 발진 또는 기타 과민 반응의 증상이 나타날 시에는 즉시 약물 투여를 중단해야 합니다.

해열제의 올바른 보관법

해열제 시럽은 냉장고에 보관하는 것보다는 상온

(15~25℃)에 보관하는 것이 좋습니다. 낮은 온도에 두면 침전이 생겨서 정확한 용량을 사용하지 못하게 됩니다. 빛에 노출을 피하기 위해 원래 포장되어 있던 차광용기와 종이박스를 그대로 사용합니다. 복용하고 남은 해열제는 변성 가능성이 있으므로 플라스틱 시럽 병에 넣은 것은 2주, 차광용기에 담긴 상태면 4주 내에 사용하고 그 이상 지나면 버리도록 합니다. 아이가 갑자기 열이 나는 경우를 대비해서 개봉하지 않은 해열제를 약장에 보관해 두는 것이 좋습니다.

무서운 감염 질환들 ─ 뇌염, 수막염, 요로감염

[도와주세요!]

아이가 열이 나서 감기겠거니 하고 해열제만 먹고 지켜봤는데 열이 조절되지 않네요. 이제는 구토까지 하기 시작했습니다. 장염인걸까요?

[의사의 답변]

열이 나는 경우가 감기와 장염만 있는 것은 아닙니다. 다른 무서운 감염 질환을 감별해야 하거든요. 특히 설사 없이 두통, 구토만 동반되는 경우 뇌염이나 수막염을 고려해야 합니다. 그 외에 급성 간염이나 요로감염도 검사가 필요한 질환입니다.

📋 집에서 따라하는 응급처치

해열제와 물찜질에 반응이 없는 39도 이상의 고열이거나 설사가 없는 두통과 구토가 동반된 고열이라면 단순 감기나 장염이 아닌 다른 감염 질환일 수 있습니다. 어떤 질환인지 확인하기 위해 소아청소년과나 소아응급센터에서 진료를 받을 필요가 있습니다. 주치의의 판단하에 혈액검사와 소변 검사, 또는 입원해서 뇌척수액 검사를 받아야 할 수 있습니다.

의사 아빠의 응급 이야기

불덩이 같이 열나는 아이 돌보느라 밤새 고생하신 경험은 아이들 키우는 엄마 아빠라면 누구나 있을 겁니다. 저도 마찬가지고요. 감기 도는 철에 기침하고 콧물이 나면서 열나는 경우야 그나마 걱정을 덜하고 지나갈 수 있지만 해열제에도 반응 없는 고열이 지속되는 경우는 주의해야 할 사항들이 몇 가지 있습니다. 이번에는 소아 환자에게 발생하는 무서운 감염 질환들에 대해 살펴보려 합니다.

먼저 고열, 구토, 두통, 이 세 가지 증상이 함께 있는 경우에 고려해야 할 질환이 있습니다. 바로 뇌염과 수막염입니다. 경련을 하거나 의식장애, 예를 들면 엄마 아빠를 잘 못 알아보거나 술 취한 것 같은 행동을 보이는 경우에도 이 질환들을 의심해야 합니다.

단순한 바이러스성 수막염이라면 합병증 없이 나을 가능성이 높지만 그렇다 하더라도 세심한 관찰과 적극적인 치료를 위해 입원 치료가 필수입니다. 단순히 응급실에서 시행하는 혈액 검사만으로는 확진이 어렵고 뇌척수액 검사를 통해 진단을 해야 하기 때문입니다. 이 검사는 요추천자라는 방법으로 검사를 하는데요. 허리 뒤쪽의 척추 사이를 통해 긴 바늘을 찔러 넣어 척수액을 뽑아 시행하는 검사입니다. 이 검사를 시행하고 나면 두통 등 합병증 예방을 위해 8시간 이상 침상 안정이 필수입니다. 아이들에게는 심히 두렵고 힘든 검사이고, 그래

서 아이의 부모님에게도 마찬가지로 부담스러운 검사이
지만, 뇌염이나 수막염이 의심되는 경우 꼭 시행해야 하
는 검사입니다.

드물긴 하지만 뇌염의 경우는 신경학적 장애 등 더 심
한 합병증이 생길 수 있으므로 주의해야 합니다. 단순히
열이 나서 잠깐 헛소리를 하겠거니, 짧거나 애매한 경련
이니까 괜찮겠거니 하고 증상을 무시하지 마시고 약간
이라도 평소 같지 않고 이상하다 싶으면 가까운 응급실
또는 소아 전용 응급센터에서 전문의와 상의를 하시는
것이 좋습니다.

그 외에 진찰만으로 확인이 되지 않는 열의 원인으로
인플루엔자(독감)나 요로감염, 급성간염 등을 의심하고
검사를 고려할 필요가 있습니다. 의료진이 보기에 열의
원인이 분명치 않다고 생각되는 경우, 예를 들면 기침,
콧물도 없고 목도 거의 붓지 않았는데 열이 많이 나면
앞에서 언급했던 질환들을 의심하고 검사를 권유하게
됩니다. 독감은 보통 독감 현장검사로, 요로감염은 소변
검사로 확인하고 급성간염이나 기타 여러 질환은 혈액

검사로 어느 정도 확인이 가능합니다. 다만 검사마다 정확성에 한계와 차이가 있으므로 열이 난 지 24시간이 되지 않은 경우라면 의료진의 설명을 듣고 시행 여부를 결정할 수도 있겠습니다.

어떤 감염 질환이든 아이의 면역체계가 버티는 수준을 넘어가면 전신 패혈증에 빠지는 경우가 생깁니다. 아이가 점점 처져서 거의 놀지도 않고 누워만 있는 상태가 된다면 지체 말고 병원의 도움을 받는 것이 좋겠습니다. 고열에 지쳐서 놀지 않는 경우도 있지만 당이 떨어져서, 탈수가 심해서 처지는 경우도 보게 되고 심한 경우 케톤산증으로까지 진행되어 생명에 위협을 겪는 경우를 간혹 보게 됩니다. 아이의 상태는 항상 지켜보고 있는 보호자가 가장 잘 아는 법이니까요. 아이의 안전을 위해 엄마 아빠가 더 현명하게 대처해야겠죠.

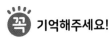 **기억해주세요!**

기침, 콧물 없이 해열제와 물찜질에도 반응이 없는 고열의 경우, 단순한 편도염일 수도 있지만 위험한 감염 질환인 경우가 있습니다. 흉통이나 호흡곤란이 있는 경우, 두통, 구토가 동반되는 경우, 황달이 있는 경우, 소변이 뿌옇게 변한 경우, 기운이 없고 축 처지는 등 아이의 컨디션이 평소와 다르면 소아청소년과 또는 소아응급센터의 도움을 받으세요.

호흡기 질환의 종류와 특징

인두염

　인두는 공기와 음식물이 통과하는 통로이기 때문에 감염성 질환이 발생하기 쉬운 부위입니다. 인두염은 열이 나고 목에 통증이 생기는 증상이 감기와 비슷해서 흔히 목감기라고 부르기도 합니다. 인두염은 특별한 치료 방법이 없고, 대증요법으로 치료합니다. 해열제와 진통제를 사용해 발열과 통증을 조절하고, 미지근한 생리식염수나 소금물로 가글을 해주면 증상이 호전될 수 있습니다. 인두의 통증 때문에 음식을 넘기는 것이 힘들 수 있으므로 죽이나 미음을 먹이는 게 좋습니다.

대부분의 경우 바이러스성 인두염이므로 항생제를 투여할 필요는 없지만 사슬알균 감염과 같은 세균성 인두염의 경우에는 항생제 치료를 해야 합니다. 세균성 인두염은 대개 2세 이하의 소아에게는 잘 발생하지 않으며 유치원이나 학교생활을 시작하면서 발생 빈도가 증가합니다. 인후와 편도가 심하게 붉게 부풀거나 노랗고 피가 비치는 염증성 액체로 덮이는 소견을 보이면 진단이 가능합니다. 세균성 인두염을 제대로 치료하지 않으면 심장과 신장에 합병증이 생길 수 있으므로 의심 시 적극적

인두염 **만 5세 이상**

인두염은 대개 5세에서 15세 사이의 소아 청소년에게 나타납니다. 유치원이나 학교생활을 시작하면서 타인과의 접촉이 늘어나기 때문에 발생 빈도가 증가합니다.

후두염 **6개월 ~ 만 5세**

6개월에서 만 5세에 가장 많이 발생하는 질환입니다. 늦가을에서 겨울에 많이 발생하고 1년 내내 나타날 수 있습니다. 재발이 흔하기 때문에 감기 증상이 시작되면 기침 소리가 변하지 않는지 주의 깊게 살펴봐야 합니다. 성장하면서 점점 재발 빈도가 감소합니다.

으로 진료를 받는 것이 좋습니다. 만일 세균성 인두염으로 확진이 되면 완전히 치료가 될 때까지 의사의 소견에 따라 항생제를 복용해야 합니다.

급성 폐쇄성 후두염

컹컹대는 기침이나 목이 쉰 듯한 소리를 내고 목에 통증이 있는 질환을 급성 폐쇄성 후두염이라고 합니다. 감기를 일으키는 바이러스 감염에 의해 발생하고 생후 3개월~5세 미만의 아이가 잘 걸립니다. 인두 아래 부분에 위치한 후두는 기관지로 공기가 들어가는 통로가 되므로 염증으로 인해 좁아지면 호흡곤란이 올 수 있습니다. 증상은 주로 한밤중에 심해지며, 2~3일 정도 악화되다가 그 이후로 점차 나아집니다. 3~6세까지는 재발되기 쉽지만 합병증에만 주의하면 성장하면서 재발 가능성도 줄어들게 됩니다. 만약 호흡곤란이 심하거나 침을 못 삼키고 흘리는 증상을 보인다면 기도가 심하게 좁아졌을 가능성이 높으므로 즉시 응급실에서 도움을 받아야 합니다.

모세기관지염

모세기관지염은 호흡기에서 가장 작은 가지에 해당하는 세기관지에서 발생하는 호흡기 질환으로 급성 세기관지염이라고도 부릅니다. 모세기관지염은 주로 2세 이하의 영유아에게 발생하며 1세 전후에 빈번하게 발생합니다. 영유아가 입원하는 가장 흔한 원인이고 의사가 청진을 해야만 진단할 수 있는 병입니다. 모세기관지염에 걸리면 2~3일간은 염증으로 인해 기관지의 직경이 좁아져서 숨을 내쉴 때 쌕쌕거리는 소리를 내고, 콧물, 발열, 기침, 호흡곤란의 증상이 나타나기도 합니다. 이 질환은 천식과 증상이 비슷해 구별하기 어렵고, 때로는 천식과 겹치는 경우도 있습니다.

모세기관지염은 특별한 치료 방법이 없으며 증상에 따라 치료하는 대증요법을 씁니다. 모세기관지염이 심해져서 천식이 생기는 것에 대해서는 아직 논란이 많지만 모세기관지염을 앓은 아이들은 천식의 발생 위험 또한 높다는 보고들이 많습니다. 그러므로 아이가 모세기관지염에 걸렸다면 치료에 주의를 기울이는 것이 좋습니다. 섣불리 감기라 판단하고 종합감기약을 먹이고 지켜보다 병을 더 악화시킬 수 있으므로 주의해야 합니다.

호흡이 너무 빠르고 구토 현상이 동반될 때, 입술 주위와 손끝에 청색증이 나타나고 잘 먹지 못할 때는 응급실 또는 소아청소년과를 찾아가서 진료를 받는 것이 좋습니다. 증상이 가벼운 아이라면 외래 치료를 하고, 호흡이 너무 빠른 경우 입원을 권유받을 수 있습니다. 호흡곤란이 있는 아이는 산소호흡기를 통해 저산소증을 해소하고, 탈수 증상이 보이면 수액 치료를 해야 합니다.

폐렴

폐렴은 폐의 세기관지보다 더 아래쪽에 있는 폐포에 염증이 생기는 병으로 주로 미생물에 의한 감염이 원인입니다. 마이코플라즈마를 포함한 세균이나 바이러스, 이물질의 흡인, 알레르기로 인해 감염이 되기도 합니다. 폐렴이 발생하는 원인에 따라서 감염성 폐렴(바이러스, 세균 등)과 비감염 폐렴(이물질의 흡인, 알레르기 등)으로 구분합

니다. 폐렴에 걸린다고 모두 병원에 입원해서 치료해야
하는 것은 아니고 전신 컨디션이 좋고 기침만 하는 경우
라면 외래 치료도 가능합니다. 하지만 유아, 소아는 가
래를 잘 뱉지 못하고 호흡곤란을 오래 버티지 못하므로
쉽게 악화될 수 있습니다. 기침과 발열이 심하면 흉부
엑스레이 검사를 통해 찍어 폐렴 여부를 확인하는 것이

폐렴 **만 2~3세**

폐렴은 영아 및 소아에서 겪을 수 있는 가장 위험한 질환 중 하나입
니다. 신생아를 제외한 5세 미만에서 가장 흔하게 발생하는데, 그중
에서도 만 2~3세의 소아에서 자주 발생합니다. 폐렴 예방접종을 하
면 폐렴구균에 의한 폐렴은 예방할 수 있지만 폐렴 전체를 막아주는
것은 아닙니다. 가장 중요한 것은 손 씻기 등 개인 위생관리를 철저히
하고 주변 환경을 항상 깨끗하게 유지하는 것입니다.

만 5~15세

이 시기의 소아 청소년에게는 마이코플라즈마에 의한 폐렴이 발생하
기 쉽습니다. 심한 기침, 발열과 같은 감기와 비슷한 증상을 보이면서
4~5일 지나도 나아지지 않고, 피부 발진, 팔다리 통증이 있다면 의심
해봐야 합니다. 진단이 되면 마이코플라즈마에 맞는 특별한 항생제
로 치료합니다. 예방 백신이 없기 때문에 위생 관리를 철저히 하는 것
이 최고의 예방법입니다.

좋습니다.

흉막까지 염증이 침범하면 호흡 시에 통증을 느낄 수 있고 구토, 설사, 두통, 근육통, 피로감 등의 전신 증상이 발생할 수 있습니다. 폐렴은 다양한 증상을 보이기 때문에 환자의 상태에 따라 다른 치료를 합니다. 미생물이나 세균에 의한 폐렴의 경우 항생제를 이용하여 치료합니다. 특히 아이들이 폐렴에 걸리는 주원인 중에 마이코플라즈마라는 세균성 폐렴이 있습니다. 특별한 항생제를 사용해야 하므로 소아청소년과 의사와 상의하여 필요한 항생제를 선택해야 합니다. 항생제를 사용할 경우에는 의사가 그만 먹어도 좋다고 할 때까지는 계속해서 복용해야 합니다.

폐렴 예방접종은 모든 종류의 폐렴을 다 예방할 수 있는 주사는 아닙니다. 이 접종은 폐렴구균이라고 하는 세균에 의한 폐렴만을 예방하는 접종이므로 폐렴구균 예방접종을 맞았더라도 다른 종류의 세균이나 바이러스에 의한 폐렴에 걸릴 수 있습니다.

열

백일해

백일해는 보르데텔라 백일해균^{bordetella pertussis}에 의한 감염으로 발생하는 호흡기 질환으로 경련성 기침을 심하게 하는 것이 특징입니다. 발작, 구토 등의 증상도 함께 나타납니다. 1세 미만의 아이의 사망률이 높은 질환이지만, 현재는 예방접종으로 인해 발생률이 현저히 낮아졌습니다. DPT 예방접종의 P가 바로 백일해^{pertussis}를 의미하는 것입니다. 기침이 오래갈 경우, 예방접종을 받지 않은 환아의 경우 의심해야 합니다.

백일해에 걸리면 환자는 항생제 치료 시작 후 5일간 격리 조치를 합니다. 방 안의 습도를 높이고 먼지가 없는 깨끗한 환경을 만들어주면 치료에 도움이 됩니다. 3개월 미만의 영아나 심폐 질환이 있는 소아는 입원 치료를 해야 합니다. 6개월 미만의 영아의 경우 병이 진행되면서 기관지염, 폐기종, 중이염 등의 합병증이 발생하기도 하고, 기침을 심하게 해서 모세혈관이 파열되기도 합니다. 또한 심한 기침으로 인해 잘 먹지 못해 탈수 증상이 나타날 수 있습니다.

구토

아이가 자꾸
구토를 해요.
장염에 걸린
걸까요?

[도와주세요!]

애가 체한 것 같아요. 자꾸 구토를 하네요. 병원에 가지 않고 일단 지켜봐도 괜찮을까요?

[의사의 답변]

금식에도 호전되지 않는 구토는 진료가 필요합니다. 구역, 구토만 있다면 증상을 조절하고 지켜볼 수 있지만 복통이 동반되거나 복부 진찰에서 압통이 있는 경우에는 수술이나 응급처치가 필요한 질환일 가능성이 있습니다.

🧰 집에서 따라하는 응급처치

구토가 반복된다면 일단 금식을 하고 지켜봐야 합니다. 금식만으로 진정이 되고 복통이 없다면 12시간가량 금식을 유지하세요. 아침에 보리차를 끓여서 소량을 먹여 보고 증상에 따라 진료를 받을지 결정해도 늦지 않습니다. 복통이 동반되거나 혈변이 보인다면 진료가 필요합니다.

의사 아빠의 응급 이야기

어린 아이들이 응급실에 오는 주요 증상 중 하나가 바로 구토입니다. 보호자들은 아이를 데리고 응급실에 오셔서 대뜸 "우리 애 위염이에요, 아니면 장염이에요?" 하고 물어보시는 분도 있습니다. 위염과 장염을 구분하는 게 큰 의미가 없다는 사실은 둘째로 치더라도 구토를 하면 무조건 위장염이라고 생각해선 안 됩니다. 만일 그렇다면 진료도 아주 쉽겠지만 실제로는 구토 하나의 증상에도 고려해야 할 질환이 참으로 다양하답니다.

어떤 때에 아이가 구토를 하게 될까요? 체했을 때, 아니면 장염이 왔을 때일까요? 차를 오래 타서 멀미로 인해 구토를 할 때도 있겠죠. 보호자 입장에서는 이런 원인을 궁금해 하시겠지만 의료진이 먼저 고려하는 부분은 조금 다릅니다.

성인도 마찬가지지만 구토 증상을 보여서 응급실에 온 소아를 진찰할 때는 아이가 복통을 같이 호소하는지, 두통을 느끼지는 않는지, 열이 동반되는지, 기침을 하다가 토한 건 아닌지, 설사도 있는지 등을 물어보게 됩니다. 아이가 배가 아프다는 표현을 하면 단순 장염일 수도 있지만 충수돌기염(맹장염)이나 장중첩증 등일 가능성도 있습니다. 이런 질환을 놓치지 않기 위해서는 그에 맞는 검사를 고려해야 하죠. 두통을 동반하는 구토나 열이 있는 구토는 뇌수막염 등을 고려해 봐야 합니다. 또 기침을 하다가 토하는 경우 목감기, 기관지염일 수 있지만 폐렴으로 진행된 건 아닌지 꼼꼼한 진찰이 필요합니

다. 이를 바탕으로 초음파 검사, 혈액 검사 등이 필요한
지 판단하게 되지요.

구토로 음식물을 전혀 먹지 못해서 탈수를 걱정해
야 하는 상황이라면 어떨까요? 구토가 계속되어서 24시
간 이상 음식을 먹지 못하고 있다면 탈수가 진행되었다
고 볼 수 있습니다. 교과서에서 보는 탈수의 증거인 마른
혀, 피부 탄성의 변화는 어지간히 탈수가 심하지 않고서
는 보기 힘듭니다. 따라서 아이가 평소와 달리 처진다던
지 전혀 먹지 못하고 물만 마셔도 토한다는 보호자 진술
이 있다면 수액치료를 고려하게 됩니다. 하지만 응급실
에서 수액 치료가 어려운 이유는 따로 있죠. 잠깐도 아니
고 자기 몸에 주사를 수차례 찔러 가며 수액을 잡는 과정
을 의연하게 받아들일 아이들은 별로 없습니다. 매번 소
아 환자가 정맥주사를 맞는 침상은 전쟁터가 됩니다.

그래서 정말 수액이 꼭 필요한 상태가 아니고 충수돌
기염이나 장중첩증처럼 당장 원인을 감별해야 할 상태
가 아니라고 판단되면 우선 증상 조절을 시행합니다. 진
토제를 복용하고 응급실에서 구토가 진정되는지 지켜보

는 거죠. 구토가 진정되고 복통도 없다면 다음날까지 금식을 유지하면서 집에서 지켜볼 수 있습니다. 만약 구토가 다시 발생하거나 다른 증상이 동반된다면 진찰을 한번 더 받는 것이 좋겠죠.

그 외에 드물지만 소아 당뇨에 의한 케톤 산증이라는 질환으로도 구토가 발생하는 경우가 있습니다. 진정되지 않는 구토 증상에 대해 검사를 고려해야 하는 이유 중 하나죠. 응급으로 수액 치료를 받지 않으면 합병증도 생길 수 있는 위험한 상태거든요.

그럼 응급실에서 진료를 본 뒤엔 어떻게 해야 할까요? 아이들은 구토가 잠시 호전되었다 하더라도 자극적인 냄새나 음료만으로도 금방 재발하는 경우가 있습니다. 적어도 한 끼 정도는 금식을 유지하고 구토도 없고 복통도 없이 증상이 완연히 호전되는 양상을 보이면 물부터 시작해서 식이를 시작하면 되겠습니다. 식이를 시작할 땐 끓인 보리차를 숟가락으로 조금씩 먹여주시고 더 이상 구토를 하지 않으면 미음이나 죽을 조금 먹이고 지켜보시는 것이 좋습니다.

처방받은 진토제를 복용하고 있음에도 증상이 호전되지 않거나 열, 복통이 동반되는 등 증세가 진행되는 소견을 보인다면 다시 한번 병원에 방문하는 것을 주저하지 마세요. 탈수를 교정해야 하기도 하지만 초기에는 확인이 어려웠던 숨어 있는 질환을 찾아봐야 할 수도 있으니까요.

 기억해주세요!

구토를 일으키는 질환에는 체한 것 또는 장염만 있는 것이 아닙니다. 만약 복통이 있다면 병원을 방문하셔야 합니다. 데굴데굴 구를 정도의 복통이 동반되거나 혈변, 딸기잼 같은 점액변이 있는 경우 응급 질환일 가능성이 있습니다. 즉시 대학병원 응급센터나 소아응급센터에서 진료를 받으세요.

장염

장염은 장에 생기는 염증성 질환으로 복통, 구토, 설사를 일으킵니다. 감염에 의한 장염은 바이러스성과 세균성으로 나뉩니다. 소아에서는 주로 바이러스성 장염이 많으며 그 원인은 대표적으로 노로 바이러스와 로타 바이러스가 있습니다. 노로 바이러스는 성인, 소아 할 것 없이 전 연령에서 발생하고 로타 바이러스는 소아에서 흔하죠. 최근에는 로타 장염 백신이 보편화되어 발생률이 현저하게 감소하였습니다. 세균성 장염으로는 이질, 장티푸스 등이 있습니다.

바이러스성 장염에 걸리면 반복되는 구토와 설사로 아이가 탈수될 수 있으므로 지속적으로 수분을 보충해야 합니다. 모유 수유와 이유식은 그대로 유지하는 것이 좋습니다. 분유를 먹이는 경우에는 의사의 판단에 따라 조절이 필요할 수 있습니다. 탈수 방지를 위해 금식은 하지 않는 것이 원칙입니다. 수분 보충이 어려울 경우 의사의 판단에 따라 수액 치료와 입원 치료를 고려할 수 있습니다.

장염으로 인해 구토와 설사가 심할 때는 우선 소아청소년과 의사에게 진료를 받아야 합니다. 의사의 판단 없이 장기간 금식을 하는 것은 성장 발달에 문제를 일으킬 수 있어 위험합니다. 구토와 설사의 양이 많지 않고 복통이 없다면 조금씩 음식을 먹이면서 경과를 지켜보세요. 간혹 아이의 설사를 멎게 하려고 의사의 처방 없이 지사제를 사용하는 분들이 있습니다. 설사는 아이의 몸에 들어온 나쁜 요소들을 빨리 배출하기 위한 몸의 작용입니다. 지사제로 이 작용을 억지로 멈추게 하면 장염이 악화될 수 있습니다.

의사가 처방한 전해질 용액이 있으면 소량씩 자주 먹입니다. 6시간 이상 구토나 설사가 없다면 원래 먹이던 음식을 먹여도 좋습니다. 구토가 없다면 가급적 빨리 경구 섭취를 시도하는 편이 좋지요. 소아에서 설사는 의외로 오래갈 수 있습니다. 그래도 의사의 판단 하에 설사의 호전 없이도 원래 먹이던 음식을 먹이는 경우가 많습니다.

생후 3개월~만 2세 이하

장염 바이러스는 생후 3개월부터 2세 이하의 영유아에게 흔히 감염됩니다. 생후 6주부터 로타 예방접종을 받을 수 있으므로, 가능하면 접종을 받는 것이 좋습니다.

아스트로바이러스는 약한 로타바이러스와 같은 특징을 가집니다. 겨울철에 가장 많이 발생합니다.

아데노바이러스는 대부분 2세 이하 아동에게 피해를 줍니다. 감염은 1년 내내 나타나며 여름철에 근소하게 증가합니다.

노로바이러스 또한 최근 증가 추세에 있어 주의가 필요합니다. 겨울철 식중독의 주요 원인이 됩니다. 바이러스에 접촉 후 입을 통해 몸속으로 들어온 뒤 24시간의 잠복기를 거칩니다. 소아에서는 구토가 주 증상으로 나타나고 설사가 동반되기도 합니다. 심하면 탈수로 수액치료가 필요할 수 있으나 대부분 저절로 낫습니다.

위의 바이러스 감염들은 대변-구강 전염으로 확산되므로 손을 잘 씻고 오염된 음식이나 물을 섭취하지 않도록 주의해야 합니다.

장염에 걸린 아이에게 혹시 더 좋을까 싶어 특수 분유를 먹이는 경우가 있습니다. 하지만 소아청소년과 의사의 처방이 없을 경우에는 특수 분유를 함부로 먹이지 마세요. 설사가 심해지고 구토와 발열, 복통, 혈변이 보이면 바로 응급실에 가거나 소아청소년과 전문의의 진료를 받아야 합니다.

세균성 장염으로 진단한 경우 항생제를 투여할지 결정하게 됩니다. 증상에 따라 사용하지 않을 수도 있습니다. 일단 의사의 판단에 따라 항생제를 사용하기로 결정했다면 계획에 따라 일정기간 유지해야 합니다. 항생제 투여 후에 일시적으로 나아져 보인다고 해서 의사의 소견 없이 항생제 투여를 중단해서는 안 됩니다. 치료 실패와 내성균이 문제 될 수 있기 때문입니다. 특히 아이의 변에서 콧물 같은 점액이나 혈변이 보일 경우에는 세균성 장염 또는 장중첩증 등을 의심해야 하며, 반드시 소아청소년과 의사 또는 응급실에서 진료를 받아야 합니다.

장염을 예방하는 가장 좋은 방법은 자주 손을 씻는 것

과 로타 장염 예방접종을 하는 것입니다. 장염은 언제든 발생할 수 있지만 세균성 장염은 여름에, 바이러스성 장염은 겨울에 발생 빈도가 높습니다. 이 시기에는 가급적 외식을 삼가고 세탁, 환기, 청소 등을 통해 주변 환경을 깨끗이 유지하는 것이 좋습니다. 로타 장염 예방접종은 물약을 먹이는 방식으로 접종하는데 종류에 따라 2회, 또는 3회 접종하게 됩니다. 스케줄대로 접종을 마치면 로타 바이러스의 대부분을 예방할 수 있습니다. 세계 보건기구에서는 모든 나라에서 국가 기본접종으로 로타 장염 백신을 접종하는 것을 권장할 정도입니다. 생후 6주부터 접종할 수 있고 생후 15주 이내에 첫 접종을 마쳐야 합니다.

복통

갑자기
배가 아프대요.
엄마 손은 약손도
안 듣네요

[도와주세요!]

아이가 갑자기 배가 아프다고 합니다. 평소엔 배를 살살 문질러 주면 나았는데 오늘은 정말 아픈지 데굴데굴 굴러요. 맹장염인 걸까요?

[의사의 답변]

갑자기 배가 아픈 증상을 급성 복통이라고 합니다. 갑자기 심한 복통이 발생할 경우 감별해야 할 질환이 여러 가지입니다. 단순한 변비부터 맹장염이라 불리는 충수돌기염까지, 검사가 꼭 필요한 질환이 많죠. 복통의 양상을 잘 살펴보고 가능한 빨리 응급실로 오셔서 의사에게 상황을 자세히 알려주시면 진단에 도움이 됩니다. 초음파 검사 등 추가 검사가 필요한 경우 대학병원으로 이송될 수 있습니다.

🧰 집에서 따라하는 응급처치

갑자기 발생한 심한 복통은 검사와 처치가 필요한 경우가 많습니다. 일단 변의가 없더라도 화장실에 한번 앉아 있어 보는 것도 괜찮습니다. 다만 화장실에 가도 해결되지 않는 복통은 응급실에 오셔서 진료를 받아야 합니다.

의사 아빠의 응급 이야기

복통 환자는 성인이더라도 어려운 환자 중 하나로 꼽힙니다. 단순한 위염, 장염부터 초기 증상만으로는 진단을 놓치는 경우가 많기로 유명한 충수돌기염(맹장염), 새벽에 옆구리 통증이나 아랫배 통증이 나타나는 요로결석과 담낭 담석, 그 외에 장마비, 혈관 질환 등 복통 증상을 보이는 질환은 아주 다양합니다. 그렇다면 소아의 복통은 어른의 복통과 뭐가 다를까요?

소아 복통의 가장 어려운 점은 문진과 진찰이 명확하기 어렵다는 점입니다. 아직 대화가 불가능한 영아, 유아의 경우는 말할 것도 없겠죠. 유치원생 시기를 일컫는 학령전기 아이들도 배의 어디가 아프냐고 물으면 배꼽 주위로 배 전체가 아프다고 할 뿐 복통의 위치를 특정하지 못하는 경우가 많습니다. 진찰에 협조를 얻기 어려운 문제도 한몫 하죠. 누워서 다리를 세우고 배에 힘을 빼야만 자세한 복부 진찰이 가능한데 이런 협조를 얻기 어려운 경우가 많습니다. 그래서 진료 전, 부모님이 도와주셔야 할 부분들이 있습니다.

일단 아이가 배가 아프다고 하면 복통의 양상과 간격, 동반 증상 등을 자세히 살펴주시는 게 도움이 됩니다. 평소 변비가 있지 않았는지, 설사와 구토가 동반되는지, 아팠다 안 아팠다 하는지, 계속 심하게 아프지 않았는지, 뒹굴 정도로 또는 엉엉 울 정도로 아픈지 등을 말이죠.

그중 학령전기 소아는 변비로 인해 복통을 호소하는 경우가 많은데요. 평소 변비가 있었냐고 물으면 매일 변을 잘 보고 변비가 없었다고 답하시는 부모님이 많습니다. 하지만 아이들은 변을 봤다고 하더라도 직장에 변이 남아 있는 경우가 많습니다. 어른들도 그런 경우가 있죠? 평소 변을 보던 장소와 시간이 다를 경우에, 아니면 변을 한 번 참았다가 누는 경우에 변을 다 보지 못했다는 느낌이 들 때 말이죠. 주위 모든 것이 호기심 대상인 아이들에겐 온몸을 이완하고 편안하게 변을 보는 게 더욱 어렵죠. 그렇다 보니 매일 변을 잘 봤다고 하더라도 사실 직장에 변이 남아 있는 경우가 많고, 그로 인해 변비로 심한 복통을 호소하는 경우가 더러 있습니다.

구토, 설사도 없이 복통으로 온 경우에는 엑스레이 검사를 한 후 변비임을 진단받고 관장하면 증상이 호전될 것입니다. 하지만 그 외에 특히 주의해야 할 질환이 몇 가지 있습니다. 그중 하나가 6개월에서 만 2세의 아이에게 자주 나타나는 장중첩증이라는 질환입니다. 장이 주사기가 밀려들어가듯이 말려들어가 장벽이 붓고 막히면서 심한 복통을 일으키다가 혈변이 생기고 심한 경우 수술까지 필요할 수 있는 질환입니다. 그 외에 흔히 맹장염이라고 부르는 충수돌기염은 소아가 특히 주의해야 하는 복통의 원인 중 하나입니다. 더불어 바이러스 장염이나 장꼬임, 탈장과 관련해 나타나는 장마비(장폐색)도 복통의 주요한 원인 중 하나라고 볼 수 있겠습니다.

그렇다면 이런 여러 가지 가능성에 대해 어떻게 진단하고 치료해야 할까요? 대화가 가능한 연령이라면 복통의 양상을 직접 물어보고 진찰로 어느 정도 원인을 예상할 수 있겠지만 대화가 불가능할 정도로 더 어린아이들은 무턱대고 우는 통에 진찰 자체가 불가능한 경우가 많습니다. 이럴 때 가장 큰 도움이 되는 진단 도구는 복부 초음파입니다. 초음파 검사가 가능하다면 문제 해결이 좀 쉬워지지만 밤 시간이나 주말에 초음파 검사가 불가능한 경우도 많습니다.

그렇다면 응급의학과 의료진은 어떻게 소아 복통을 진료할까요? 저는 보통 이럴 때 관장이 도움이 될 만한 상황인지 아닌지를 먼저 따져봅니다. 변비가 있다면 관장 자체가 치료이자 진단의 도구가 되니 도움이 되겠죠? 만약 장중첩증이라면 관장해서 나온 변에서 혈변이나 딸기잼 같은 점액변을 확인할 수 있겠습니다. 변은 많이 봤는데 복통이 호전이 없다면 충수돌기염 등 다른 질환이 숨어 있을 것이라고 판단할 수 있는 근거가 되지요. 이런 경우는 초음파 검사가 필수라고 생각할 수 있겠습니다.

어린이 복통 환자를 만났을 때 추가로 더 고려해야 할 것들이 있습니다. 복통으로 왔지만 배가 원인이 아닌 경우인데요. 예를 들면 어른들 모르게 어디 부딪쳐서 생긴 가슴 통증이나 폐렴에 의한 호흡곤란을 배가 아프다고 표현하는 경우가 있습니다. 아래쪽으로는 남아의 경우 비뇨기 문제일 수 있습니다. 고환 염전이나 귀두포피염, 탈장을 복통으로 표현하는 경우도 있죠. 그렇기 때문에 의료진과 보호자의 면밀한 관찰이 필요합니다.

 기억해주세요!

갑자기 심한 복통이 발생하면 검사와 처치가 필요한 경우가 많습니다. 화장실에 가도 해결되지 않는 복통은 응급실에 오셔서 진료를 봐야 합니다. 복통의 간격, 변의 양상 등을 관찰해 알려주시면 진단에 도움이 됩니다.

복통을 일으키는 여러 가지 원인

　앞에서 잠깐 언급했듯이 복통의 원인은 매우 다양합니다. 위염, 장염에 걸려 구토, 설사를 하는 경우 복통이 동반되기도 하고 흔히 맹장염이라고 부르는 급성 충수염이 원인인 경우도 있습니다. 그 외에 발열이 동반되는 장간막 림프절염이나 요로감염, 변비나 단순한 스트레스 반응 등 여러 원인이 있지만 보호자도 의사도 아픈 양상만 듣고는 그 원인을 파악하기 어렵습니다. 소아는 의사표현이 서투를 뿐 아니라, 성인과 다르게 질병의 전형적인 증상을 보이지 않는 경우가 많기 때문입니다. 따라서 복통이 심하면 진통제를 복용하며 지켜보지 마시고 소아청소년과 의원이나 응급실에 방문해야 합니다. 자세한 진찰을 받고 엑스레이나 초음파 등 추가 검사를 해야 할 수 있습니다.

만성 반복성 복통

만성 반복성 복통은 3개월에 3회 이상 반복적으로 복통이 발생해 일상생활에 지장을 주는 증상을 말합니다. 5세에서 16세 사이의 소아에서 흔하고 여아에서 더 흔한 것으로 알려져 있죠. 전체 소아의 10~15%가 고통 받고 있을 만큼 흔하지만 다행히 90~95%는 심각한 원인이 없는 복통으로 아이가 성장하며 저절로 호전되는 특징이 있습니다.

만성복통　만 5세 이상

만성복통은 대개 5세 이상의 소아에게서 발생합니다. 5~16세 소아 중 약 10~15%가 복통을 겪으며, 그중 특히 8~12세의 소아가 만성 또는 재발성 복통을 겪습니다. 복통은 여아에게 더 흔하게 일어납니다.

하지만 다음 증상이 동반된다면 진찰과 검사가 필요한 복통입니다. 체중 감소가 동반되거나 혈변, 잦은 구토가 있는 경우, 통증으로 잠들지 못하거나 성장 저하가 동반되는 경우입니다. 초기부터 소아청소년과 전문의와 상의해 자세한 진찰과 검사를 받아보시는 것이 안전합니다.

충수돌기염(맹장염)

소아에서도 급성 충수염이 올 수 있습니다. 보통 10~20대에 가장 흔하고 5세 이하에서는 드물다고 알려져 있으나 가능성은 있어 복통이 발생하면 꼭 의심해야 합니다. 성인과 달리 소아는 우측 아래쪽 복통을 호소하는 경우가 드물고 배꼽 주변이 아프다고 하는 경우가 많

충수돌기염 만 2세 이상

소아의 충수돌기염은 증상이 장염과 비슷해 진단이 어렵기 때문에 간혹 충수가 파열되어 복막염이 되고 나서야 발견되는 경우가 있습니다. 이 경우 사망에 이를 수도 있으므로 발열과 복통, 구토 증상이 나타나면 병원에서 진찰과 검사를 받아보는 것이 좋습니다.

아 세심한 진찰이 필요합니다. 심한 복통이 아니어도 가능성이 있고 구토와 발열, 한두 번 설사가 동반되는 경우도 있습니다.

급성 충수염을 진단하기 위해선 초음파나 복부 CT 검사가 필요합니다. 치료는 입원해서 항생제 주사 및 수술을 받아야 하므로 급성 충수염이 의심되면 물도 마시지 않는 금식을 유지한 채 병원에 방문하셔야 합니다. 진통제 또는 해열제 등 약 복용도 피하세요. 진통제를 복용하며 참다가 충수돌기가 터지면 복막염이 되어 수술이 커지고 생명에 위협을 줄 수 있습니다. 무조건 참게 하지 마시고 일과시간 외에는 응급실로 방문해서 꼭 정확한 진단을 받으세요.

장중첩증

장중첩증은 3개월에서 6세 사이의 아이에게 발생하는 장폐색의 가장 흔한 원인으로, 장이 안쪽으로 말려 들어가 막히며 심한 복통이 생기는 질환입니다. 장중첩은 뚜렷한 원인(용종, 멕켈 게실 등)이 있는 경우도 있지만 대부분은 별다른 원인이 없이 일어납니다. 배가 1~2분 동안 아주 심하게 아프다가 얼마간은 복통이 사라지고 또다시 아픈 증상이 반복되면 의심해야 합니다. 또한 구토가 동반되거나 피가 섞인 딸기잼 또는 검붉은 포도잼 양상의 대변을 보는 경우도 있습니다.

장이 괴사되면 치명적인 합병증을 일으킬 수 있어 긴급한 치료가 필요한 응급질환으로 분류합니다. 치료는 바륨 관장이나 공기 관장을 시도하고 반응이 없으면 수술을 준비하게 됩니다. 반복적인 복통과 구토, 혈변의 증상이 보이면 즉시 소아청소년과 진료를 받거나 응급실을 방문하는 것이 좋습니다.

요로감염

요로감염은 요도나 방광, 요관, 신장에 염증이 생겨 발열과 복통을 일으키는 질환으로 진단과 치료가 늦어지면 신장 손상을 일으킬 수 있는 세균성 질환입니다.

원인 불명이 가장 많으며, 그 외 흔한 원인은 변비, 소변을 참는 습관, 구조적인 이유로 소변이 깨끗하게 비워지지 않는 경우입니다. 소변의 색이 뿌옇거나 냄새가 나는 경우는 바로 의심할 수 있지만 단순히 열만 나거나 복통만 일으키는 경우도 있어 소변 검사와 배양 검사로 확인이 필요합니다.

치료는 항생제 투여가 필요하고 의사의 판단에 따라 입원치료를 해야 하는 경우도 있습니다. 진단과 치료가 늦어져 신장 손상이 발생하면 추후 신반흔, 고혈압 등의 합병증이 나타날 수 있습니다. 항생제는 증상이 호전되더라도 치료 계획에 따라 끝까지 사용해야 하므로 담당 의사와 상의해야 합니다. 재발 방지를 위해 영유아의 경우 기저귀를 자주 갈아주고 소아 청소년의 경우 소변 참지 않기, 변을 뒤쪽으로 닦기, 물 많이 마시기, 면 속옷을 입고 헐렁한 옷을 입는 습관을 들입니다.

아이가
자지러지게 울고
혈변을 봤어요

[도와주세요!]

아이가 자지러지게 울어요. 변은 찐득찐득한 딸기잼 같은 변을 봤습니다. 이거 응급 상황 맞죠?

[의사의 답변]

네, 응급 상황일 가능성이 높습니다. 아이가 혈변을 봤을 때는 6개월에서 만 2세 이내에 호발하는 장중첩증이란 질환을 확인해야 할 필요가 있습니다.

🏥 집에서 따라하는 응급처치

장중첩증은 시간을 다투는 응급질환입니다. 아이가 이유 없이 자지러지게 울고 그 간격이 점차 짧아진다면, 지체하지 말고 초음파검사가 가능한 병원에서 복부 초음파검사를 진행해 아이의 상태를 확인할 필요가 있습니다. 제때 진단되지 않으면 장이 괴사되어 큰 수술을 해야 하는 경우도 있습니다.

의사 아빠의 응급 이야기

주말 낮 근무를 마쳐 가던 저녁시간. 응급실이 한창 확장 공사 중인 탓에 먼지와 소음, 게다가 주말답게 많은 환자를 진료해서 녹초가 되어 퇴근을 준비하고 있는데 아내로부터 문자가 왔습니다. '오늘 집에 빨리 와줘요. 아이들이 엄청 보채서 너무 힘드네…'

첫째와 둘째 아이가 유치원에 가지 않는 주말, 게다

가 손에서 떨어지려 하지 않는 7개월짜리 셋째까지. 아내 혼자서 세 아이를 돌보려면 힘들지 않은 것이 이상한 일일 겁니다. 그래도 평소 어지간해선 힘들다 소리를 안 하는 아내인데, 오늘따라 더 힘든가 보다 생각하며 급히 집으로 향했습니다.

집에 도착해 보니 첫째 아이는 만화에 푹 빠져 있고 둘째와 셋째 아이는 잠들어 있었습니다. 완전히 지쳐서 녹초가 된 아내는 소파에서 선잠이 들어 있었죠. 인기척에 일어난 아내에게 물으니 셋째가 분유도 먹지 않고 계속 보채서 다른 날보다 특히 더 힘들었다고 합니다. 하지만 지금은 쌔근쌔근 잘 자고 있어서 '그냥 컨디션이 안 좋았나 보구나' 하며 별생각 없이 넘어갔습니다.

혼자서 세 아이들을 돌보느라고 지친 아내에게 쉴 수 있는 시간을 줄 겸 아이들과 산책 준비를 하던 중이었습니다. 방금 잠에서 깬 셋째아이의 기저귀를 갈려고 들여다보니 아뿔싸, 기저귀에는 초콜릿색 변과 혈흔이 가득했습니다. 그제야 아내가 얘기했던 유난한 칭얼거림이 이해가 되었죠.

초콜릿색 변이 어떤 의미인지 궁금하시죠? 장벽에서 장으로 빠져나온 혈액이 우리 몸 안에 있는 기다란 장을 통과하면서 시간이 지나 변색되면 초콜릿 같은 짙은 갈색, 또는 자장면 같은 검은색을 띠게 됩니다. 간질환 환자 또는 위궤양 환자가 위장 출혈이 발생하면 자장면 같은 검은색 변을 보게 되죠.

아이가 초콜릿색의 변을 본 것을 늦게 알았지만 일단 상황 파악부터 하기 위해 아내에게 물었습니다. 언제부터 칭얼거렸는지, 언제 마지막 변을 봤는지 물으니 아침부터 칭얼거리고 먹지 않으려 했다는군요. 아침에는 정상 변을 봤고 혈변은 이번이 처음이라고 합니다. 아이의 배를 만져 보니 배는 말랑말랑하고 열은 없었습니다. 이런 경우에 첫 번째로 의심되는 질환이 바로 장중첩증입니다.

보통 장중첩증에 의한 혈변은 붉은 기운이 도는 딸기잼 같은 변이 많습니다. 셋째아이에게서 초콜릿색 변이 보이는 것을 볼 때 장에서 출혈이 발생한 지 시간이 좀 오래 지났다는 것을 예상할 수 있겠습니다. 아침에 칭얼거릴 때부터 장중첩이 진행되었을 수도 있다는 생각에 아찔한 기분이 밀려왔죠.

의사들이 '인투'라고도 부르는 장중첩증instussusception 은 어떤 질환일까요? 장은 튜브와 같이 긴 관으로 이루어진 기관입니다. 식도와 위를 지나 소장과 대장으로 이어지죠. 그런데 소장과 대장이 만나는 부분, 또는 소장과 소장 사이에서 문제가 생기는 경우가 있습니다. 흡사 튜브가 안쪽으로 말려들어가듯 장이 막혀 복통과 혈변을 일으키는 질환입니다.

이 질환은 대부분 생후 6개월에서 만 2세 사이의 건강한 소아에게서 갑자기 발생합니다. 보통 심하게 자지러지는 복통이 5~10분 간격으로 반복해서 나타나는 경우가 흔하고 시간이 지나면 구토와 혈변, 그리고 젤리 같은 변을 보는 특징이 있습니다. 장벽에 있는 점액질이 함께 나오는 것이죠. 환자에게 장중첩증이 의심되면 초음파검사를 통해 장이 겹쳐져 막힌 부분을 확인한 다음 항문을 통해 공기나 조영 물질을 섞은 액체로 장을 밀어내어 말려들어 갔던 장을 펴주는 치료를 진행하게 됩니다. 간혹 관장 정복에 실패하거나 장 천공이 발생하면 수술적 치료가 필요한 경우도 생깁니다.

셋째아이의 혈변을 확인하자마자 급히 달려간 대학병원 응급실에서 다행히 장중첩증 진단을 받은 후 치료를 잘 마칠 수 있었습니다. 정복을 마치고 보는 첫 변에서 혈흔이 약간 비치긴 했지만 정상 변에 가까운 변을 보는 게 어찌나 반가웠는지 모릅니다. 아이들이 잘 먹고, 잘 자고, 잘 싸는 게 이렇게나 행복하고 감사한 일이란 것을 새삼 느낍니다.

 기억해주세요!

아이가 갑자기 심하게 보채고 운다면 단순한 영아산통일 수도 있지만, 생후 6개월에서 만 2세 이하의 아이들에게서 호발하는 장중첩증일 가능성을 고려해야 합니다. 보채는 간격이 점점 짧아지거나 딸기잼 같은 혈변을 본다면 즉시 대학병원 응급센터 또는 소아응급센터에서 진료를 받으세요.

영아산통

생후 4개월 이내의 영아가 주로 밤이나 새벽에 발작적으로 숨이 넘어갈 듯 반복해서 우는 경우를 말합니다. 하지만 장염이나 장중첩증과 같은 경우에도 영아산통과 비슷한 증상을 보이기 때문에 소아청소년과 진료를 받아 다른 질환이 없는지 확인하는 것이 좋습니다.

영아산통의 정확한 원인은 밝혀져 있지 않습니다. 소화 기능의 미숙함 때문이라는 의견과 분유에 함유된 성분을 분해하지 못해 발생하는 복부 팽만감 또는 통증에 의한 것이라는 의견도 있죠. 그 외에도 배에 가스가 찼

거나 정신적 스트레스로 인해 발생할 수 있다고 합니다
만 과학적으로 입증된 바는 없습니다.

영아산통은 생후 2~4주경에 시작되어 6주경에 가장
심하게 나타나고, 4개월이 지나면 사라집니다. 주로 저
녁이나 새벽에 영아산통 증상이 나타나며 양손을 꼭 움
켜쥐고 다리는 구부린 상태에서 심하게 울며 보챕니다.
영아산통은 특별한 대책이 없습니다. 아이가 편히 쉴 수
있도록 조용한 환경을 만들어주는 것이 중요합니다. 안
거나 업어서 가볍게 흔들어주는 것도 좋습니다. 영아산
통은 시간이 지나 아이가 자라면서 저절로 사라집니다.

출생일~4개월

영아산통은 보통 출생 첫 주에 시작하여 4개월 후에 호전되는 양상을
보입니다. 신체에 병이 없는데도 과도한 울음이 3주 동안 하루 3시간 이
상, 1주일에 3일 이상 지속되는 경우 영아산통이라고 합니다. 전 세계
인구의 9~20%가 영아산통을 경험한다고 합니다.

가려움과 피부 질환

피부가
가려워서
잠도 못자고
칭얼대요

[도와주세요!]

아이 피부에 벌레에게 물린 듯한 한두 개의 붉은 점이 보이더니 점점 퍼지고 가려워합니다. 특별히 잘못 먹은 것도 없는 것 같은데 왜 이러는지 모르겠어요. 알레르기인 걸까요?

[의사의 답변]

새로 먹은 약이나 처음 먹어 보는 음식으로 인해 알레르기성 두드러기를 보일 수 있습니다. 그리고 평소에는 괜찮던 음식이라고 해도 전신 컨디션이 나쁠 때는 알레르기 반응이 일어나기도 하지요. 특히 요즘은 육류, 어류 등 식재료 생산에 사용하는 항생제에 의한 알레르기도 흔합니다.

🏥 집에서 따라하는 응급처치

체온이 높을수록 두드러기와 가려움이 심해집니다. 체온이 내려가도록 시원하게 해주고 상비해놓은 항히스타민제(콧물약)가 있다면 한번 복용해보는 것도 좋습니다. 그래도 호전이 없거나 열이 동반되거나 피부 병변을 눌러도 색이 옅어지지 않고 점상출혈 양상의 피부병변이라면 소아청소년과에서 진료를 받아 봐야 합니다.

의사 아빠의 응급 이야기

우리 몸이 외부의 물질에 대해 저항하고 방어하는 기능을 면역력이라고 합니다. 그런데 이 면역력이 어떤 물질에 대해 과하게 반응하면서 문제를 일으키는 경우가 있습니다. 이 경우를 알레르기라고 하죠. 음식을 먹거나 약을 먹고 나서 두드러기가 나며 가려움을 호소해 응급실에 오는 경우가 흔합니다. 어린이들도 마찬가지죠.

영아 때는 생후 6개월 전후로 해서 이유식을 처음 시
도할 때 자주 알레르기 증상을 보입니다. 새로운 음식을
먹이고 한두 시간 내에 발생하는 경우가 많아서 알레르
기는 진단이 어렵진 않습니다만 이런 어린 아기에게 주
사까지 써야 할 것인가는 좀 고민을 하게 되는 경우가
있습니다.

음식을 통해서도 알레르기가 일어나지만 소아청소년
과에서 받은 약을 먹고 알레르기가 생겼다는 경우도 간
혹 생깁니다. 약이 잘못되었다기보다는 아이가 약 성분
에 과민 반응을 일으키는 것이니 이후에는 재발이 되지
않도록 약 성분을 잘 기록해두는 것이 중요합니다. 그래
야 병원에서 주사나 약을 처방받을 때 같은 성분이 처방
되는 것을 피할 수 있으니까요.

음식이나 약이 원인인 경우도 있지만 그 외에 환경적
인 원인이나 음식에 들어간 부가적인 물질에서 원인을
찾아야 하는 경우도 있습니다. 특히 이사를 하고 나서
증상이 자주 발생하는 경우에는 주위 환경을 변화시킬

필요가 있습니다. 응급실에서 그 원인을 파악해드리긴 어렵기 때문에 아이에게 알레르기가 생기기 시작한 때에 어떤 환경 변화가 있었는지 보호자가 잘 기억해두어야 합니다. 요즘 육류나 어류 같은 식재료를 생산할 때 사용하는 여러 항생 물질이 원인이 되기도 하니까 알레르기 증상이 있을 때엔 육류와 어류 등의 식재료를 일단 피하는 것이 좋습니다.

가려움증에는 어떤 조치를 할까요? 응급실에서는 증상의 경중에 따라 약만 처방하거나 항히스타민제와 스테로이드 주사로 증상을 가라앉히게 됩니다. 얼굴이 붓거나 목소리에 변화가 있거나, 호흡곤란 등 후두 부종 증상이 있는 경우에는 수액 치료를 시행하기도 하죠. 만약 응급실에 올 정도로 심하지 않은 것 같아 지켜보신다면 아이의 체온을 가급적 낮춰주는 것이 증상 호전에 도움이 됩니다. 창문을 열어 시원한 바람을 쐬게 하고 부족하다면 시원하게 샤워를 시켜도 도움이 되죠. 집에 상비하고 있는 콧물약이 있으면 항히스타민 제제인지 확인하고 사용해 볼 수 있지만 성분을 잘 모른다면 권장하지 않습니다.

그럼 단순한 알레르기에 의한 두드러기 말고 주의해야 할 피부 병변은 무엇이 있을까요? 가려움이 없거나 열이 동반되는 피부병변, 피부가 벗겨지는 양상의 병변, 두드러기를 눌러봤을 때 색이 옅어지지 않는 피부 병변은 주의해야 합니다. 단순한 알레르기에 의한 피부 병변이 아닐 가능성이 높습니다.

 기억해주세요!

만약 호흡곤란이나 목소리 변성, 얼굴 부종이 동반되는 경우라면 위험한 기도 부종이 올 수 있으므로 가까운 응급의료기관의 도움을 받으십시오.

아토피피부염

아토피피부염은 영유아와 소아 전 연령에서 나타나는 알레르기성 만성 염증성 피부질환으로 가려움증과 피부 건조증, 특징적인 피부병변을 동반합니다. 피부병변의 양상은 연령별로 다양한데 무릎 뒤와 팔꿈치 안쪽에 습진 양상으로 나타나는 것이 대표적입니다. 일반적으로는 아이가 성장하면서 점차 호전되지만 그렇지 않은 경우도 있습니다.

아토피피부염의 원인

아토피피부염의 원인은 확실하게 밝혀져 있지 않습니다. 환경적인 요인, 유전적인 요인, 심리적인 요인, 면역학적 이상 및 피부보호막의 이상 등이 주요 원인으로 알려져 있죠. 환경적인 요인으로는 매연, 미세먼지 등의 환경 공해와 식품첨가물, 집 먼지 진드기 등이 알레르기 반응을 일으키는 것으로 보입니다. 유전적인 요인으로는 부모 양쪽이 아토피피부염이면 75%, 부모 중 한 명이 아토피피부염이면 50%의 확률로 자녀에게도 발생합니다.

심리적인 요인으로는 아이가 정신적인 불안감이나 스트레스를 받으면 질환이 악화되는 경향을 보입니다.

생후 2개월 이후

만 2세까지의 영아기 습진 증상은 소아나 성인과는 다릅니다. 붉고 진물이 나며 딱딱하고 가려운 발진이 생깁니다. 얼굴에서 시작되어 목, 두피, 손, 팔, 발, 다리로 퍼집니다. 신체의 많은 부위를 덮을 수 있으며 만성적으로 증상이 지속됩니다.

만 2~10세

이 시기의 소아에게는 간지러움이 심한 발진이 생깁니다. 특히 손등, 위팔, 팔꿈치 앞, 무릎 뒤, 눈 주위에 발생하며 반복적으로 나타납니다.

면역학적 이상은 환자의 80% 이상에서 면역글로불린 E가 증가하는 양상이 보이는 것으로 확인되며, 원래는 피부가 아무런 반응을 보이지 않아야 하는 물질에 과민 반응을 일으키는 것이 원인 중 하나라고 설명합니다. 피부 보호막의 이상은 알레르기 유발 물질이나 세균 등 외부 물질의 침입을 막지 못하는 상태를 말합니다. 피부의 수분이 사라져 몹시 건조해지고 갈라지기 쉬워질 때 발생합니다.

음식물로 인해 아토피피부염이 악화되는 것은 18% 정도라고 합니다. 이러한 알레르기 반응을 일으키는 음식으로는 우유, 달걀, 땅콩이 많이 꼽히고 있습니다. 그렇다고 미리 음식을 제한할 필요는 없습니다. 음식물이 아토피피부염에 영향을 주는 경우는 많지 않고, 무엇보다 성장기의 아이들에게 음식을 제한하면 아이들의 성장에도 영향을 주게 됩니다. 필요한 경우 알레르기 유발이 의심되는 음식에 대해 피부 검사를 시행할 수 있습니다.

아토피피부염의 증상

아토피피부염에 걸리면 심하게 가렵고, 피부가 건조해지며 습진이 발생합니다. 피부를 자주 긁다보면 피부의 손상으로 피가 나기도 하고, 세균 감염에도 더 취약해집니다. 가려움은 주로 초저녁이나 한밤중에 더 심해지므로 아이가 피부를 긁지 않도록 더욱 신경 써야 합니다.

아토피피부염은 연령에 따라서도 발생 부위가 달라집니다. 영아기 때는 얼굴 부위에 잘 생기고, 몸, 팔, 다리 부위로 점차 진행됩니다. 소아기 때는 팔꿈치가 접히는 부분과 무릎 뒤의 접히는 부분, 손목이나 목 등에 많이 발생합니다. 성장하면서 아토피가 점차 호전되거나 사라지는 경우가 많지만, 성인이 되어서도 남아있거나, 성인이 된 후에 재발하는 경우도 있습니다. 성인에게는 얼굴, 몸의 접히는 부위와 등에 붉은 발진이 많이 나타납니다.

아토피피부염은 한국인의 아토피피부염 진단 기준에 따라 주 진단 기준 중 2가지 이상, 보조 진단 기준 중 4가지 이상이 해당되면 진단합니다.

주 진단 기준	보조 진단 기준
가려움	피부 건조증
	백색 비강진
	눈 주위의 습진성 병면 혹은 색소 침착
	귀 주위의 습진성 병변
특징적인 피부 발진 모양과 부위	구순염
	손발의 비특이적 피부염
	두피 비듬
	모공 주위 피부의 두드러짐
	유두의 습진
아토피피부염, 천식, 알레르기 비염의 개인 및 가족력	땀이 날 때의 가려움
	백색 피부 묘기증
	피부 단자 시험의 양성 반응
	높은 혈청 IgE 수치
	피부 감염의 증가

아토피피부염의 치료

아토피피부염을 효과적으로 치료하기 위해서는 스테로이드 연고를 잘 사용해야 합니다. 건조한 피부의 보습과 가려움증을 억제하는 역할을 합니다. 인터넷과 대중매체에서 부정적인 면을 부각시킨 영향으로 아이에게 스테로이드 연고를 사용하는 것을 두려워하는 분들이 많습니다. 하지만 소아청소년과 의사의 진료를 받고 처방대로만 사용하면 치료에 큰 도움이 됩니다.

아토피피부염과 생활환경

아토피피부염이 있다면 피부 자극을 최대한 줄여주는 것이 좋습니다. 건조한 날씨, 거친 화학섬유의 옷, 손으로 긁는 행위 등이 이에 해당합니다. 겨울철에는 실내 생활을 많이 하기 때문에 실내 환경을 쾌적하게 만들어주는 것이 중요합니다. 겨울철에는 습도가 낮아지는데, 가습기를 이용해 적정 실내 습도를 유지하고, 실내 온도도 20~22도 정도로 유지하는 것이 좋습니다. 알레르기 비염이나 천식과 같은 다른 알레르기 질환이 동반되는 경우가 많으므로 관리해야 합니다.

청소를 통해 곰팡이나 진드기가 적도록 항상 깨끗한 환경을 유지하고, 먼지가 날리기 쉬운 카페트나 소파를 사용하지 않는 것이 좋습니다. 동물의 경우에는 개와 같이 자란 아이에서 아토피피부염의 발병이 줄었다는 연

구가 있습니다. 그 외의 동물에서는 특별한 상관관계가
밝혀지지 않았습니다. 아이의 피부에 자극을 줄 수 있
는 향수와 화장품류도 사용하지 않는 것이 바람직합니
다. 자극성 있는 모직이나 화학섬유의 옷은 가려움증이
발생할 수 있으므로 면으로 된 옷을 입히는 것이 좋습니
다. 세탁 후에는 옷에 세제가 남지 않도록 잘 헹궈야 합
니다.

아이가 아토피피부염에 걸리면 엄마들은 목욕을 어
떻게 해야 할지 걱정을 많이 합니다. 아토피는 피부 보
습이 아주 중요한데, 욕조 물에 몸을 담그는 목욕은 보
습에 좋습니다. 샤워만 간단히 하기보다는 욕조에서 미
지근한 물로 15분 정도 목욕을 하는 것이 좋아요. 피부
에 과도한 자극을 주는 것은 좋지 않으므로 때를 밀거나
타월로 문지르지 않도록 합니다. 피부 오염이 악화 인자
가 되므로 피부에 묻은 각질이나 먼지, 알레르기 물질,
세균 등을 제거하기 위해서 목욕은 짧게 매일 하는 것이
좋고 약산성의 비누를 사용하는 것이 좋습니다.

목욕 후에는 피부의 수분이 날아가기 전에 보습제를

발라줍니다. 의사에게 처방받은 약이 있다면 가볍게 물기를 제거한 후 처방받은 약을 바르고, 그 다음 보습제를 바릅니다. 보습제는 아토피로 약해진 피부를 보호하는 동시에 피부가 건조해지는 것을 막아 아토피가 악화되지 않도록 도와줍니다. 비누나 오일, 로션, 크림 등의 보습제를 사용할 때는 진료를 받고 있는 소아청소년과 또는 피부과 의사와 상의하여 아이에게 맞는 제품을 사용하세요. 다양한 아토피 전용 보습제가 시중에 판매되고 있습니다. 비누는 색소와 향이 첨가되지 않은 제품이 좋습니다.

알레르기
두드러기가
맞나요?
아이가 열이 나요

[도와주세요!]

피부에 뭔가 나기에 두드러기가 나는 줄 알고 시원하게 해주고 지켜봤는데 아이가 열이 나기 시작했습니다. 알레르기로 인한 두드러기가 아닌 걸까요?

[의사의 답변]

열을 동반한 피부병변이나 가려움이 없는 피부병변은 알레르기가 아닐 가능성이 높습니다. 특히 소아는 다양한 감염성 질환을 감별해야 하므로 소아청소년과 진료가 필요합니다.

📷 집에서 따라하는 응급처치

감염성 질환이 의심된다면 일단 격리 조치가 필요합니다. 유치원이나 어린이집에 가지 말고 소아청소년과의 진료를 통해 감염성 질환 여부를 판단해야 합니다. 응급 상황은 흔치 않으므로 밤에 피부병변을 발견했다면 다음날 오전에 진료를 봐도 무방합니다. 시간 경과에 따라 두드러기의 사진을 찍어 변화 양상을 파악하는 것도 도움이 됩니다.

의사 아빠의 응급 이야기

피부에 울긋불긋한 병변이 나타나면 보통 제일 먼저 뭔가 잘못 먹은 게 없는지 생각하게 마련입니다. 음식 알레르기에 의한 두드러기 가능성이 높아서겠지요. 하지만 두드러기 환자 중 특히 소아 환자는 주의 깊게 살펴봐야 할 질환들이 여럿 있습니다.

141

　두드러기가 발생하는 질환에는 어떤 것들이 있을까요? 먼저 두드러기와 열이 동반된다면 감염성 질환을 생각해봐야 합니다. 가장 대표적으로 수두를 예로 들 수 있겠는데요. 수두는 초기에 피부병변만 보아서는 놓치기 쉬운 질환 중 하나입니다. 3일 정도 지나면서 수포와 농포가 보여야 확실히 진단이 가능하거든요. 또한 바이러스 질환 중 하나인 돌발진이나 홍역 등도 피부병변만 봐서는 놓치기 쉬운 질환입니다. 특히 홍역은 감염성이 높으므로 아이가 홍역에 걸렸을 경우에는 다른 어린 친구들과의 접촉을 피해야 합니다.

　보통의 두드러기 병변이라면 손가락으로 눌러봤을 때 색이 옅어지는 특징이 있습니다. 만약 피부병변을 눌러봤을 때 색이 옅어지지 않고 그대로 유지된다면, 특히 옅은 보라색에 가깝다면 혈관질환이나 자가면역성 질환을 염두에 두고 진료를 받아야 합니다. HS 자반증HSP, HS purpura이라는 질환이 있어 입원 치료가 필요한 경우도 있습니다.

　간혹 모기에 물리거나 작은 상처가 난 뒤 아이가 손으

로 긁으면서 감염이 되는 경우가 있습니다. 붓고 열감이 있는 피부병변이라면 연부조직염을 생각해 항생제 치료를 시행해야 할 수 있습니다.

그 외에 피부가 벗겨지듯 하는 병변이라면 단순한 무좀균일 수도 있지만 가와사키병이나 포도구균성열상피부증후군SSSS, Staphylococcal scalded skin syndrome이라는 질환의 초기 증상일 수도 있습니다. 가와사키병은 치료가 지연되면 심혈관에 합병증을 남기는 특징이 있고 포도구균성열상피부증후군 또한 치료가 늦어지면 생명에 위협을 주는 경우가 있어 주의가 필요합니다.

 기억해주세요!

단순한 알레르기가 아닌 위험한 피부질환은 열이 동반되거나 두드러기를 눌렀을 때 색이 옅어지지 않는 특징이 있습니다. 이런 양상의 피부병변이라면 미루지 말고 가능한 빨리 진료를 받는 지혜가 필요합니다.

흔히 볼 수 있는 피부 질환들

두드러기

음식이나 약물에 의한 알레르기 반응으로 발생하는 경우가 흔하지만 5세 이하에서는 바이러스에 의한 감염성 두드러기일 수 있습니다. 피부 질환은 살짝 융기된 동그란 물방울 형태가 서로 합쳐지는 양상으로 표현하는데 조금씩 달라질 수 있습니다. 눌렀을 때 붉은 혈색이 옅어지는 특징이 있습니다. 발열이 있거나 위치가 옮겨 다니는 양상, 그동안 특별히 음식 알레르기가 없었던 아이라면 감염성 질환 여부를 확인하기 위해 소아청소년과 진료를 받아야 합니다. 홍역, 풍진, 돌발진, 전염성 홍반 등을 감별해야 합니다. 미리 사진으로 병변을 촬영해 진료시 보이면 도움이 됩니다. 호흡곤란이 없다면 응급상황이 생기는 경우는 드물지만 얼굴, 목까지 붓고 숨쉬기 힘들어 하면 응급의료기관의 도움을 받아야 합니다. 가려움이 심해 잠 못드는 경우에도 응급의료기관에서 주사 치료로 증상을 조절할 수 있습니다.

종기

종기는 모낭으로 세균이 들어가서 생기는 것으로, 모낭염이 심해져서 결절(피부 속 작은 혹)이 생긴 것을 종기라고 합니다. 종기는 모낭이 있는 부위라면 어디에서든지 발생할 수 있지만 주로 얼굴, 목, 엉덩이, 허벅지 부위에서 발생합니다. 종기를 발생시키는 균은 다양한데 가장 흔한 원인균은 포도알균입니다. 발생 초기에는 붉고 단단한 결절로 시작해서 점차로 통증이 심해지고 고름이 생깁니다. 완전히 곪으면 고름이 터져 배출되며, 2~3주

후에는 흉터나 색소 침착을 남기면서 치유됩니다. 옛날에는 종기로 인해 생명이 위태로웠던 적도 있었지만 현대 의학이 발달하면서 특별한 경우를 제외하면 위험한 상황까지 가는 경우는 드뭅니다.

종기는 가만히 놔두면 저절로 낫는다고 알고 있는 분들이 많습니다. 실제로 그러한 경우도 있습니다. 하지만 그냥 놔두었다가 상태가 심해져서 고름집(농양)으로 발전하면 수술이 필요할 수 있습니다. 이것을 쉽게 구분하기는 어렵기 때문에 종기가 생기면 소아청소년과 또는 외과 의사에게 진료를 받는 것이 좋습니다.

평소에 아이의 몸을 청결하게 해주면 종기를 예방하는 데 큰 도움이 됩니다. 일주일에 2~3회 정도는 비누를 사용해 목욕을 시켜주세요. 피부에 있는 여러 세균을 제거할 수 있습니다. 옷은 통기성이 좋은 것을 입히는 것이 좋아요.

봉와직염(연조직염)

봉와직염은 피부 아래 연부조직에 세균 감염이 발생해 생기는 질환으로 종기와 달리 결절보다 넓은 부위의 열감과 통증, 눌렀을 때 심한 통증과 붉게 부어오르는 증상을 특징으로 합니다. 영유아에서는 뚜렷한 통증 반응이 없는 경우도 있습니다. 원인은 종기와 같이 포도알균과 사슬알균이 주원인이고 그 외의 세균도 원인이 될 수 있습니다. 이러한 세균들이 긁어서 생긴 피부의 틈이나 찰과상, 절개 상처, 화상 부위, 벌레 물린 자리로 침투하면 발생합니다.

치료는 항생제 투여가 즉시 이뤄져야 하고 범위와 전신 발열 여부에 따라 입원 결정을 하게 됩니다. 종기와 같이 위생 관리가 재발 방지에 도움이 됩니다.

농가진

농가진은 상처가 난 부위로 세균이 감염되며 생기는 피부 질환으로 주로 포도알균과 사슬알균에 의해 발생합니다. 주로 얼굴이나 팔다리에 잘 생기며 발생한 곳으로부터 다른 곳으로 번지거나 다른 사람에게 전염될 수 있습니다. 환부 가장자리에 작은 물집이 생기며 점점 크기가 커지죠. 이 물집은 잘 터지며 맑은 분비물이 나오는데 마르면서 황갈색 딱지가 생깁니다. 보통 전신 증상은 없으나 간혹 심한 경우 전신 쇠약이나 고열, 설사 등의 증상이 나타날 수 있습니다.

농가진이 번지는 것을 막으려면 청결에 신경을 많이 써야 합니다. 아이의 손을 자주 씻기고 긁지 못하게 주의를 주는 것도 중요합니다. 증상이 경미한 경우 환부를 깨끗이 씻고 딱지를 제거한 후 항생제 연고를 발라줍니다. 농가진은 제대로 치료하지 않으면 사구체신염이나 류마티스염, 관절염 등을 일으킬 수도 있으므로 완치될 때까지 꾸준히 치료해야 합니다. 드물지만 합병증으로 패혈증, 폐렴, 뇌막염으로 발전할 수 있습니다.

기저귀발진

기저귀발진은 젖은 기저귀를 빨리 갈아주지 않을 때 발생할 수 있습니다. 성기 부위와 사타구니는 땀이 많이 나는 곳이기 때문에 기저귀로 인해 밀폐되고 금방 습해지죠. 이 부위에 마찰, 대소변의 화학적인 자극으로 피부의 장벽이 손상된 후, 항문과 대변 내의 곰팡이가 감염되어 발생합니다. 기저귀발진이 생기면 기저귀를 찬 부위의 피부가 붉어지고 심한 경우 진물이 나며 피부가 헐기도 합니다. 방치할 경우 고름이 나오기도 합니다.

기저귀발진의 치료는 발진 부위를 깨끗하게 하고 잘 건조시키는 것이 중요합니다. 소변이나 대변을 봐서 기저귀를 갈아 줄 때도 바로 채우지 말고 완전히 건조시킨

기저귀발진 출생일~만 3세

기저귀발진은 젖은 기저귀를 바로 갈아주지 않고 방치했을 때 피부가 소변과 대변에 자극을 받아 발생합니다. 대소변을 가리게 되는 2~3세까지는 기저귀를 계속 차야 하기 때문에 발진을 예방하기 위해서는 흡수력이 좋은 기저귀를 사용하고 자주 갈아주고 물과 비누로 엉덩이를 닦은 후 완전히 말려야 합니다. 파우더 사용은 추천하지 않습니다. 산화아연 연고가 도움이 됩니다.

다음 채워주도록 합니다. 기저귀는 흡수성과 통기성이 좋은 제품을 사용합니다. 너무 꽉 끼지 않는 사이즈가 좋습니다. 기저귀를 갈아줄 때 피부 보호제를 발라주면서 2~3일 정도 지켜보고, 상태가 호전되지 않을 때는 소아청소년과 의사에게 진료를 받도록 합니다.

딸기혈관종

딸기혈관종은 혈관을 따라 늘어선 내피세포가 과도하게 증식해 생기는 질환입니다. 출생 시 혹은 출생 후 1주 이내에 발생하는데, 6개월~1년 정도까지는 계속 커지다가 점차 크기가 줄어들어 5~7세까지 75~95% 정도가 사라집니다. 얼굴, 등, 두피에서 많이 발생하지만 때로는 간이나 후두와 같은 몸 안에서 자라기도 합니다. 임신 기간 중에 생기는 경우도 있지만 대부분은 출생 후 몇

딸기 혈관종　출생일~10세

생후 1주 이내에 발생해 1년까지 자라다가 점차로 소실되기 시작하며 늦어도 10세까지는 90% 이상 자연적으로 소실됩니다.

주 이내에 발생합니다. 남자아이보다는 여자아이에게 발생할 확률이 3~5배 정도 높습니다. 혈관종은 아이가 자라면서 사라지기 때문에 기다리는 것이 가장 좋은 치료법입니다. 하지만 혈관종이 발생한 위치가 눈이나 귀 등 주요 기관에 위치해 기능 장애나 성장을 저해하는 경우에는 의사와 상의하여 스테로이드 주사나 레이저 치료 등을 하기도 합니다.

지루성 피부염

지루성 피부염은 두피, 얼굴, 겨드랑이 등 피지의 분비가 많은 신체 부위에 잘 생기고 염증이 난 부위에서는 노란 지방성 진물이 나오는 만성 염증성 질환입니다. 지루성 피부염의 명확한 원인은 밝혀지지 않았지만, 피지

지루성 피부염 **생후 3개월 이내**

보통 생후 3개월 이내의 영아에게서 잘 발생합니다. 1개월이 되지 않은 신생아의 경우 두껍고 딱지가 앉은 노란색의 두피 발진을 생성할 수 있고 경우에 따라 귀 뒤에 노란색 비늘과 얼굴에 붉은 발진을 발생시키기도 합니다.

의 과다한 분비, 세포성 면역 이상, 신경계 장애, 진균 감염 등이 관련이 있을 것으로 보고 있습니다. 지루성 피부염은 실내의 습도가 낮으면 악화될 수 있습니다. 두피에서 진물이 많이 나면 소아청소년과 또는 피부과 진료를 받아야 합니다.

물사마귀

물사마귀는 전염성이 있는 바이러스성 피부 질환으로 조그만 물혹이 피부 위로 튀어나옵니다. 팔, 다리, 몸통에 잘 생기며 가만히 놔두면 1~2년 사이에 면역이 생겨서 사라지지만 실제로는 가려움 때문에 긁게 되면서 손을 통해 퍼져 몸의 다른 곳으로 잘 퍼집니다. 작은 물혹 모양이 여러 개 몰려서 생기는 경우가 많고 점점 커

물사마귀 만 2~10세

성인보다는 소아, 남아보다는 여아에게서 많이 발생하며, 영양 불균형으로 인해 면역력이 약해져 있을 경우에 발생하기 쉽습니다. 족욕과 반신욕을 매일 하고 보습 크림을 발라주면 예방 및 치료에 도움이 됩니다.

져 15mm 까지 자라기도 합니다. 어른에게는 잘 전염되지 않지만 소아에게는 전염이 잘되므로 번지지 않도록 주의해야 합니다. 아이들은 가려움증으로 인해 물사마귀를 건드려서 손상과 염증을 일으키는 경우가 많습니다. 이때는 병원에 가서 치료해야 합니다.

몽고반점(몽골반)

아기의 엉덩이 부분이나 등 아래 부분에 나타나는 푸른 점을 몽고반점이라고 합니다. 일반적으로 동아시아와 동인도, 아프리카인과 라틴 아메리카인 신생아에게서 볼 수 있습니다. 우리나라 아기들은 97% 가량 몽고반점을 갖고 태어납니다. 몽고반점은 엉덩이에만 있는 것

몽고반점　출생일~13세

몽고반점은 주로 출생 시에 나타나며, 4~5세가 되면 사라지기 시작해 13세에는 거의 없어집니다. 드물게는 성인이 된 후에도 옅은 흔적이 남을 수 있습니다.

얼굴 부위에 몽고반점이 남으면 콤플렉스가 되어 아이가 정신적 스트레스를 받을 수 있으므로 전문의와 상담 후 치료받는 것이 좋습니다.

이 보통이지만, 간혹 엉덩이를 포함해 등까지 퍼런 경우도 있습니다. 간혹 엉덩이와 등 이외의 곳에서 발생하기도 하는데, 이런 것을 이소성 몽고반점이라고 하며, 얼굴에 발생하면 오타모반, 어깨 부위에 발생하면 이토모반이라고 합니다. (오타 모반은 후천적으로도 발생합니다.) 아이마다 정도의 차이는 있으나 4~5세부터 사라지기 시작해서 13세 경에는 전부 사라집니다. 드물게는 성인이 된 후에도 옅은 흔적이 남을 수 있습니다.

백반증

백반증은 피부의 멜라닌 세포가 소실되어 다양한 크기와 형태의 하얀 반점이 피부에 나타나는 질환입니다. 정확한 원인은 밝혀지지 않았지만 면역 기능의 이상 반응으로 색소 세포를 파괴하는 자가 면역 질환으로 추정하고 있고 백반증 환자의 30% 정도에서 가족력이 발견되기 때문에 유전적 요인이 있을 것이라고 보고 있습니다. 여자아이의 얼굴, 손, 목 등에 자주 발생하는데, 가려움 등의 증상은 없지만 미용상의 문제가 있습니다. 발생 연령은 전 연령에서 가능하지만 20세 전에 발생하는 경우가 50% 정도를 차지하고 있습니다. 신체 어느 부위에나 생길 수 있으며 그 양상은 환자마다 다릅니다. 의사의 진료를 받아 스테로이드 연고나 레이저 치료 등을 하기도 하지만 그 효과는 매우 더디게 나타납니다. 피부가 햇볕에 타지 않도록 자외선 차단제를 사용해 피부의 손상을 줄이는 것이 좋습니다.

기침과 가래

기침이 심해서
잠을 못자고,
컹컹대는
기침을 해요

[도와주세요!]

기침을 하기에 감기가 오는가보다 하고 지켜봤는데, 밤이 되니 컹컹대는 기침으로 변했습니다. 흡사 개가 멍멍 짖는 소리 같기도 하고요. 어떻게 해야 하죠?

[의사의 답변]

기침이 컹컹대는 소리로 바뀌고 쉬지 않고 기침을 한다면 크룹(급성 폐쇄성 후두염)이 왔을 가능성이 높습니다. 크룹은 특별한 호흡기 치료가 필요하므로 가까운 응급의료기관에서 도움을 받으셔야 합니다.

📷 집에서 따라하는 응급처치

크룹은 찬 공기가 증상을 호전시키는 경향이 있습니다. 아이를 따뜻하게 입히고 찬바람을 쐬게 해주면서 가까운 응급의료기관으로 이동해 크룹 치료에 맞는 호흡기 치료를 시행해야 합니다. 집에서 보통 사용하는 호흡기 치료용 약물로는 반응이 없을 수 있습니다.

의사 아빠의 응급 이야기

아이들이 병원에 오는 가장 흔한 이유 중의 하나가 바로 기침입니다. 아이들을 키워보기 전에는 아이가 기침을 했다고 응급실에 데려오는 보호자를 만나면 좀 유별나다고 생각했었습니다. 하지만 직접 아이들을 키워보니 기침으로 인해 응급 상황이 발생하는 경우가 그리 드물지 않더군요. 일반적인 기침을 하는 게 아니라 쿨럭쿨럭

하며 가래 뱉는 기침을 하는 경우도 그렇습니다. 또 심하면 기침이 심해져서 구토로 이어지는 경우도 보게 됩니다. 어떤 때는 컹컹 하는 쇳소리 나는, 또는 개가 짓는 것 같은 소리의 기침을 하기도 하죠.

저는 어렸을 때부터 유달리 기관지가 안 좋다는 소리를 들어왔습니다. 그래서인지 저희 둘째와 셋째아이도 감기에 걸렸다 하면 밤마다 컹컹대는 기침을 합니다. 자기 기침 소리에 놀라 깨어나 울면서 기침하는 모습을 보면 너무나 안쓰럽죠. 이제는 몇 번 경험을 해서 저녁때 기침 소리를 들으면 오늘밤 편히 잠을 자긴 글렀구나 싶어 미리 기침 치료를 준비할 때가 있습니다. 아니나 다를까 한밤중에 컹컹대는 기침과 함께 아이가 깨어나면 준비했던 호흡기 치료 분무기를 코에 들이대고 창문부터 활짝 열죠.

여기서 한 가지 짚고 넘어가야 할 것이 있습니다. 기침은 왜 날까요? 기침은 기관지가 자극되어서 나는 자연스러운 반응입니다. 사례가 걸려서 기관지에 이물이 들어가도 기침이 나고 미세 먼지나 알레르기를 일으키는 꽃가루 등의 물질이 들어가 기관지를 자극해서 기침을 하기도 하죠. 감기 바이러스가 인후두나 기관지를 자극해 붓고 점액질이 분비되면 이를 뱉어내기 위해 반응하는 것 또한 기침이 되겠습니다. 그렇다 보니 콧물이 뒤로 넘어가도 기침이 나고 상기도가 좁아져도 기침이 나고 폐렴이 생겨서 가래가 생성되어도 기침이 납니다.

여기서 보호자분들께 꼭 드리고 싶은 말씀이 있습니다. 기침이 난다고 기침 자체를 없애 달라는 경우가 종종 있습니다. 이런 요청은 아이가 기침을 하는 원인을 치료하는 데에 전혀 도움이 되지 않습니다. 기침만 억지로 재우면 어떻게 될까요? 뱉어내지 못한 바이러스 섞인 가래, 미세 먼지, 꽃가루 등 이물이 기관지와 폐에 붙어 더 심한 염증을 일으키겠지요. 그래서 2018년에 기침을 강력히 억제하는 약물에 대해 12세 이하 처방 금지 조치가 내려지기도 했습니다.

기침이 너무 심해서 아이가 견디지 못할 때는 어떻게 해야 할까요? 우선 기침의 원인을 파악하기 위해 소아청소년과 외래진료는 당연한 순서겠지요. 그 다음으로는 진해거담제 등 약물과 함께 물리치료와 호흡기 치료가 대책이 될 수 있겠습니다. 가래 배출을 더 쉽게 해주기 위한 등 두드리기 요령이 있습니다. 퍼쿠션percussion이라고 하는데요. 손바닥을 오목하게 모아 베개를 두드리듯 팡팡 소리가 나게 양쪽 등을 두드려주는 것을 말합니다. 실제로 중환자실에서 폐렴 환자분들께 물리적인 가래 배출을 위해 시행해주는 치료방법 중 하나입니다. 시중에는 퍼쿠션 전용으로 나온 고무 기구도 있습니다. 익숙하지 않은 보호자분들께는 도움이 될 것 같습니다.

또 한 가지 무기는 호흡기 치료입니다. 가래가 많은 기침이 문제라면 진해거담 역할을 하는 약물과 스테로이드 약물을 번갈아서 호흡기 치료에 사용할 수 있습니다. 가래 배출을 쉽게 해주고 염증 반응을 줄여 좁아진 기관지를 넓혀주는 역할을 한다고 볼 수 있겠습니다. 하지만 컹컹대는 기침인 크룹은 얘기가 좀 달라집니다. 크룹 호흡기 치료 약물로 쓰는 에피네프린이 일반적으로 사용할 수 없는 약물이기 때문에 집에 비치해 두고 사용할 수 없습니다. 따라서 생리식염수를 차갑게 냉장보관하였다가 호흡기 치료하는 콜드 셀라인 네블라이저^{cold} saline nebulizer를 시행해볼 수 있는데요. 이는 크룹의 특성상 찬 온도에 노출되면 상기도 협착이 풀리는 효과를 이용한 것입니다. 그래서 아이 몸은 이불로 두르고 창문을 활짝 열어 찬바람을 쐬어주는 것이지요.

심한 감염성 폐렴이나 마이코플라스마 폐렴, 일부 심한 바이러스성 폐렴이 아닌 기관지염 정도라면 기침 자체는 시간이 지나면서 호전될 것입니다. 3일에서 5일가량 걸리는 그 기간이 아이들과 보호자에게는 참 안쓰럽고 견디기 힘든 시간이 될 수 있겠죠. 우리 아이들, 잘 먹고 튼튼하게 어서 커서 감기 걱정 없이 지내길 바랄 뿐입니다.

 기억해주세요!

쉬지 않고 계속되는 기침, 구토할 정도로 심한 기침, 누런 가래가 다량 나오는 기침 등은 단순한 기관지염이 아닌 폐렴일 가능성이 있습니다. 가능한 빨리 소아청소년과 진료가 필요합니다. 또한 컹컹대는 기침은 크룹으로 진행된 것일 수 있으니 가까운 응급의료기관에서 특별한 호흡기 치료가 필요합니다.

기침의 종류

쌕쌕거리는 기침

만 2세가 안된 아이가 쌕쌕거리는 기침을 한다면 모세기관지염에 걸린 것은 아닌지 의심해봐야 합니다. 모세기관지염에 걸리면 2~3일간은 염증으로 인해 기관지의 직경이 좁아져서 숨을 내쉴 때 쌕쌕거리는 소리를 내고, 콧물, 발열, 기침, 호흡곤란의 증상이 나타나기도 합니다. 증상이 심해지면 입원이 필요할 수 있습니다.

아이가 쌕쌕거리는 기침을 하는 또 다른 이유는 천식이 있습니다. 천식 발작이 오면 심하게 쌕쌕거리는 호흡

과 발작적 기침을 하며 밤에 또는 찬 공기를 들이마시거
나 운동을 한 후에 갑자기 심해지기도 합니다. 천식이 심
한 경우에는 숨쉬기가 힘들고 가슴이 답답하며 갈비뼈
사이가 쑥쑥 들어가기도 합니다. 이런 천식의 증상은 갑
자기 시작되고 반복적으로 발생하는 것이 특징이므로 주
의해야 합니다. 유발 요인으로는 감기, 담배 연기(간접 흡

생후 3~6개월

쌕쌕거리는 기침은 대부분 3~6개월의 영아에게서 나타나며 최대 24개
월의 소아에게서 발생할 수 있습니다. 모세기관지염이나 천식에 걸렸
을 때 나타나는 증상입니다.

6개월~3세

컹컹거리는 기침은 6개월에서 3세의 소아에게서 흔히 나타나며, 밤
에 더욱 악화되는 경우가 많습니다. 이런 기침을 할 때는 후두염을
의심해봐야 합니다.

만 2세 이후

만 2세가 넘으면 부비동염(축농증)이 생길 수 있습니다. 축농증이 생
기면 콧물이나 가래가 동반된 기침을 하게 되고, 밤에 심하게 기침을
합니다. 코 주위에 열감이나 통증을 호소하기도 합니다. 엑스레이 검
사로 간단히 확인할 수 있습니다.

연 포함), 찬 공기, 곰팡이, 지나친 운동, 스트레스 등이 있습니다. 증상이 시작되면 안정하고 비상시에 쓸 수 있는 스테로이드 흡입기를 처방받아 사용하는 등 단계별 치료 전략을 따르는 것이 좋습니다. 호전이 없거나 호흡곤란이 심하면 응급실에서 적절한 처치를 받아야 합니다.

컹컹 소리를 내는 기침

개 짖는 소리라고도 하는데 급성 폐쇄성 후두염에서 특징적인 기침 소리입니다. 숨 쉬기 힘들어하고, 숨을 들이쉴 때 그르렁 소리를 내기도 하며, 목이 쉬는 경우도 있습니다. 급성 폐쇄성 후두염에 걸린 아이는 낮에 멀쩡해 보이다가도 밤이 되면 증상이 심해지는데, 2~3일 동안 심하게 앓을 수 있고 자주 재발하기도 합니다. 급성 폐쇄성 후두염 증상이 나타날 때는 찬바람을 쐬면 일시적으로 호전을 보일 수 있으나 아이가 힘들어하거나 호흡곤란 있으면 응급실로 내원하는 것이 좋습니다.

콧물이 동반된 기침

10일 이상 기침을 하고 콧물을 자주 흘린다면 비염이나 축농증(부비동염)을 의심해야 합니다. 만 2세가 넘은 아이는 축농증에 걸릴 수 있습니다. 코 안쪽에 비강이라는 공간이 있고, 비강에 부비동이라는 작은 동굴 모양의 공간이 연결되어 있습니다. 축농증은 세균 감염으로 부비동에 염증이 생겨 분비물이 증가하고 원활하게 배출하지 못해서 안에서 농이 차는 질환입니다. 소아는 성인에 비해 부비동이 충분히 발달하지 않아 크기가 작습니다. 그로 인해 축농증이 더 자주 발생하고 쉽게 악화됩니다.

축농증이 오면 밤에 심하게 기침을 하는 경우가 많습니다. 또 아침에 가래가 나오는 기침을 하기도 합니다. 이런 경우 소아청소년과 의사에게 진료를 받아야 합니다. 축농증은 완치되기까지 최소 2~4주 정도의 시간이 걸리는데, 치료를 시작하면 금방 증상이 호전되어 겉으로 보기에는 나은 것처럼 보입니다. 그래도 완치된 것이 아니므로 의사가 치료를 그만해도 된다고 하기 전까지는 임의로 치료를 중단해서는 안 됩니다. 임의로 치료를 중단하면 축농증이 재발하기 쉽고 상태가 악화될 수 있어요.

마른기침

기침 중에서도 가래를 동반하지 않은 가벼운 기침을 마른기침이라고 합니다. 하루에 서너 차례 마른기침을 하는 것은 자연스러운 현상이므로 호흡기 질환을 염려할 필요는 없습니다. 하지만 한 달 이상 지속되는 마른기침일 경우에는 축농증을 의심해 봐야 합니다. 축농증은 보통 기침과 함께 누런 콧물이나 코막힘이 동반되는 것이 일반적입니다. 또한 천식도 의심해 봐야 합니다. 천식은 일반적으로 쌕쌕거리는 천명과 호흡곤란이 함께 나타나지만 '기침이형천식'이라는 질환의 경우 다른 증상 없이 마른기침만 나타나기도 합니다.

이러한 질환이나 감기에 걸리지 않았더라도 공기가 깨끗하지 않으면 기침을 할 수 있습니다. 따라서 마른기침을 한다고 약부터 먹이려고 하기보다는 깨끗한 주거

기침과 가래

167

환경을 유지하는 것이 더 도움이 됩니다. 하지만 기침이 심해지거나 열이 나거나 가래가 나올 경우에는 호흡기 질환이 의심되므로 소아청소년과 진료를 받아보세요.

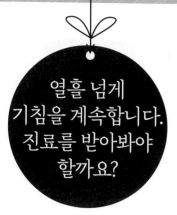

열흘 넘게
기침을 계속합니다.
진료를 받아봐야
할까요?

[도와주세요!]

감기약을 먹으면서 지켜봤는데 기침이 열흘 넘게 계속됩니다. 이
대로 지켜봐도 될까요?

[의사의 답변]

열을 동반한 기침이나 가래가 심한 기침이 3일 이상 지속된다
면 소아청소년과 진료를 통해 폐렴 여부를 확인해야 합니다. 열
이나 가래가 없더라도 증상이 1주일 이상 지속된다면 기관지염,
마이코플라스마 폐렴, 천식, 결핵 등을 확인하기 위해 추가 검사
를 고려해야 합니다.

☁ 집에서 따라하는 응급처치

기침, 콧물, 심하지 않은 가래는 며칠 지켜보셔도 늦지 않습니다. 다만, 감기약은 증상을 완화시키는 대증치료제이므로 감기약만 복용하며 버티는 것은 위험한 선택이 될 수 있습니다. 그 기간이 길어지거나 다른 증상이 동반되면 진료를 받으시는 것이 좋습니다.

의사 아빠의 응급 이야기

봄, 가을처럼 일교차가 큰 환절기에 감기 걸리기 쉽다는 말, 이제 옛말이 된 듯합니다. 학생들이 방학을 마치고 다시 만나는 새 학기, 꽃가루가 날리는 초봄, 장마가 있는 늦여름 등 감기 환자가 늘어나는 시기가 점점 많아지고 있으니까요. 아니, 감기를 피할 만한 날짜를 찾는 게 더 빠를지도 모르겠다 싶네요. 특히 어린이집과 유치원에서 서로 콜록대며 생활하는 아이들에게 감기 바이러스는 어쩌면 친구처럼 따라다니는 것인지도 모르겠습니다.

기침만 며칠을 하다가 단순 감기로 끝나면 좋겠지만, 기침 소리가 심상치 않아 소아청소년과에 가서 진찰을 받으려고 할 때는 마음이 참 불안합니다. 특히 숨이 차다고 하거나 기침을 하다가 구토를 하면 응급실에 가봐야 하나 어쩌나 고민되기도 하죠. 아이들 기침이 점점 심해져 어떻게 해야 할지 고민될 때 도움될 수 있게 몇 마디 조언 드릴까 합니다. 같은 고민하는 엄마 아빠께 도움이 되었으면 합니다.

폐렴으로 나빠지지 않게 미리 감기를 잡아야 한다는 말을 종종 듣게 되는데요. 하루 이틀 된 기침이라면 면역기능이 정상인 아이들의 경우엔 미리 병원에 갈 필요는 없습니다. 열이 나는지, 기침 소리가 가래 끓는 소리로 바뀌는지만 지켜보서도 늦지 않겠습니다. 콧물도 하얀 콧물로 흐르는 양상이라면 바이러스 감기일 가능성이 높으므로 굳이 병원에 가지 않고 일단 지켜보서도 됩니다.

기 침 과 가 래

그럼 감기 증상 중 특별히 주의해야 할 증상은 무엇일까요? 먼저 38도 이상의 열을 동반하는 경우 소아청소년과 선생님께 보일 필요가 있습니다. 바이러스에 의한 열인지 심한 감염의 증거가 있는지 등 열의 원인을 한 번쯤 확인해 볼 필요가 있습니다. 같은 바이러스 감기라하더라도 헤르페스 바이러스에 의한 인후두염이나 중이염을 동반하는 경우가 있고 그에 맞는 조치를 취해야 합니다.

가래가 점차 늘어 쿨럭쿨럭거리는 기침을 한다면 폐렴의 가능성이 있으므로 소아청소년과 진료가 필요하겠죠. 하지만 가래가 없는 경우에도 폐렴인 경우가 있는데요, 바이러스 폐렴이나 마이코플라스마 폐렴이 그렇습니다. 또한 폐렴의 경우에 열이 잘 조절되지 않을 수 있으니 해열제로 조절되는 열이라도 3일 이상 지속되면 청진을 들어볼 필요가 있습니다. 필요하면 흉부 엑스레이 검사를 하는 경우도 생깁니다.

그 외에 천식이나 결핵, 만성 기관지염이나 기타 폐질환 등도 만성 기침의 원인이 됩니다. 단순히 심리적인 원인이나 습관성 기침인 경우도 있지요. 만약 2주 이상, 특히 4주가 넘어가는 기침의 경우에는 꼭 진료를 받고 기침의 원인을 파악하는 과정이 필요합니다.

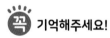 **기억해주세요!**

단순한 감기 증상이 있을 때 미리 진료를 본다고 해서 빨리 낫게 할 순 없습니다. 하지만 가래가 심하거나 열이 조절이 잘 안 되는 경우, 3일 이상 지속되는 경우에는 소아청소년과 진료가 필요합니다. 2주 이상 지속되는 기침은 천식, 결핵, 만성 기관지염 등이 아닌지 확인이 필요합니다.

천식

천식은 성인에서도 나타나지만 소아에서 더 흔한 호흡기 질환으로, 알레르기 염증에 의해 기관지가 심하게 좁아져 기침, 천명, 호흡곤란, 가슴 답답함이 반복적으로 발생하는 질환입니다. 감기에 걸린 뒤 호흡곤란이 악화되거나 달리기 같은 운동 뒤에도 쌕쌕거리는 호흡을 하며 가슴 답답함, 기침을 호소하게 됩니다. 유전적 요인과 환경적 요인이 함께 작용한다고 알려져 있는데 주로 집 먼지 진드기, 꽃가루, 동물 털, 곰팡이, 흡연, 대기 오염 등이 원인 물질로 꼽힙니다.

천식을 일으키는 요인들

천식의 중요한 요인 중 하나는 유전적 요인으로 가족력이 있다면 자녀에게도 발병할 확률이 높습니다. 천식을 일으키는 원인 인자로는 집 먼지 진드기, 꽃가루, 동물의 털과 비듬, 곰팡이, 몇몇 음식물(우유, 계란, 견과류, 생선, 복숭아, 메밀) 등이 있습니다. 천식을 악화시키는 악화 인자로는 기후변화, 대기오염, 담배연기, 약물, 스트레스

만 5세 이하

천식은 모든 연령대에서 발생할 수 있지만, 소아기 특히 만 5세 이하에서 많이 발생합니다. 유아기에 재발되는 천명(쌕쌕거리는 기침)이 있었다면 천식이 발생할 확률이 높습니다. 그중 일부는 지속성 천식으로 진행되기도 합니다.

어릴 때 천명이 있었던 아이들은 개인위생 관리와 주변 환경을 항상 깨끗이 유지하는 등 천식 예방에 특별히 신경 써야 합니다.

천식의 단계별 증상

간헐적 지속 : 천식 증상이 일주일에 1~2회 이하이며 일상생활에 문제가 없는 경우.

경미한 지속 : 천식 증상이 일주일에 2~6회 정도이며 일상생활에 약간의 제한이 생김.

중등도 지속 : 천식 증상이 매일 발생하며 일상생활이 상당히 제한됨.

중증 지속 : 하루 종일 천식 증상이 발생하고, 일상생활이 불가능함.

175

등이 있습니다.

천식의 증상과 진단

기침, 쌕쌕거림, 숨참이 반복되고 진찰에서 천명음(쌕쌕거리는 소리)이 확인되며 정밀검사에서 기관지 과민성혹은 기관지 확장제에 반응이 있는 것을 확인하면 천식을 확진할 수 있습니다.

천식이 있는 아이는 자주 기침을 발작적으로 하고, 호흡곤란이 오며, 기관지에서 쌕쌕거리는 소리가 납니다. 급성 세기관지염과 천식의 증상이 유사하기 때문에 아이가 발작적으로 기침을 하고 쌕쌕거리는 소리를 내면 소아청소년과 의사의 진찰을 받아야 합니다. 앞에서 설명 드렸던 여러 악화 인자에 의해 갑자기 악화된 경우이를 천식 발작 또는 천식 급성 악화라고 하는데, 발작이 일어나면 기존에 사용하던 약을 복용해도 나아지지 않고 천명과 호흡곤란으로 말하는 것이 어려워집니다. 이때는 빨리 응급의료기관을 찾아야 합니다.

진단을 위해 알레르기 피부 반응 검사와 혈액 검사, 운동 유발 검사나 폐기능 검사 등을 시행하기도 하는데, 학령전기 소아의 경우 정확한 호흡기 검사를 하기 어려운 경우가 많아 일반적으로 증상과 병력에 의존하여 진단을 하게 됩니다.

천식 치료

천식은 꾸준한 치료와 관리가 이루어지면 나아질 수 있습니다. 성인 천식의 경우 완전한 치유의 개념이 없고 관리하는 질환으로 알려져 있지만 소아 천식은 청소년기를 넘어가며 완치가 되기도 합니다. 따라서 치료의 목표는 증상이 없을 때에도 꾸준히 항염증제를 사용하여 기관지 염증 상태를 관리해야 하죠. 하지만 일시적으로 좋아졌다가도 일 년에 한두 번, 혹은 수년 후에 재발하기도 합니다. 천식은 만성질환이기 때문에 치료하기 위해서는 환아와 보호자 모두가 천식이라는 병을 이해하고 관리하기 위해 노력해야 합니다.

기관지 천식의 치료는 크게 예방 요법과 약물 요법, 면역 요법의 세 가지로 나뉩니다. 예방 요법으로는 아이가 원인 인자에 노출되지 않도록 주변 환경을 깨끗하게 관리하고 적당한 습도를 만들어주어야 합니다. 예방 요법만으로 치료가 어려운 경우 약물 치료를 병행합니다.

천식이 호흡기에 후유증을 남길 수 있다는 것이 밝혀지면서 지속적인 약물 치료의 필요성이 강조되고 있습니다. 천식 치료 약물로는 증상이 나타났을 때 바로 사용해 짧은 시간 내에 증상을 완화시키는 증상 완화제와 평소 규칙적으로 사용하여 알레르기 염증을 억제하고 천식 발작을 예방하는 질병 조절제로 구분합니다. 질병 조절제 약물 치료는 적은 양으로도 충분한 효과를 얻을 수 있고 약물의 효과가 빠르며 부작용이 적은 흡입제를 먼저 사용하게 됩니다.

가장 먼저 MDI^{Metered Dose Inhaler}라 부르는 천식 치료용 계량 흡입기를 통해서 흡입 스테로이드제를 투여하는데, 이것은 아이가 말을 알아들을 수 있는 나이가 되어야 쓸 수 있습니다. 입과 코를 덮는 마스크 형태의 흡입기인 네뷸라이저를 사용하기도 하지만 집에서 간편하게 사용하기에는 어려움이 있습니다. 집에서 MDI나 네뷸라이저 같은 흡입 기구를 사용할 때는 기구가 오염되지 않도록 주의해야 하고 반드시 소아청소년과 의사의 자세한 지시를 받은 후에 사용해야 합니다. 위의 1단계 조치로도 호전이 없으면 5단계까지 미리 수립된 대한천식알레르기학회의 한국 천식 진료 지침에 따라 약물을 추가하게 됩니다.

면역 요법은 원인이 되는 물질을 장기간 투여해서 아이의 면역력을 증가시키는 방법으로, 집 먼지 진드기나 꽃가루 같은 특정 물질이 원인일 경우에만 효과가 있습니다. 약물 치료로 증상이 호전되지 않을 경우에 시도합니다. 일반적으로 1년 이상 지속해야 효과가 있으며 3년에서 5년간 치료를 지속합니다. 경우에 따라 더 오랫동안 치료하기도 합니다. 치료를 시작한 후 2년 이내에 효과가 없으면 치료를 중단하고 재평가를 합니다.

규칙적이고 적당한 강도의 운동을 꾸준히 하는 것도 천식 치료에 큰 도움이 됩니다. 운동은 주 2~3회 정도 규칙적으로 하면 호흡하는 힘을 길러주고 정신적으로도 안정감을 줄 수 있습니다. 만일을 위해 운동하기 전에 기관지 확장제를 흡입하고 증상 완화제를 휴대한 상태에서 운동을 하는 것이 좋습니다. 과도한 운동은 천식을 악화시킬 수 있으므로 삼가도록 하고 호흡곤란이 오면 바로 운동을 멈추는 것이 좋습니다.

귀통증

아이가 귀가
아프다며
울고 자꾸
잡아당겨요

[도와주세요!]

요즘 가벼운 콧물 증상이 있어서 지켜보고 있었는데 갑자기 자다 말고 귀가 아프다며 우네요. 고막에 큰 이상이라도 생긴 건가요?

[의사의 답변]

감기 증상 후에 보이는 심한 귀 통증은 중이염에 의한 증상일 가능성이 높습니다. 밤에 잠을 못 이룰 정도로 아파한다면 가까운 응급의료기관에서 진찰을 받고 진통제와 항생제 사용 여부를 결정하는 것이 좋겠습니다.

📷 집에서 따라하는 응급처치

밤늦은 시각이라면 가정에서 상비하고 있는 진통소염제인 부루펜 시럽이나 타이레놀 시럽을 복용하고 다음날 소아과 진료를 봐도 됩니다. 벌레가 들어갔다고 생각해서 귀지를 심하게 파거나 면봉으로 긁어내는 행위는 오히려 외이도염을 일으킬 수 있으므로 자제하셔야 합니다.

의사 아빠의 응급 이야기

아이가 자다가 갑자기 귀를 잡아당기며 괴로워해서 응급실로 오시고는 합니다. 진료를 하면서 자세히 물어보면 대부분 감기 증상이 있었거나 수영장을 다녀온 적이 있습니다. 이런 경우에는 감기 바이러스에 의한 중이염이 생기거나, 물놀이를 하면서 귀에 고인 물이 빠져나오지 않아서 중이염이 생겼을 가능성이 높습니다.

사람에게 소리를 듣는 즐거움과 대화를 가능하게 하는 귀. 이 귀는 외이와 중이, 내이로 나누어집니다. 바깥에 보이는 귓바퀴부터 고막까지를 '외이'라고 하며, 반고리관과 달팽이관, 청신경을 '내이'라 부르고, 그 사이의 공간을 '중이'라고 합니다. 유스타키오관을 통해 인두로 연결되어 있어 감기 바이러스에 감염되기 쉬운 공간이기도 하죠. 바로 이 중이에 염증이 생기는 질환을 중이염이라고 합니다.

단순한 감기 바이러스 감염이라면 아프기만 하다가 저절로 낫기도 하지만 세균 감염이 동반된다면 문제가 심각해질 수 있습니다. 난청, 어지러움, 구토가 발생할 수 있고, 염증이 지속되어 농양이 차면 수술적 치료가 필요한 경우도 생깁니다. 그런 상황을 막기 위해서는 전문의에게 진료를 받고 항생제를 빠르고 적절하게 사용해야 합니다.

응급실에 찾아온 환아에게는 일단 통증 조절 치료를 하는 것이 중요합니다. 잠을 못 잘 정도의 통증을 호소하는 경우도 많거든요. 항생제 사용 여부는 연령과 기간,

열, 삼출액 여부에 따라 결정하게 됩니다. 감기 증상이 있는 아이의 경우 먹고 있는 감기약에 항생제가 들어 있다면 응급실에서 진료를 볼 때 미리 알려주셔야 합니다. 그래야 중복해서 처방하는 일을 피할 수 있습니다.

귀가 아프다고 해서 응급실에 왔는데 막상 진료를 해 보니 고막이 거의 붓지 않은 경우가 있었습니다. 중이염이 아닌 유행성 이하선염, 흔히 볼거리라고 부르는 유행성 전염병에 걸려서 귀 아래쪽의 침샘 주위에 통증이 나타난 것이죠. 붓기가 뚜렷하지 않고 아이가 자기 상태를 정확하게 표현하지 못해서 생긴 혼란이었습니다. 특히 볼거리는 자가 격리와 보건소 신고가 필요한 법정 전염병이라 놓쳤다면 난감했을 상황이었죠. 짧은 응급실 진료에서 주요 질환을 놓치지 않게 아이 상태를 자세히 확인해 두시고 의문점은 확실히 해소하고 가시는 것이 적절한 치료를 위해 도움이 됩니다.

한밤중에 귀를 잡아 뜯거나 아프다며 갑자기 우는 아이, 이제 놀라지 않고 잘 달래서 진료 받으러 나오실 수 있겠죠?

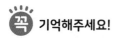 **기억해주세요!**

갑자기 발생한 귀의 통증은 벌레가 들어가는 등의 문제가 없다면 중이염일 가능성이 높습니다. 진통 조절과 항생제 사용 여부를 판단하고 기타 질환을 감별하기 위해 소아청소년과 또는 이비인후과에서 진료를 받을 필요가 있습니다. 통증이 심하면 가까운 응급의료기관의 도움을 받으셔도 됩니다.

귀
통증

중이염

중이염은 고막 안쪽인 중이에 박테리아와 바이러스에 의해 염증이 생기는 질환으로 생후 6개월이 지나면 발생 빈도가 높아지기 시작해서 2세경의 소아에게 가장 많이 발생합니다. 감기 증상과 함께 발생하는 경우가 많죠. 코의 뒤쪽인 코인두와 중이는 유스타키오관이라고도 하는 귀 인두관으로 연결되어 있는데, 이 관에 이상이 생기면 중이 안에 세균 또는 바이러스에 의한 감염이 발생하게 됩니다.

아이들의 귀 인두관은 어른보다 짧아서 세균이 중이

로 침입하기 쉽습니다. 또한 개폐에 관여하는 연골이나 근육의 발달이 미숙해 기능이 떨어지기 때문에 중이염에 더 잘 걸립니다. 아이가 성장하면서 면역력이 증가하고 귀 인두관의 기능이 발달하면 중이염에 걸리는 빈도가 적어집니다.

중이염의 증상

중이염은 화농성 급성 중이염과 비화농성인 삼출성 중이염으로 나뉩니다. 화농성인 급성 중이염에 걸리면 중이 강 내의 삼출액이 고막을 밀어 팽창하여 귀에서 통증이 발생합니다. 아이가 갑자기 귀의 통증을 호소하거나 울면서 보채거나 귀를 자꾸 만질 때는 감기 증상이 없더라도 중이염에 걸렸는지 진찰을 받아야 합니다. 감기와 동반하는 경우가 많고 열이 동반되는 경우도 있습니다.

삼출성 중이염에 걸리면 통증이나 특별한 증상은 없지만 일시적으로 난청이 생기기도 합니다. 중이 강 내에 고인 삼출액이 소리의 전달을 방해하기 때문입니다. 아이가 작은 소리를 잘 알아듣지 못하거나 TV의 소리를 자꾸 키우거나 하면 중이염을 의심해봐야 합니다. 중이염

생후 6개월~만 2세

이 시기의 영유아는 면역력이 떨어지고, 귀나 입에 손가락을 넣는 행위를 많이 하기 때문에 바이러스에 감염되기 쉽습니다. 중이염이 발생하면 통증으로 인해 짜증을 내거나 잠을 잘 자지 못할 수 있고, 아직 말이 트이지 않아 귀를 잡아당기거나 자꾸 만지는 것으로 귀 통증을 표현합니다.

만 3~6세

기초 면역력이 생기기 시작하면서 중이염에 걸리는 빈도가 줄어듭니다. 하지만 이 시기엔 어린이집 등에 다니게 되면서 다른 사람과의 접촉이 많아지기 때문에 중이염이 발생하는 경우가 많습니다. 아이는 물론이고, 아이와 접촉이 많은 보호자의 개인위생에 신경을 써야 감염 위험을 줄일 수 있습니다.

만 6~9세

이 시기의 아이들은 자신의 의사를 보다 직접적으로 표현할 수 있기 때문에 중이염에 걸리면 귀가 아프다거나 잘 들리지 않는다고 말을 합니다. 아이의 행동이나 상태 변화를 주의 깊게 살펴보고, 의사와 상담 시에 전달해야 합니다.

이 3개월 이상 지속될 경우에는 청력 검사를 받아봐야 합니다. 오랫동안 중이염이 지속된 아이는 청력 장애가 생길 수 있고 그에 따라 언어 발달 장애 등이 함께 올 수 있습니다.

중이염 예방법

아이들은 어른에 비해 귀 인두관의 기능이 떨어져서 중이염이 잘 오지만 약간의 주의를 기울이면 어느 정도 예방할 수 있습니다. 잠드는 동안 젖병을 빠는 습관이 유스타키오관에 액체 축적을 야기해 중이염을 쉽게 일으킬 수 있으므로 중이염이 자주 오는 경우는 습관을 바꿔 줍니다. 공갈젖꼭지를 자주 사용하는 것도 같은 이유로 중이염의 원인이 됩니다.

감기나 비염에 걸리지 않도록 위생과 환경 관리를 철저히 하고, 예방접종도 반드시 해야 합니다. 특히 손을 자주 씻고 양치질을 잘하는 것이 중요합니다. 가족 중에 담배를 피우는 사람이 있으면 간접흡연으로 인해 섬모운동이 둔화되어 중이염에 걸릴 수 있습니다. 집 밖에서 피우더라도 입안의 잔류물을 통해 악영향을 미칠 수 있으므로 금연하면 큰 도움이 됩니다. 독감에 걸리면 중이염에 걸리기 쉬우므로 독감 예방접종을 하는 것이 좋습니다. 폐구균 예방접종도 중이염 예방에 효과가 있습니다.

위식도 역류가 중이염의 중요한 위험인자 중 하나입니다. 누워서 먹는 습관, 먹고 나서 바로 눕는 습관 등을 고치고, 트름이 잦거나 게우는 증상, 신물 올라오는 증상이 잦은 경우에는 위식도 역류 질환도 치료해주어야 합니다.

중이염 발병 시 대처법

밤에 아이가 갑자기 귀가 아프다고 하면 우선 타이레놀이나 부루펜과 같은 해열진통제를 먹이고 다음날 일찍 소아청소년과 또는 이비인후과에 찾아가 진료를 받습니다. 통증이 심해 잠들지 못할 정도라면 응급실에서 진통 주사를 사용하는 경우도 있습니다. 항생제를 사용할지 여부는 담당 의사와 상의 후 결정하게 됩니다.

중이염 치료

중이염에 걸리면 원인과 양상에 따라 항생제 치료를 결정하게 됩니다. 항생제 치료를 시작하면 보통 10일에서 14일간의 투여가 필요합니다. 그런데 치료 시작 후 며칠 되지 않아 증상이 호전되었다며 자의로 항생제 투여를 중지하는 경우가 있습니다. 충분한 기간 동안 치료를 마치지 않으면 재발하기가 쉽고 내성균 발생이 문제가 될 수 있습니다. 그러므로 항생제 투여가 결정되었다면 보호자가 임의로 치료를 중단해서는 안 됩니다.

항생제로 치료를 하다 보면 반응에 따라 다른 종류의 항생제를 사용해야 하는 경우가 생깁니다. 아이의 치료 경과를 모두 알고 있는 것은 처음 진료를 한 의사이기 때문에 가능하면 같은 병원에서 계속 치료를 유지하는 것이 좋습니다. 하지만 피치 못하게 다른 병원으로 옮겨야 할 때는 그동안 사용했던 항생제의 이름과 용량을 새로 진료받는 의사에게 알려줘야 치료를 계속하는 데 지장이 없습니다.

항생제 치료에 3개월 이상 반응이 없거나 치료를 하는 도중이라도 고막 안에 물이 찰 경우에는 삼출액의 배출과 중이의 환기를 목적으로 고막을 절개해 환기관이라는 작은 관을 넣기도 합니다. 대개는 6-9개월 정도 지나면 빠지는데, 그동안 목욕 또는 수영할 때 귀에 물이 들어가지 않도록 주의해야 합니다.

귀 통증

경련

잘 놀던
아이가
갑자기 경련을
일으켰어요

[도와주세요!]

아침부터 열이 나더니 잘 놀다가 갑자기 눈이 멍해지면서 초점이
없어지고 입술이 파래졌습니다. 잠깐 그러다 말았는데 경련한 걸
까요? 간질이 되는 건 아니겠죠?

[의사의 답변]

6개월에서 만 5세 이하 소아에서 경련의 가장 흔한 원인은 열성
경련입니다. 잠깐 멍하다 끝나는 경우도 있지만 눈이 돌아가면
서 손발을 규칙적으로 떨다가 거품을 물고 늘어지면서 가쁜 호
흡을 쉬는 전신 경련도 흔합니다. 1분 이내의 경련이라면 경련
에 의한 합병증의 가능성은 낮기 때문에 응급실에서 열을 조절

하고 잘 깨어나면 큰 문제는 없습니다. 1분 이상 전신 경련을 했고 5분을 넘지 않았다면 열을 조절하면서 수액을 맞고 재발 가능성을 고려해 입원 치료를 권하기도 합니다. 15분 이상 또는 하루에 2회 이상의 경련을 한 경우에는 열이 동반되었다 하더라도 뇌 자체의 기질적 원인이 있을 수 있어 소아 신경과 진료가 가능한 대학병원에 입원하게 됩니다. 검사에 큰 이상이 없다면 열성 경련이 뇌전증으로 진행되는 경우는 드뭅니다.

🧰 집에서 따라하는 응급처치

완전히 정신을 잃고 쓰러진 것이 아니라면 우선 열을 빠르게 떨어뜨리기 위해 찬 물로 몸을 식혀주는 조치가 필요합니다. 정신을 잃고 입술이 파래지도록 경련이 지속된다면 턱을 들고 기도를 열어줌과 동시에 혀를 깨물지 않도록 조치를 해줘야 합니다. 그다음 119 신고를 통해 가까운 응급의료기관에서 응급처치를 받아야 합니다.

의사 아빠의 응급 이야기

월요일 저녁, 여느 때처럼 진료를 마치고 나오는 길이었습니다. 오늘도 하루를 무사히 마쳤다는 만족감과 함께 거리의 활기를 느끼며 걷는 즐거움이 있는 시간이죠. 버스를 타기 위해 부지런히 발걸음을 옮기던 그때, 아내에게서 전화가 걸려 왔습니다. 매번 그렇듯 아이들 셋을 챙기느라 힘겨우니 빨리 들어와 달란 용건이겠거니 하고 전화를 받았습니다.

전화를 받자마자 아내가 다급한 목소리로 얘기했습니다. 당시 5개월밖에 되지 않았던 셋째아이의 상태가 이상하다고요. 소아청소년과 중환자실에서 산전수전 다 겪은 간호사인 아내가 많이 놀란 걸 보니 불안한 마음이 엄습했습니다. 첫째아이에게 화상 사고가 일어났을 때도, 이마를 다쳐 피를 흘렸을 때도 이리 흥분하지 않았던 아내였기에 더욱 그랬습니다.

어딘가 크게 다쳤나? 열성경련을 했나? 뒤집기를 하다가 혹시 사고라도 났나? 불안한 생각들을 숨기고 아내를 진정시키고 무슨 일인지 차분히 설명을 하게 했습니다. 셋째의 팔에 힘이 들어가지 않고 축 처진다고 했습니다. 놀다가 팔이 빠졌다는 소린인지 중풍 같은 상황이 왔다는 것인지 머릿속으로 현장의 이미지를 조합하고 있는데 이번엔 팔을 계속 떤다고 했습니다.

혼자 놀다가 어디가 눌렸든지 아니면 팔꿈치가 살짝 빠진 것일 거라는 생각을 하며 영상통화를 통해 아이의 상태를 확인하기로 했습니다. 아내의 말대로 아이의 한 쪽 손과 팔이 움찔움찔하며 규칙적으로 떨고 있었습니다. 경련을 하고 있었던 겁니다. 다행히 의식은 멀쩡했지요. 아무래도 부분 발작을 하는 것으로 보였습니다. 일단 응급 상황은 아니라는 말로 아내를 안심시키고 집으로 향하는 발걸음을 재촉했습니다. 그런데 영상통화를 종료한 지 얼마 안 되어 다시 전화가 왔습니다. 아이가 팔과 다리에 이어 얼굴까지 떨고 있다며 어떻게 해야하냐고 말입니다.

하지만 아직 집에 도착할 때까지 한 시간도 더 남은 거리에 있었기에 당장 할 수 있는 일이 없었습니다. 아이 셋을 혼자 돌보던 아내의 상황을 고려하면 119의 도움을 받는 수밖에 별 도리가 없어 보였죠. 결국 119 구급 차량을 통해 대학병원 소아전문 응급실로 가기로 했습니다.

한 시간여 뒤, 집에 도착해서 살펴보니 장난감이 흩어져 있고 먹다 남은 간식이 바닥에 널브러져 있었습니다. 아빠가 자리를 비운 사이 벌어진 흔치 않은 상황에 아내가 얼마나 놀랐을지, 얼마나 정신없이 애들을 챙겼을지 충분히 상상이 되었습니다. 안쓰러운 마음을 안고 부지런히 기저귀와 분유를 챙겨 집을 나섰습니다.

대학병원 응급실에 도착했을 때, 아이는 수액 치료를 하기 위해 침상에 눕혀져 있었습니다. 5개월 된 아기에게 수액 치료를 하는 일이 참 만만찮은 일이죠. 어찌어찌 겨우 채혈은 되었는데 수액은 좀처럼 들어가지 않았습니다. 울다 지친 아이를 달랠 겸 일단 수액은 미루고 검사 결과만 보기로 했습니다. 다행히 응급실에 도착하기 전에 경련은 저절로 멈췄다고 했습니다. 첫째와 둘째아이는 잠옷 차림으로 응급실 침상에서 놀고 있었습니다.

보통 소아의 경련은 대부분이 열성경련입니다. 그리고 열성경련의 경우 의료진은 그리 걱정하지 않습니다. 소아 때는 경련에 대한 역치가 낮아 고열에 의해 잠시 경련하는 것일 뿐, 성인이 되었을 때 뇌전증으로 이어지는 경우는 드물기 때문이죠. 하지만 열성경련이 아닌 경우, 게다가 부분 발작인 경우는 얘기가 다릅니다. 반드시 뇌파검사와 MRI 검사를 통해 뇌의 구조적 병변 여부를 확인할 것을 권유하고 있습니다.

수액을 잡느라 울다 지친 셋째아이는 잠이 들었네요. 심심해하는 아이들의 장난을 받아주며 검사 결과를 기다렸습니다. 두 시간여 뒤, 혈액 검사에는 이상이 없지만 추가 검사는 필요하겠다는 소아청소년과 당직 선생님의 소견을 들었습니다. 일단 집에 돌아갔다가 다음날 외래에서 나머지 검사를 잡기로 했습니다.

집으로 돌아오는 길, 아내가 말이 없었습니다. 안 그렇겠어요? 많이 놀랐을 거고 많이 원망스러울 것 같습니다. 필요할 때 옆에 없었던 게 못내 맘에 걸려서 "별거 없을 거야" 하고 달래 보지만 아내는 답을 하지 않았습니다. 미안한 마음뿐입니다.

그새 잠에서 깨어 아빠 얼굴을 확인한 막내가 방긋방긋 웃었습니다. 엄마 아빠 사이의 쌀쌀한 분위기를 아는지 모르는지 그저 신이 났습니다. 아이의 웃음 덕에 아내도 서서히 다시 웃음을 찾았습니다. 맘이 풀린 아내가 놀랐던 그때 상황을 얘기하며 눈물짓습니다. 그렇게 그날도 우리 부부는 육아 에피소드를 하나 더 쌓았습니다.

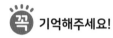 **기억해주세요!**

열이 동반된 5분 이내의 짧은 열성경련은 아이가 커 가는 과정에서 있을 수 있는 일입니다. 너무 걱정하지 않으셔도 됩니다. 다만 열이 없이 발생한 경련, 15분 이상 지속된 경련, 2회 이상 반복된 경련, 5세 이상에서 발생한 경련은 적극적인 검사가 필요합니다. 경련이 멈추지 않고 지속된다면 119의 도움을 받아야 합니다.

경련

열성경련

열성경련은 생후 3개월에서 만 5세 사이의 소아에게서 발열과 함께 경련이 일어나는 것을 말합니다. 소아의 뇌는 열에 의해 전기적으로 쉽게 흥분하기 때문에 경련이 발생할 수 있습니다. 눈이 돌아가고 손발이 딱딱하게 굳거나 움찔움찔 떠는 양상을 보입니다. 전체 어린이들이 자라면서 5~8%가 경험할 정도로 흔한 증상이고 만 5세가 넘으면 대부분 자연히 없어지기 때문에 걱정할 만한 질환은 아닙니다. 보통 2~3분 경련을 하다 멈추고 바로 깨어납니다. 단, 5분이 넘어가거나 24시간 동안 2회 이상 경련이 발생한 경우, 의식이 돌아오지 않는 경우에는 바로 응급실로 이동해야 합니다. 경련이 지속되고 있을 때는 119 구급대원의 도움을 받아 응급실로 오십시오.

열성경련의 증상

열성경련은 열이 나는 초기에 대개 전신 발작이 일어나는데, 의식이 없어지고 눈이 뒤집히면서 몸 전체가 뻣뻣해지는 강직이 일어나고 팔다리를 반복적으로 떠는 경련이 일어납니다. 열성경련은 대부분 2~3분 이내에 멈추고 5분 이상 하는 경우는 많지 않습니다. 15분 이상 경련이 지속되면 열성경련이 아닌 다른 원인에 의한 경련일 가능성이 있으므로 추가적인 검사가 필요합니다. 보통 열이 많이 나기 시작한 첫째 날 한 번 발생합니다. 경련이 15분 이상 지속되거나 하루 2회 이상 발생하는 경우를 복합 열성경련이라 하는데 이 경우에는 경련의 원인을 확인하기 위해 응급실을 통해 소아청소년과 전문의의 진료가 필요합니다.

경련

열성경련 발작 시 대처법

아이가 경련을 하게 되면 부모님들은 당황하게 되는 경우가 많습니다. 열성경련은 열이 났을 때 일시적으로 발생하는 것입니다. 경련이 오래 지속될 경우 5분이 넘는 경우도 있지만, 그 이상 지속되지 않는다면 아이에게 큰 문제가 남는 경우는 거의 없습니다. 그러므로 아이가 경련할 때는 침착하게 대응해야 합니다.

경련이 발생하면 매트나 이불 같은 딱딱하지 않은 곳에 아이를 눕히고 꼭 끼는 옷을 입었다면 단추를 풀어주어 숨쉬기 쉽게 도와줍니다. 만약 기도유지법을 배우신 보호자라면 턱을 들어 기도를 열어주는 것이 좋습니다만 배운 적이 없으면 오히려 기도를 막는 자세를 취할 수 있어 조심해야 합니다. 아이를 눕힌 상태에서 침이 많이 나오거나 구토를 하게 되면 고개를 옆으로 돌려서 입안의 이물질이 빠져나오게 해주세요. 경련이 있는 아이의 이 사이로 손을 넣으면 손을 크게 다칠 우려가 있으므로 손을 넣어서는 안 됩니다. 간혹 음식을 먹다가 경련이 일어나는 경우가 있습니다. 이럴 때는 손가락에

경련

수건을 감고 입안의 음식물을 빼내 주어야 합니다.

경련발작이 일어나면 아이를 잘 살펴봐주세요. 열이
몇 도까지 올라가는지 확인하고, 눈은 어떤 식으로 뒤집

생후 6개월~만 3세

만 5세 이하의 소아 중 2~5% 정도가 열성경련을 증상을 보이곤 합니
다. 그중에서도 88%가 3세 이전에 첫 열성경련이 발생합니다.
열성경련을 일으킨 아이들 중 1/3 정도가 재발합니다. 특히 처음 열
성경련을 일으켰을 때가 만 1세 미만이고 친인척 중에 열성경련을 한
사람이 있는 경우에는 재발할 가능성이 높습니다.
보통 만 6세가 넘어가면서 빈도가 줄어듭니다. 이 시기에도 계속 열
성경련을 보이면 정밀한 검사가 필요합니다.

드라벳 증후군

1세 이하에서 열성경련 형태의 발작이 동반되는 간질 증후군이 있습
니다. 그중 대표적인 것이 드라벳 증후군으로, 간질 중첩증, 전신성
발작이 일반적이지만 부분성 발작이 일어나기도 합니다. 이 증후군을
겪는 아이들은 인지 기능이 점차 저하되는 특징을 보입니다.

열성 간질중첩증

열성경련이 30분 이상 지속되는 것을 말하며, 이 경우 일반적인 열성
경련과 달리 뇌에 심각한 손상을 일으킬 수 있습니다. 그러므로 5분
이상 경련이 지속될 때는 119 신고를 통해 빠르게 치료가 가능한 병
원으로 이송해야 합니다.

어지는지, 몸의 경직이나 손발의 떨림은 어떤 식으로 진행되는지, 경련이 얼마 동안 지속되고 있는지 등을 알아두면 경련의 원인을 밝히는 데 도움이 됩니다.

손발을 급격하게 떠는 모습을 보고 세게 잡아주려는 경우가 있습니다. 하지만 경련을 멈추는 데에 도움이 되지 않고 다칠 우려가 있어 가만히 두어야 합니다. 5분 이상 경련이 멎지 않으면 응급실을 찾아야 합니다. 호흡을 유지하고 산소를 주면서 이동해야 하므로 119에 도움을 요청하세요.

열성경련의 치료와 예방

전형적인 열성경련을 겪은 아이들의 경우 병원에 도착하면 대부분 경련이 멈춘 상태이기 때문에 약물 치료를 하지는 않습니다. 열성경련의 증상과 일치하는 경우에는 진찰을 통해 발열의 원인 및 경련을 유발하는 다른 상황이 없는지 확인하여 원인이 되는 질환에 대한 치료를 하게 됩니다. 열이 없는 경련, 15분 이상 지속되는 경련과 같은 비전형적인 증상을 보일 때는 열성경련이 아닌 다른 원인에 의한 경련일 수 있어 혈액 검사와 뇌척수액 검사, 뇌파 검사, MRI 등의 검사를 진행하기도 합니다.

열성경련을 자주 겪는 아이는 감기만 걸려도 경련발작을 일으키고는 합니다. 아이가 열이 나기 시작하면 아이의 체온을 자주 재고 해열제를 먹이거나 미지근한 물수건으로 몸을 닦아서 체온을 조절해주는 것이 좋습니다.

자주 경련하는 아이를 키우는 엄마 아빠께

[도와주세요!]

저희 아이가 경련을 자주 합니다. 열이 날 때마다 경련을 하는 통에 응급실 신세를 진 게 한 두 번이 아닙니다. 경련을 자주 하는 아이를 위해 제가 알아야 할 것이 있을까요?

[의사의 답변]

보통 아이들이 일으키는 경련은 대부분 열성경련입니다. 자주 경련하는 아이라면 열이 날 때 아이를 혼자 두지 마시고 미리 적극적으로 열을 조절해야 하는 것은 당연하겠죠. 무엇보다 중요한 것은 경련을 할 때 당황하지 않고 응급처치를 해주는 것입니다.

📷 집에서 따라하는 응급처치

아이가 경련을 일으켰을 때는 혹시라도 경련이 길어질지 모르니 우선 119에 도움을 요청합니다. 그다음 기도를 열어주고 혀를 무는 것을 방지하는 기도유지법을 시행하시면 도움이 됩니다. 곁에 도와줄 사람이 있다면 기도를 유지하는 동시에 찬 물을 몸과 머리에 적셔 열을 급히 떨어트려 주도록 합니다. 이 또한 중요한 응급처치입니다. 경련 중에 해열제를 먹이는 것은 절대 해서는 안 됩니다. 기도로 넘어가 흡인 폐렴을 일으킬 수 있습니다.

의사 아빠의 응급 이야기

어느 날의 이른 아침, 곤히 자고 있는 줄 알았던 아이가 움찔움찔하며 이상한 모습을 보였습니다. 설마 하고 아이를 살펴보니 시퍼런 입술을 한 채 눈에 초점이 없었습니다. 깜짝 놀라 아이의 이름을 불러 보지만 대답 없이 흰자위만 보이며 손발을 떨었습니다.

자주 경련하는 아이를 키우는 엄마 아빠들이 계실 겁니다. 그중에는 열성경련을 자주 하는 아이도 있을 것이고, 열이 없는데도 시도 때도 없이 하는 경련에 마음 졸이는 분들도 있을 겁니다. 제일 큰 고민은 '이러다 경련이 멈추지 않으면 어쩌나' 하는 것일 겁니다. 바로 간질중첩증 말이죠.

우리 몸에 경련이 나타나는 이유는 뇌에서 간질파란 뇌파가 나오면서 몸의 근육에 불규칙한 신호를 보내기 때문입니다. 머리를 세게 부딪친 뒤에 일시적으로 발생하는 경우도 있고 약물이나 저혈당, 알코올과 관련해서 나타나는 경우도 있습니다. 그리고 뇌에 병변이 있거나 어디선가 이유 모르게 간질파가 나오는 경우도 있지요. 그 간질파가 뇌 전체를 한 번 휘감고 끝나면 다행입니다. 간질중첩증은 간질파가 끝나기 전에 다른 간질파가 시작되면서 경련이 멈추지 않는 것을 말합니다. 보통 10분이 넘거나 양상이 다른 경련이 연속으로 이어지면 간질중첩증이라고 진단합니다.

아이가 경련을 해서 응급실에 오는 경우는 대부분 순간적인 열성경련이어서 응급실에 도착하면 경련이 멈춘 상태일 때가 많습니다. 간혹 간질중첩중인 아이를 보기도 하지만 환아에 대한 처치에 집중하는 나머지 보호자의 현장에서의 문제, 경련 시작 당시의 문제에 대해 깊이 생각해 볼 기회가 없었습니다. 이 부분은 아마 직접 경련을 보는 소아청소년과 선생님들도 마찬가지일 겁니다. 소아신경과 교수님께 상의 드렸을 때에도 '5분 이상 경련하면 응급실로 데려가라'고 했던 말이 전부였으니까요.

집에서 아이가 경련을 시작하면 보호자가 할 수 있는 것은 무엇일까요? 직접 겪어보니 크게 두 가지 문제가 걸립니다. 최종적인 응급처치인 항경련제 주사는 응급실에 도착해야 이뤄질 수 있습니다. 따라서 응급실에 가능한 한 빨리 도착해야 하는 것은 명확합니다. 아이의 열성경련을 자주 경험해봤다고 해서 이번에도 잠깐 경련하다가 멈출 것이라고 판단하지 마시고, 혹시라도 경련이 길어질 것을 대비해 119에 신고를 해서 도움을 받는 것이 좋습니다.

두 번째 문제가 중요합니다. 전신발작의 경우 호흡이 되지 않는 시간이 길어지면 청색증이 오고 저산소성 뇌손상이 올 수 있습니다. 아무리 빨리 119구급대의 도움을 받아도 산소를 적용하고 앰부백으로 호흡 보조를 시작하는 데 5분에서 15분가량 걸린다는 시간적 문제가 있습니다. 경련이 길어지는지 여부를 보고 나서 119에 신고를 한다면 그 시간은 더 길어질 테고요. 게다가 구급대의 배치가 더 드문 지방으로 가면 그 시간은 상당히 길어질 것입니다.

그래서 경련하는 환아 보호자께서는 기도유지법을 인지하고 시행할 줄 아셔야 합니다. 턱 들기법이 배우기도 쉽고 적용하기도 쉽지만 경련하는 환아의 경우에는 힘을 주고 입을 앙다물기 때문에 기도 유지가 힘들다는 단점이 있습니다. 그러므로 삼중 기도유지법을 적용하는 것이 좋습니다. 혀와 입술의 손상을 방지하는 효과도 있기 때문입니다. 가능하면 정식으로 교육을 받거나 의료진에게 배우는 것을 추천합니다.

소아, 영아 때에는 경련에 대한 역치가 낮아 열만 나도 경련을 할 수가 있다고 했습니다. 그 말인즉슨 점차 커 가면서 경련을 하지 않거나 빈도가 줄어들 가능성이 높다는 얘기입니다.

 기억해주세요!

내 아이가 경련할 때, 놀라지 않을 부모는 없겠죠. 하지만 당황하지 말고 침착하게 119에 신고를 하고 빠르게 응급처치를 해주셔야 아이의 뇌손상을 방지할 수 있습니다. 경련을 자주 하는 아이를 키우는 부모라면 응급 상황에서 어떻게 조치할지 미리 배워두세요.

경련 재발 시 주의점

열성경련을 한 적이 있는 아이는 열이 나면 다시 경련이 발생할 수 있습니다. 그러므로 보호자는 열성경련에 대해 미리 대비해둬야 합니다. 경련을 할 때 아이가 열이 있으면 좌약 해열제를 사용하거나 물수건으로 몸을 닦아주어 열을 떨어뜨려야 합니다. 자주 재발할 경우에

경련 재발률

열성경련을 처음 한 아이의 절반 정도는 다시 경련을 하지 않습니다. 3번 이상 재발하는 경우는 전체의 25% 정도인 것으로 알려져 있습니다. 뇌전증으로 이어지는 경우는 3% 정도로 매우 드문 경우입니다. 너무 걱정하지 마세요.

는 의사와 상담하여 항경련제를 처방받기도 합니다.

경련발작으로 인해 뇌 손상이 일어나지는 않을지 걱정하는 부모님들이 있습니다. 열성경련은 열 자체에 의해 일시적으로 일어나는 것으로 뇌전증(간질)과는 달리 뇌 손상이 발생하는 경우는 흔치 않습니다. 따라서 전형적인 열성경련일 경우 머리가 나빠진다거나 장애가 생기지는 않습니다.

경련

경련을 할 때 손을 따주거나 청심환을 먹이면 나아진다며 민간요법을 시행하면서 응급처치에 소중한 시간을 허비하는 경우가 있습니다. 경련 자체는 경련 뇌파가 잦아들면서 저절로 멈추는 것이지 다른 조치로 멈추는 것이 아닙니다. 지속되면 응급실에서 항경련제 주사를 사용해 멈추게 해야 합니다. 경련을 할 때는 물을 포함해서 아무것도 먹여서는 안 됩니다. 경련을 하는 중에는 의식이 없기 때문에 입에 음식물을 넣으면 기도로 들어가서 질식하거나 폐렴 등 합병증이 생길 우려가 있습니다.

열성경련 재발이 잦아지다 보면 이번에도 잠깐 경련을 하고 멈출 것이라고 방심을 하게 되고는 합니다. 하

지만 그동안 매번 열성경련이었다고 해서 이번에도 열
성경련이라고 확신할 수 없습니다. 뇌염, 수막염 등 신
경계 감염 질환에서도 열과 경련이 함께 나타날 수 있습
니다. 따라서 경련이 발생하면 열이 나는 원인을 밝혀야
할 필요가 있습니다. 소아청소년과 의사의 진찰을 받고
소견에 따라야 합니다.

열성경련이 있었던 아이 중 약 3% 정도에서 뇌전증이
발생한다고 합니다. 반대로 말하면 열성경련이 있었다
고 해도 97%는 뇌전증으로 진행되지 않는다고 볼 수 있
습니다. 미리 과도한 걱정을 할 필요는 없겠습니다. 뇌
전증은 대부분 원인을 찾을 수 없으며 언제 경련이 발생
할지 모른다는 특징이 있습니다. 열성경련과 달리 학습
지연과 지능 저하가 동반될 수 있습니다.

신생아

신생아 중환자실 앞, 위기의 순간

[도와주세요!]

생후 3주 신생아를 키우는 초보 엄마입니다. 34주 만에 일찍 태어나 고생을 하더니 오늘은 온몸에 열감이 있네요. 체온을 재보니 38도로 나옵니다. 기침이나 설사는 없는데, 응급 상황인가요?

[의사의 답변]

3개월 이내 영아의 경우, 특히 1개월 이내 신생아의 경우에는 기침, 설사 등의 증상과 상관없이 열이 나면 전신 패혈증으로 빠질 가능성이 높기 때문에 응급 상황으로 간주합니다. 37.8도 이상의 열이 확인되었다면 바로 소아응급센터가 있는 병원으로 이동해 진료를 받아야 합니다.

📷 집에서 따라하는 응급처치

해열제를 복용하고 물찜질을 시행할 수 있지만 소아응급센터에 가는 것을 늦춰서는 안 됩니다. 3개월 이내 영아에게 열이 확인되었다면 지체하지 말고 진료부터 받으세요.

의사 아빠의 응급 이야기

눈이 펑펑 내리는 한겨울에 비보가 날아들었습니다. 한 대학병원 신생아 중환자실에서 네 명의 천사가 하늘로 올라갔다는 소식입니다. 엄마 품에 안기지 못하고 삭막한 병원에서 생명을 위협하는 질환과 사투를 벌이고 있었을 아가들. 다음 생엔 건강하게 다시 태어나 행복하길 빕니다.

저희 셋째아이도 출산 당시 신생아 중환자실 신세를 질 뻔한 위기가 있었습니다. 임신성 고혈압에 이은 전자

간증으로 인해 예정일을 한 달 남기고 급히 산부인과 응급실에서 유도분만을 결정해야 했습니다. 자궁수축제를 쓰면서 원만하게 분만이 진행되나 싶었지만 어느 순간 갑자기 진행이 더뎌졌죠. 게다가 태아의 맥박까지 급격히 느려지는 위기까지, 결국 늦게나마 제왕절개 수술을 결정해야 했습니다.

어렵게 태어난 아이의 상태는 생각보다 좋지 않았습니다. 상황이 심각해 보호자인 저는 수술실에 들어갈 수 없었고, 산모는 아기가 상태가 안 좋아 심폐소생술을 시작한다는 소리를 들으며 진정제를 맞고 잠에 빠져들어야 했습니다. 시간이 좀 더 지나고 신생아실 앞에서 처음 만난 아이의 푸르스름한 색을 띤 입술과 가래소리는 한눈에도 상태의 심각성을 보여주고 있었지요. 이후 점차 호흡이 좋아져 신생아 중환자실 신세를 지지 않은 것만으로도 감사해야 했습니다.

그만큼 신생아 중환자실이라는 공간은 생과 사의 갈림길에서 힘겨운 싸움이 벌어지는 현장입니다. 미숙아, 저체중 출생아, 주산기 손상과 감염, 심장 기형과 복벽

기형 등으로 태어나자마자 위기를 맞은 새 생명들이죠. 이 아이들은 아주 미세한 변화나 균의 침투만으로도 생명의 끈을 놓쳐버릴 수 있어 아주 세심한 배려가 필요합니다. 신생아 중환자실의 의료진들은 수술할 때처럼 무균 복장에 가까운 불편한 옷을 입고 습관처럼 손 씻기를 하는 수고도 잊지 않습니다. 아이 엄마도 마음대로 들어와서 아기를 안고 수유할 수 없는 특수한 공간, 신생아 중환자실은 그런 곳입니다.

사건이 있기 전날, 친구로부터 연락이 왔습니다. 올해 초 결혼을 하고 얼마 전 첫 아이의 탄생에 들떠 있던 친구입니다. 아기가 이제 생후 3주째인데 열감이 있어 물어볼 것이 있다고 합니다. 체온을 확인했는지 물으니 37.4도라고 하는군요. 신생아에게서 체온을 정확하게 재는 일은 의료진 중에서도 소아를 자주 보는 의료진이 아니면 쉽지 않은 일입니다. 하물며 첫 아이를 품은 지 이제 3주째인 일반인 친구가 재었으니 37.4도라는 체온도 정확한지 알 길이 없습니다. 수치로는 의미 있는 열은 아니지만 열감이 꽤 있으니 급히 연락했을 텐데 하는 생각에 머릿속이 복잡해집니다.

보통 정상 임신을 통해, 36주 이상 제태 연령을 채워 태어난 아기들은 엄마로부터 강력한 면역체계를 물려받아 세상에 나오게 됩니다. 따라서 3개월에서 6개월 정도까지는 다른 연령의 소아들보다 감염 질환에 강한 방어기전을 가지고 있습니다.

이 시기임에도 불구하고 예방주사나 외부 환경 요인 등 특별히 열이 날 만한 이유가 없는데 열이 난다면 응급상황으로 간주해야 합니다. 강한 방어기전을 뚫고 감염균이 침투해 아이의 작은 몸 전체에 퍼진 결과일 수 있으니까요. 전신 패혈증일 가능성이 높다고 판단해야 합니다. 명확한 열이 확인되면 혈액 검사와 소변 검사를 확인하고 필요에 따라 배양 검사와 뇌척수액 검사까지 고려하면서 신생아 중환자실에 입원하게 됩니다.

요즘처럼 바이러스 질환이 널리 퍼질 때는 특히 주의해야 합니다. 호흡기 증상과 함께 고열이 나타나는 RSV와 인플루엔자 바이러스, 심한 구토와 설사로 탈수 위험이 높은 노로바이러스 등이 유행하고 있거든요. 세균과 달리 바이러스는 항생제에 반응이 없고 전파를 막기 힘들어 계절성 독감처럼 전국적인 유행을 일으키곤 합니다. 감염에 취약한 신생아들에게는 이 시기가 큰 위기가 될 수 있죠.

이런 생각들을 하면서 친구에게 설명을 시작했습니다. 평소와 달리 열감이 뚜렷하면 지체 말고 대학병원 소아 전용 응급실을 방문해야 한다고 말이죠. 첫 아이를 키우시는 엄마 아빠들, 밤낮없이 고생스럽겠지만 힘내셔서 어서 100일의 기적을 맞으시길 빌겠습니다.

 기억해주세요!

3개월 이내의 영아, 태어날 때 저체중 출생아였거나 조산아였던 경우, 선천 기형이 있는 경우, 신생아 중환자실에서 치료를 받았던 경우에는 고위험군으로 간주해야 합니다. 단순한 바이러스 감염도 치명적일 수 있습니다. 37.8도 이상의 열이 나면 즉시 소아응급센터에서 진료를 받아야 합니다.

신생아 패혈증

패혈증이란 혈액 내에 세균, 바이러스 또는 진균이 침범하여 전신으로 퍼지는 질환입니다. 전신적인 임상 증상과 함께 혈액 배양으로 진단이 됩니다. 정상적인 신생아는 어머니로부터 받은 기본적인 면역력이 있는데 그 면역력이 방어할 수 없는 감염이 일어나면 전신으로 쉽게 퍼져 생명을 위협받게 됩니다. 미숙아의 경우에는 정상 만삭아보다 3-4배 더 많이 발생합니다.

신생아 패혈증은 생후 3개월 미만의 신생아 및 영아가 처지거나 잘 안 먹으려 하고, 구토나 설사, 복부 팽만,

호흡곤란, 발열, 저체온 등의 전신 증상을 보이면 혈액 배양 검사를 통해 진단하게 됩니다. 따라서 3개월 미만에서 상기 이상 증상이 보이면 꼭 소아청소년과 진료를 받아야 합니다. 특히 생후 30일 미만 신생아의 경우에는 신생아 중환자실이 있는 대학병원 응급실에서 도움을 받아야 합니다.

신생아 패혈증은 발병 시기에 따라 생후 3~7일 이내에 나타나는 조기 신생아 패혈증과 그 이후에 증상이 나타나는 후기 신생아 패혈증으로 나뉩니다.

조기 신생아 패혈증은 보통 출생 24시간 안에 나타나는데 분만 전이나 분만 중에 발생한 감염, 태변 흡입 등이 원인입니다. 임신 중 사슬알균 B군 감염group B streptococcus, 조기 분만, 24시간 이상 지속된 태반 파열, 태반 조직과 양수의 감염 등이 있으면 조기 신생아 패혈증에 걸릴 위험이 높아집니다. 또한 1,000g 미만의 극소 저체중 출생아는 조기 신생아 패혈증의 빈도가 10배 정도 더 높습니다. 후기 신생아 패혈증은 출생 후 주변 환경에 의한 감염으로 발생합니다. 오랫동안 혈관 내 주사를 유지하고 있거나 병원에 오래 입원해 있는 경우에 발생 위험도가 커집니다. 폐렴, 장염, 요로감염 등으로 시작되기도 합니다.

생후 30일 이내인 신생아는 의사 표현을 잘하지 못해 증상을 알기 어렵기 때문에 평소에 아기를 잘 살펴봐야 합니다. 감염이 되었을 경우에는 먹지 않으려 하고 많이 보채거나 축 처질 수 있으며, 발열, 저체온, 무호흡, 빈호흡, 구토, 설사, 복부 팽만 등의 증상이 나타납니다. 뇌막염이 동반될 경우 경련이나 의식저하를 보일 수도 있습니다. 이런 증상이 보이면 바로 소아응급센터가 있는 대학병원 응급실로 가서 검사를 하고 필요한 경우에는 입원하여 치료를 받아야 합니다.

신생아 패혈증의 경우 진행이 급격하여 빠르면 발병 후 수 시간에서 며칠 내에 사망에 이르기도 합니다. 또한 뇌수막염이 동반된 경우 이와 더불어 뇌농양, 뇌실염, 수두증 및 경련 등이 동반되어 이후 간질이나 뇌성마비와 같은 후유증이 남기도 합니다. 신생아의 경우 발열은 신생아 패혈증이 상당히 진행된 상태에서 나타나는 증상일 수 있으므로 신생아가 열이 나면 반드시 소아 응급센터에 가서 적절한 검사를 받아야 합니다.

신생아는 면역 능력이 떨어지므로 생후 100일 전까지는 부모 외의 사람들과 접촉을 피하는 것이 좋습니다. 신생아를 안거나 만지기 전에는 반드시 손을 깨끗이 씻으세요.

예방접종,
꼭 맞아야
하나요?

[도와주세요!]

우연히 인터넷에서 예방접종이 아이에게 안 좋다는 글을 봤어요.
예방접종, 꼭 해야 하는 건가요?

[의사의 답변]

예방접종은 반드시 해야 합니다. 특히 국가에서 관리하는 필수
예방접종은 알레르기나 부작용의 위험에 비해 효용이 훨씬 크
다는 것이 입증된 접종들입니다. 그래서 국가에서 비용을 지불
하면서까지 모든 아이들이 예방접종을 맞을 수 있게 관리하는
것입니다.

🧰 집에서 따라하는 응급처치

예방접종 이후에 하루에서 이틀까지 열이 나거나 아이의 컨디션이 떨어질 수 있습니다. 미리 상비해 둔 해열제를 먹이고 물찜질을 해주면서 지켜봐도 무방합니다. 그 외에 구토 등 다른 증상이 나타나거나 열이 조절되지 않는 경우에는 가까운 응급의료기관에서 도움을 받는 것이 좋습니다.

의사 아빠의 응급 이야기

왼쪽 팔 위쪽에 주사자국을 다들 가지고 있으시죠? 이전에 '불주사'라고 불렸던 예방접종으로 결핵 예방주사인 BCG 주사자국인데요. '불주사'라는 이름은 보건 상황이 아주 열악하던 시절에 지어진 것입니다. 물자가 턱없이 부족했던 당시에는 주사기 하나로 여러 아이들에게 예방접종을 시행해야 했습니다. 이때 소독을 목적으로 알코올램프에 바늘을 달궈서 사용했던 데서 유래한 이름이라고 하네요. 시간이 흘러 일회용 주사기를 사용하게 되면서 불처럼 아픈 주사로 별명의 의미가 바뀌었지만 말이죠. 요즘은 흉터를 줄이기 위한 경피 주사도 나오고 있어서 흉이 지는 '불주사'는 이제 옛말이 되었습니다.

응급실에서 진료를 할 때 당연히 '네'라는 대답이 나오겠거니 기대했다가 생각지 못한 대답에 당황하게 되는 경우가 있습니다. 상처가 난 아이에게 파상풍 접종을 결정하기 위해 DTP(디프테리아, 파상풍, 백일해) 예방접종 과거력을 물었는데 '아니오'라는 대답이 돌아오는 경우입니다. 이럴 때는 어디서부터 물어봐야 할지 난감해지죠. DTP 예방접종이 무엇인지 몰라서 나온 답인지, 해외에서 키우느라 어떤 예방접종의 여부를 확인하지 못하는 경우인지 그도 아니면 정말 부모의 믿음에 입각해 일부러 맞지 않은 것인지….

실제로 최근에 예방접종에 대한 부작용과 위험성을 부각하는 글이 퍼지면서 내 아이의 예방접종 시행을 거부하는 사례가 늘어나고 있습니다. 간혹 언론에 보도되는 약물 부작용 사례도 이런 믿음을 부추기는 역할을 하게 되죠. 예방접종은 선택일까요, 필수일까요?

예방접종은 전염력이 높은 질환이나 생명에 위협을 줄 수 있는 질환에 대해 미리 면역력을 갖춰 대비하기 위해 시행합니다. 예를 들어 A형 또는 B형 간염이나 수두 등 전염력이 높은 질환을 예방하거나 증상을 경감시키기 위해 시행하는 접종이 있죠. 이와 달리 상처가 생겼을 때 감염되면 치사율이 50% 이상인 파상풍이나 여러 합병증으로 유명한 결핵, 일본뇌염과 같이 치명적인 질환을 예방하는 목적의 접종이 있습니다.

예방접종은 일종의 외부 물질을 체내로 주입하는 행위이기 때문에 알레르기 반응이나 부작용이 생길 가능성이 있습니다. 완전히 안전한 약이란 우리 곁에 존재하지 않으니까요. 하지만 치명적인 질환을 예방하기 위한 목적의 접종은 해당 질환이 생겼을 경우 그 피해가 개인과 가족에게 집중되기 때문에 보호자가 질환의 위험성에 대해 알고 있다면 예방접종을 부정적으로 생각하기는 쉽지 않을 것 같습니다.

그럼 감염성 높은 질환은 어떨까요? 치명적이지 않지만 인구 다수가 면역을 획득하지 않으면 사회적으로 큰 피해를 주는 질환들이 있습니다. 홍역이나 독감 등의 질환을 그 예로 들 수 있죠. 이런 질환에 이미 집단 면역이 형성된 사회라면 단 몇 명이 예방접종을 맞지 않았다고 해도 별 피해가 없을 수 있습니다. 하지만 예방접종을 하지 않은 인원이 늘어나면 얘기가 달라지죠. 집단 면역이 깨지면서 사회 전체에 큰 피해를 줄 수 있습니다. 특히 요즘처럼 해외에서 유입되는 질환이 많고 지역적인 유행을 일으키는 경우엔 그 피해가 더합니다. 이 또한 홍역과 독감이 좋은 예라고 할 수 있어요.

우리가 맞고 있는 국가 기본 예방접종은 그동안 충분한 연구와 경험이 쌓여 접종의 이득이 위험과 비용을 크게 상회한다는 판단이 나온 접종들입니다. 그 외에 아직은 기본접종으로 포함되지 않았지만 이득이 크다는 결과가 나와 많은 분들이 맞고 있는 예방접종들도 있죠. 바로 먹는 약으로 된 로타 바이러스 접종과 뇌수막염 예

신생아

방접종 등입니다. 그러니 국가 기본접종에 대해서는 우려보다 안심에 무게를 두셔도 됩니다.

이야기를 들어보니 좀 어떠세요? 예방접종의 필요성에 대해 이해가 되시나요? 작은 두려움으로 인해 큰 손해를 입지 않기 위해서는 엄마 아빠의 현명한 판단이 필요합니다.

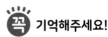

기억해주세요!

예방접종은 선택이 아닌 필수입니다. 아이의 건강과 사회의 건강을 위해 시간을 내어주세요.

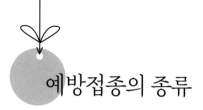

예방접종의 종류

예방접종(백신)은 전염 질환을 예방하기 위하여 불활성화되거나 약화된 병원체를 체내에 투여해 인위적으로 면역을 가지게 하는 것을 말합니다. 백신은 크게 병원체(세균이나 바이러스)의 병원성을 인위적으로 약화시킨 생백신과 배양된 병원체를 열이나 약품을 처리해 비활성화시킨 사백신으로 나눕니다. 생백신은 사백신에 비해 적은 횟수로도 면역 반응이 생긴다는 장점이 있습니다. 하지만 임산부나 면역 저하자에게는 안정성이 문제가 될 수 있습니다.

예방접종을 할 때는 아기의 건강 상태와 발달 정도를 체크하고 접종 여부를 판단하는 것이 좋으므로 소아청소년과에서 접종하기를 권합니다. 접종 후 문제가 생기면 접종한 병원에 바로 연락하거나 방문하는 것이 좋습니다. 간혹 예방접종을 이미 했는데 실수로 다시 맞거나, 피치 못할 사정으로 늦어져서 남은 접종을 어떻게 해야 할지 고민하는 때도 있습니다. 접종을 한두 번 반복하는 것은 대부분 문제 되지 않으니 소아청소년과 의사 선생님과 상의하여 남은 접종 일정을 조정하면 되겠습니다. 질병관리본부 예방접종 도우미 사이트(nip.cdc.go.kr)에서 자녀 또는 본인 예방접종 관리 메뉴를 통해 예방접종 내용을 조회할 수 있으니 활용하시면 되겠습니다.(부록의 〈표준 예방접종 일정표〉를 참조하세요.)

국가 예방접종의 종류

예방접종에는 모든 아이가 반드시 맞아야 하는 국가 예방접종과 원하는 사람만 맞는 기타 예방접종(선택 예

236

방접종)이 있습니다. 국가 예방접종에는 BCG(결핵, 피내 접종), DPT, 소아마비, MMR 등의 12종이 있으며 보건소나 지정된 의료기관에서 무료로 접종할 수 있습니다. 기타 예방접종으로는 BCG(결핵, 경피 접종), 로타 바이러스, 수막구균, 대상포진이 있으며 비용은 보호자가 부담해야 합니다.

피하주사로 접종할 때는 생후 12개월 이전의 아이는 넓적다리부, 12~36개월의 아이는 넓적다리부의 지방층이나 팔의 바깥쪽 부위, 36개월 이상은 팔의 바깥쪽 부위에 접종합니다.

근육주사로 접종할 때는 생후 12개월 이전의 아기는 넓적다리 전 외측 또는 상단부, 12~36개월의 아이는 어깨 근육이 발달하여 있다면 어깨 근육에 하고, 그렇지 않은 아이는 넓적다리에 주사합니다. 만 3세 이후는 어깨 근육이 충분히 발달하므로 어깨 근육에 주사합니다.

① 결핵BCG

BCG는 결핵을 예방하는 접종으로 생후 4주 이내에

접종해야 합니다. 피내용과 경피용으로 나누어져 있으며, 피내용은 '불주사'라고도 불립니다. 국가에서 지원하기 때문에 무료로 접종할 수 있지만 주사 자국이 남는다는 단점이 있습니다. 경피용은 도장을 찍듯이 피부에 주사 도구를 두 번에 걸쳐 강하게 눌러 접종하는 것으로 흉터가 덜 남는 장점이 있습니다. 하지만 소비자가 접종 비용을 부담해야 합니다.

② B형 간염HepB

B형 간염은 B형 간염 바이러스에 감염됐을 때 우리 몸에 면역 반응이 일어나면서 간에 염증이 생기는 질환을 말합니다. 간경화나 간암과 같은 심각한 질환으로 진행될 수 있어서 반드시 예방접종을 해야 합니다. B형 간염 1차 접종은 일반적으로 1주 이내에 접종합니다. 엄마가 B형 간염 보균자인 경우는 출생 직후나 12시간 이내에 B형 간염 면역글로불린(HBIG)과 B형 간염 백신을 동시에 접종합니다. 생후 1개월에 2차 접종을 하고, 6개월에 3차 접종을 합니다. 9개월 이후 항체 검사를 하는 것이 좋고, 항체가 생기지 않았다면 재접종을 받으세요.

③ 디프테리아, 파상풍, 백일해DTaP

DTaP(DPT를 개량한 것으로 편의상 DPT라고도 함)는 혼합백신으로 디프테리아, 파상풍, 백일해를 예방하는 접종입니다. 생후 2개월에 첫 접종을 시작하며, 4개월에 2차, 6개월에 3차 접종을 합니다. 15~18개월에 4차 접종을 하고, 만 4~6세 때 5차 접종을 합니다. 접종 후 열이 날 수도 있으므로 해열제를 준비하면 좋습니다. 접종 시에는 동일 제조사의 백신으로 접종하는 것을 권장합니다.

④ 폴리오IPV

폴리오는 소아에게 하지 마비를 일으키는 질병으로 소아마비로 알려져 있습니다. 현재 우리나라는 예방접종의 꾸준한 시행으로 소아마비 환자가 발생하지 않고 있습니다. 이 백신의 경우 DTaP와 합쳐진 DTaP-IPV, 또는 b형 헤모필루스 인플루엔자까지 합쳐진 DTaP-IPV/Hib 혼합백신을 대신 접종하기도 합니다. 혼합백신을 이용하면 맞아야 할 주사의 개수가 줄어 아기의 불편감을 줄일 수 있습니다.

단, 면역 기능에 이상이 있거나, 미숙아로 태어나 입

원 중이거나, 이전에 접종했을 시에 심각한 알레르기 반응이 있었을 때는 접종해서는 안 됩니다. 중증의 급성 질환을 앓고 있으면 회복한 후에 접종하도록 합니다.

⑤ b형 헤모필루스 인플루엔자Hib

b형 헤모필루스 인플루엔자는 수막염이나 패혈증, 폐렴, 후두개염 등과 같은 심각한 병을 발생시키기 때문에 반드시 접종하도록 합니다. Hib 대신 DTaP-IPV/Hib 혼합백신을 접종할 수도 있습니다. 생후 6주 이전의 영아나 Hib 예방접종 후 심각한 알레르기가 생긴 아이는 접종을 해서는 안 됩니다. 중증의 급성 질환을 앓고 있는 경우는 회복한 후에 접종하도록 합니다.

⑥ 폐렴구균PCV/PPSV

폐렴구균이라는 세균 감염을 예방하는 접종입니다. 폐렴구균은 5세 미만의 아이들에게서 자주 생기고 수막염, 폐렴, 혈액감염, 중이염, 뇌 손상 등을 유발합니다. 폐렴구균은 패혈증의 가장 흔한 원인균으로 패혈증이 오면 생명에 위협이 되기 때문에 예방이 매우 중요합니다. 이름이 폐렴구균일 뿐 폐렴의 원인균은 다양하므로 폐렴구균 접종을 받았다고 해서 폐렴에 걸리지 않는 것은 아닙니다. 접종 시에는 동일 제조사의 백신으로 접종하는 것을 권장합니다.

⑦ 홍역, 유행성이하선염, 풍진MMR

홍역은 전염성이 매우 높은 급성 유행성 질환으로 MMR 2회 예방접종을 통해 예방할 수 있습니다. 이전에는 소아의 생명을 위협하는 주요 질병이었지만 백신의 개발 이후 그 발생이 현저히 감소하였습니다. 최근 국외에서 광범위한 홍역의 유행 사례가 있었지만, 우리나라의 높은 백신 접종율로 유행까지 번지지 않았습니다. 생후 12~15개월에 MMR 백신을 1차 접종하고 4~6세에 2차 접종을 합니다. 4~6세에 MMR 추가 접종을 하지 않았다면 늦어도 12세까지는 추가 접종을 하는 것이 좋습니다.

⑧ 수두VAR

수두는 전신이 가렵고 발진과 물집이 생기는 급성 바이러스 질환으로 침방울이나 피부 접촉으로도 옮는 전염성이 강한 질환입니다. 증상은 발진과 발열, 두통, 식욕부진이 나타나는데 발진은 머리와 몸통에서 시작해 얼굴과 팔, 다리로 진행되며 딱지를 남기면서 호전됩니다. 더불어 다양한 합병증을 일으킬 수 있으므로 예방접종을 꼭 시행해야 합니다. 예방접종을 하는 것만으로 80~90%를 예방할 수 있습니다. 보통 생후 12~15개월에 MMR과 동시에 접종하며, 시간이 지나며 예방 능력이 조금 떨어지는 경우가 있어 4~6세에 MMR 추가 접종 시 함께 추가 접종을 시행하기도 합니다.

⑨ A형 간염HepA

A형 간염은 B형 간염이나 C형 간염이 혈액을 통해 전염되는 것과 달리 경구감염으로 전염됩니다. 주로 A형 간염 바이러스에 오염된 식수나 음식물을 통해 감염되는데 환자와 밀접한 접촉을 한 경우에도 감염됩니다. A형 간염에 걸리면 감기와 비슷한 증상을 보이며 황달이 발생합니다. 6세 이하의 소아는 무증상이거나 가벼운 증상이라서 인식하지 못하고 지나가는 경우가 많습니다. 하지만 성인이 되어 걸리면 증상이 심한 특징이 있습니다. A형 간염은 치료 약이 개발되어 있지 않아 증상을 완화하는 대증요법으로 치료합니다. A형 간염 예방접종을

신생아

통해 예방할 수 있습니다.

생후 12~23개월에 1차 접종을 하고 6~12개월 간격으로 2차 접종을 합니다. 어른도 40세 이하의 모든 사람이 접종 대상이며 30세 미만은 항체 검사 없이 접종하고, 40세 미만은 항체 검사 후 항체가 없으면 접종합니다. 백신 성분에 과민반응이 있는 경우, 전에 A형 간염 접종에 심각한 알레르기 반응을 일으킨 사람은 접종해서는 안 되며, 중증의 급성 질환을 앓고 있으면 회복한 후에 접종하도록 합니다.

⑩ **일본뇌염**IJEV/LJEV

일본뇌염은 일본뇌염 바이러스를 가진 '작은 빨간 집모기'에 물리면 감염되어 뇌염을 일으키는 질환입니다. 일본뇌염은 예방접종이 생기기 전에 크게 유행했던 병이고, 현재도 간혹 발견되기 때문에 예방접종을 하지 않으면 위험할 수 있습니다. 일본뇌염은 고열, 두통, 무기력 상태가 되고, 병이 진행되면 경련, 호흡 장애, 혼수 증상이 나타나며 심한 경우 사망에 이르기도 합니다. 특별한 치료법이 없고, 호흡 장애, 순환 장애, 세균 감염 등의 증상에는 대증요법으로 치료합니다.

사백신인 IJEV는 생후 12~23개월 사이에 1차 접종을 하고, 1차 접종 후 1~2주 후에 2차 접종을 합니다. 24~35개월에 3차 접종을 하고, 만 6세 때 4차 접종, 만 12세 때 5차 접종을 합니다. 생백신인 LJEV는 생후 12~23개월 사이에 1차 접종을 하고, 1차 접종 후 12개월 후에 2차 접종을 합니다.

일본뇌염 예방접종 후 심각한 알레르기가 생긴 경우, 접종 전 1년 이내에 경련한 경우에는 접종해서는 안 됩니다. 또, 중증이나 중등도의 급성 질환을 앓고 있는 경우에는 회복이 된 후에 접종해야 합니다.

⑪ 사람 유두종 바이러스HPV

사람 유두종 바이러스는 생식기 감염을 일으키는 가장 흔한 병원체 중 하나이며 감염된 사람과의 직접 접촉이나 성행위를 통해 발생합니다. 대부분은 감염되었다고 해도 증상이 없고 자연 소멸하지만, 지속적인 감염 때문에 자궁경부암, 생식기 사마귀와 유두종 등의 임상 질환을 일으킵니다. 사람 유두종 바이러스 자체를 치료하는 특별한 치료법은 없으며 바이러스로 인해 발생하는 질병에 따라 치료하게 됩니다.

사람 유두종 바이러스는 예방접종을 통해 예방할 수 있으며, 만 12세에 6개월 간격으로 2회 접종합니다. 접종 시에는 동일 제조사의 백신으로 접종하는 것을 권장합니다.

⑫ 인플루엔자IIV

독감으로 흔히 알려진 인플루엔자는 인플루엔자 바이러스가 상기도에 침입하여 바이러스 감염증을 일으키는 급성 호흡기 질환을 말합니다. 바이러스 보유자가 기침이나 재채기를 할 때 분비물을 통해 전염됩니다. 인플루엔자에 걸리면 고열, 오한, 두통, 근육통과 기침, 인후통이 나타납니다. 아이들의 경우 구토 및 설사 증상이 동반되기도 합니다. 건강한 성인의 경우 휴식을 취하고 충분한 수분 섭취와 해열제 등을 사용하는 대증요법으로 치료할 수 있습니다. 영유아나 노인의 경우 호흡기 합병증이 발생할 우려가 있으므로 조기에 의사와 상담하여 항바이러스제를 사용해야 합니다.

인플루엔자는 예방접종을 통해 예방할 수 있습니다. 접종 권장 대상자로는 생후 6~59개월의 소아, 임산부, 65세 이상의 노인, 50세 이상의 만성질환자, 유치원과 학교 등 단체 생활을 하거나 어린아이를 키우는 부모가 해당합니다. 생후 6~12개월에 접종을 하며 첫 접종 시 4주 간격으로 2회 접종해야 합니다. 매년 독감이 유행하기 전에 예방접종을 받는 것이 좋습니다. 만 12세 미만의 소아와 65세 이상의 노인은 무료로 접종할 수 있습니다.

⑬ 로타 바이러스RV1/RV5

로타 바이러스는 영유아에게 발생하는 위장관염의 가장 흔한 원인으로, 주로 사람과의 접촉을 통해 전염되지만, 오염된 물 또는 음식 섭취를 통해 감염되기도 합니다. 감염되면 구토, 설사, 발열, 복통 등의 증상이 나타납니다. 로타 바이러스에 의한 위장관염은 특별한 치료법이 없으며 대증요법으로 치료해야 합니다. 예방접종을 통해 로타 바이러스에 의한 위장관염을 예방할 수 있습니다. 다만 로타 바이러스 예방접종은 국가 예방접종에 포함되지 않으므로 보호자가 부담해야 합니다. 비용이 부담되지 않는다면 접종하는 것을 권장합니다. 우리나라에서는 로타릭스와 로타텍이라는 2종류의 경구용 생백신을 사용합니다. 로타릭스는 생후 2개월에 1차, 4개월에 2차 접종을 합니다. 로타텍은 생후 2개월에 1차, 4개월에 2차, 6개월에 3차 접종을 합니다.

예방접종 후 주의사항

접종 후에는 20~30분 정도 대기실에 머무르면서 상태를 관찰합니다. 예방접종 후 바로 이상 반응이 생기는 일은 드물지만 만일의 경우를 위해 아이의 상태를 지켜보는 것이 좋습니다. 접종 후 3일간은 특별히 관심을 가지고 상태를 살펴봐 주세요.

접종 후에는 접종 부위가 붓거나 염증, 발열, 일시적인 설사나 구토 등의 이상반응이 나타나기도 합니다. 다른 증상 없이 열만 난다면 하루 이틀 정도 해열제를 사용하면서 지켜볼 수 있지만, 증상이 심하면 가까운 병원이나 응급실에서 진찰을 받도록 합니다.

신생아

접종 부위는 항상 청결하게 하고 문지르거나 긁지 않도록 합니다. 접종 당일에 목욕을 하는 것은 문제되지 않으나, 당일과 다음 날은 지나친 운동을 하지 않게 하세요. 특히 접종 당일에는 안정을 취하는 것이 좋습니다.

예방접종을 한 후에는 접종의 종류와 회차를 적고 다음 접종받는 날짜를 기록해 두어야 합니다. 그래야 이미 한 접종을 다시 하는 일이 없고, 앞으로 맞아야 할 예방접종을 잊지 않을 수 있습니다. 질병관리본부 예방접종 도우미 사이트를 활용하세요.

신생아

치과

아이들
치아 관리,
어떻게 하세요?

[도와주세요!]

아이의 치아 일부가 검게 변해서 썩었나 싶더니 통증을 호소하기 시작했습니다. 통증이 심해 보이는데 응급실에 가야 할까요? 아니면 치과에 가야 할까요?

[의사의 답변]

썩은 치아가 생겼고 그쪽으로 통증이 생겼다면 치아의 신경 손상까지 동반되었을 가능성이 높습니다. 집에 상비하고 있던 해열 진통제를 복용하고 근시일 내에 치과에서 진료 받으세요. 요즘은 소아 전문 치과가 있어 편안하게 도움을 받을 수 있습니다.

📷 집에서 따라하는 응급처치

통증 조절이 목적이라면 집에 미리 구비해 두었던 해열제를 사용해보세요. 타이레놀 해열제든 부루펜 해열제든 진통 효과가 있습니다. 하지만 치아 통증의 근본적인 해결은 치과에서만 치료가 가능합니다. 가능한 빨리 치과에서 치료를 받으세요.

의사 아빠의 응급 이야기

아이들 치아 관리, 어떻게 하고 계신가요? 우리 아이들 치아가 건강하게 자라라고 신경 써서 매일 칫솔질을 해주고 불소를 발라 봐도 순식간에 치아가 썩는 걸 막을 수는 없더군요. 첫째 아이는 특히 앞니가 많이 썩는 바람에 신경치료와 크라운 씌우기까지 권유받았었습니다. 전신마취를 해야 하는 터라 당시에 고민을 많이 했지만 결국 지켜보기로 했고, 이후 오랫동안 속 썩이던 앞니가 빠졌습니다.

저도 어렸을 때 유치가 많이 썩었었다는 얘기를 들었습니다. 양치질 습관과 방법의 문제도 있겠고 치열이 고른지, 어떤 음식은 먹는지 등 다양한 요소들이 복잡하게 작용하는 거겠죠.

이런 치아 관리의 어려움 때문인지 예방치과라는 분야도 있습니다. 말 그대로 아프기 전에 예방하는 치과를 뜻하며 '치아 관리'도 포함하고 있습니다. 우리는 일반적으로 치과의 존재를 잊고 살다가 충치나 잇몸 질환이 한참 진행되어 통증이 생기기 시작한 후에야 두려움을 안고 치과로 향하게 됩니다. 우리나라에 '호미로 막을 것을 가래로 막는다'는 속담이 이에 해당되겠지요. 이런 치료의 개념을 관리로 옮긴다고 보시면 됩니다.

치아와 잇몸으로 나누어 좀 더 자세히 설명 드리겠습니다. 우선 치아의 경우 너무 심하게 썩어서 임플란트 또는 신경치료를 할 상황까지 가기 전에 간단한 충치치료로 마무리 할 수 있게 돕습니다. 더 나아가서는 치아가 잇몸 바깥으로 충분히 올라오면 음식물 및 세균이 자리 잡기 쉬운 골짜기 부분이 생기는데 이 부분을 메워줌으로써 충치를 미연에 방지합니다. 치아를 불소처리하여 화학적으로 튼튼하게 보강해주는 관리 개념이 있습니다. 한편, 잇몸의 경우 잇몸질환이 생겨서 쑤시고 아프기 전에 그 원인이 되는 세균덩어리들을 정기적으로 제거합니다. 또한 잇몸 질환 예방 및 관리에 탁월한 칫솔질로 관리를 해드리고 최종적으로는 환자 스스로 실행할 수 있도록 능력을 배양해 나가는 트레이닝을 시켜드리기도 합니다.

소아 치아의 경우 예방의 관점에서 가장 중요한 것을 하나만 꼽으라면, 어른 치아(영구치)의 건강이 아이 치아(유치)에서 이미 결정될 수 있다는 점입니다. 유치 관리가 미흡하여 심하게 썩거나 치아의 머리 부분이 일부 사라지는 경우에는 영구치가 비정상적으로 발생하거나 뒷치아가 쓰러지는 바람에 영구치가 자리 잡아야 할 공간이 닫혀서 교정치료가 필요할 수도 있습니다.

유치 관리가 잘 되지 않은 아이의 경우 당연하게도 영

구치 관리도 잘 되지 않는 경향이 있습니다. 그 이유는 생활습관과 식습관에서 찾을 수 있는데, 사회에 나와서 배우는 교육보다 가정교육이 더 중요하듯이 어렸을 적부터 부모의 관심 속에서 칫솔질을 습관화한 아이와 그렇지 않은 아이는 영구치가 모두 나온 후 스스로 관리해야 하는 나이가 되었을 때 입 속 건강 상태를 살펴보면 전혀 다른 양상을 보입니다. 식습관에서도 마찬가지입니다. 충치의 발생은 단 것에 노출되는 시간에 비례하기 때문에 끈적이는 캐러멜 또는 사탕을 좋아하거나 탄산음료를 자주 마시는 습관은 유치 시기부터 조절하는 것이 무엇보다 중요합니다.

그리고 유치를 잘 관리하기 위해서는 부모님들의 역할이 매우 중요합니다. 미국치과의사협회(ADA) 등 영어권 국가에서 주최하는 학회에 가면 냉장고 자석으로 만들어서 나눠주는 홍보물이 있습니다. 거기엔 'Lift the Lip'이라고 쓰여 있습니다. 한 달에 한 번씩 자녀들의 '입술을 들어 올려보세요'라는 뜻으로, 앞니와 입술 사이에 음식물이나 세균이 남아 있으면 충치가 되기 쉽기 때문에 미리 살펴서 충치가 발생하기 전에 발견하자는 의미입니다. 이처럼 아주 약간의 관심이 자녀가 추후 임플란트나 틀니를 하게 되는 시기를 최대한 늦추는 데 기여할 수 있습니다.

의과 분야도 마찬가지입니다만 치과 분야도 통증과 비례해서 치료 비용이 급격히 증가하기 때문에 이상을 느꼈다면 아프기 전에, 상태가 더 악화되기 전에 검진을 받으러 가시는 것이 현명합니다. 특히 아이들의 경우 첫 치과 방문을 치아가 썩어서 아픈 상태로 가게 된다면 치과에 대한 첫인상이 좋을 수가 없겠지요. 이런 첫인상 또한 올바른 치아 관리를 저해하는 요소 중 하나입니다. 그렇기 때문에 특별히 치아에 이상이 없더라도 아이의 치아가 건강한지, 지금 시기에 나와야 할 치아들이 잘 나오고 있는지 확인받기 위해 치과에 가는 것이 좋습니다. 치료할 게 없어서 치과의사 선생님께 칭찬을 받고 주의사항만 듣고 치과를 나서게 된다면 아이에게 치과는 더 이상 무서운 곳이 아니게 될 것입니다. 아이 때 형성된 트라우마로 인해 어른이 되어서까지 치료 시기를

치과

계속 늦춰 상태를 악화시킨 분들을 많이 봐왔기 때문에 이 부분이 가장 중요하다고 생각합니다.

몸의 다른 부분이 아플 때보다 입안 건강이 좋지 않은 경우 그 영향은 훨씬 더 큽니다. 통증 및 비용은 물론이고 활짝 웃지 못하게 되어 자신감까지 떨어지게 되기 때문입니다. 아이들이 더 좋은 인상을 가질 수 있도록 입속 건강에 많은 관심을 기울여 주세요.(※ 이 글은 최승재 예방치과 전문의의 도움을 받아 작성되었습니다.)

치
과

기억해주세요!

아이들의 올바른 치아 관리는 치통이 있기 전, 부모님의 관심에서부터 시작됩니다. 자주 입술을 들어 안을 들여다보고 썩은 치아가 있다면 통증이 생기기 전에 치과를 방문해주세요. 그리고 올바른 양치질 습관과 식습관이 중요합니다.

충치 예방법

유치(젖니)와 영구치

일반적으로 생후 6~8개월 즈음에 첫 이가 나기 시작하는데, 처음에는 아래쪽 앞니 2개가 나오고, 8~10개월 즈음에 위쪽 앞니 2개가 나옵니다. 그 후 위쪽 앞니 옆의 치아가 나오고, 그 이후에 아래쪽 앞니 옆의 치아가 나옵니다. 만 1세가 될 즈음에는 총 8개의 앞니가 나옵니다. 그 후로는 한동안 이가 나지 않다가 위쪽 어금니 2개가 나오고 다음으로 아래쪽 어금니 2개가 나옵니다. 18~24개월 즈음에 위쪽 송곳니와 아래쪽 송곳니가 나오고 24~36개

257

월 즈음에 아래쪽 두 번째 어금니와 위쪽 두 번째 어금니의 순서로 나옵니다. 이렇게 총 20개의 유치가 나오면 만 6세 이후에 영구치가 나오기 전까지는 유지됩니다. 그러나 아이마다 치아가 나오는 기간과 순서는 개인차가 매우 큽니다. 12개월이 되었는데도 앞니 8개가 나오지 않거나 가운데 앞니보다 옆의 치아가 먼저 나왔다고 해도 문제가 있는 것은 아닙니다. 유치는 보통 나온 순서대로 즉, 앞니, 어금니, 송곳니의 순서로 빠집니다. 영구치는 6세 무렵부터 나오며, 일반적으로 12~14세 사이에는 모두 영구치로 바뀌게 됩니다.

유치

윗니	나오는 시기	빠지는 시기
중절치	8~10개월	6~7세
측절치	10~12개월	7~8세
견치(송곳니)	18~24개월	10~12세
제1 유구치(어금니)	14~18개월	9~11세
제2 유구치(어금니)	24~36개월	10~12세

아랫니	나오는 시기	빠지는 시기
제2 유구치(어금니)	24~36개월	10~12세
제1 유구치(어금니)	14~18개월	9~11세
송곳니(송곳니)	18~24개월	9~12세
측절치	12~14개월	7~8세
중절치	6~8개월	6~7세

충치 예방법

충치는 입안에 있는 수백 종류의 세균에 의해 산이 생성되어 치아가 파괴되는 가장 대표적인 구강질환입니다. 갓 태어났을 땐 구강에 대표적인 충치균인 뮤탄스균이 없지만, 엄마 할머니 등 보호자와 접촉하면서 옮겨가게 됩니다. 뽀뽀 외에도 숟가락, 침방울 등을 통해 옮기므로 전염을 완전히 막는 것은 어렵죠. 다만 구강 내 정상 상재균이 정착하는 만 2세까지 충치균을 최대한 덜 옮기는 것은 의미가 있다는 보고가 있으므로 보호자의

만 1세

소아의 치아는 성인의 치아보다 더 잘 썩습니다. 부모가 때때로 입술을 올려 보고 치아 이상 여부를 확인해야 합니다. 또한 만 1세 즈음에는 치과에 가서 구강검진을 받을 필요가 있습니다. 충치가 생긴 후에 치과에 가서 아픈 치료를 받으면 치과에 대한 아이의 인식이 나빠지기 때문에 치아가 건강한 상태에서 검진을 받음으로써 치과를 친숙하게 느끼게 하는 것이 중요합니다.

만 6세 이후

어금니 영구치가 난 아이들이나 열구가 깊은 치아를 가진 아이에게 치면열구전색(실란트)을 해주면 충치 예방에 효과적입니다. 무엇보다 스스로 칫솔질을 잘 하는 습관을 들여야 합니다.

주의가 필요해요. 뽀뽀는 입이 아닌 볼에 하고, 뜨거운 음식은 입으로 후 불지 말고 자연 바람에 식히고, 음식을 씹어서 먹이는 행동을 금하고 숟가락은 따로 쓰는 것이 좋겠습니다.

유치는 영구치보다 충치에 취약합니다. 그러므로 영유아 시기에 치과에 가서 구강검진을 받고 충치 여부를 확인할 필요가 있습니다. 유치에 충치가 있어도 영구치가 날 것이니 치료할 필요가 없다고 생각할 수 있는데 해당 유치가 빠질 시기가 아니라면 미리부터 적극적으로 치료하는 것이 좋습니다. 유치도 충치가 심하면 영구치가 나는 데 영향을 줄 수 있기 때문입니다. 국민건강보험공단에서는 지정된 병원에서 영유아 구강검진을 총 3회 무료로 받을 수 있도록 하고 있습니다. 빼놓지 말고 구강검진을 챙기는 것이 좋겠습니다.

치아가 나오기 전에는 구태여 잇몸을 관리할 필요는 없습니다. 필요한 경우 부드러운 구강용 티슈나 손가락 칫솔을 이용하세요. 거즈로 닦아주는 것은 입 안에 상처와 궤양을 유발할 수 있으므로 해서는 안 됩니다. 만 6개

치
과

월 즈음부터 치아가 나오기 시작하는데 이때부터 잠자기 전에 아이의 이를 닦아줍니다. 작은 치아에 맞게 작은 칫솔이나 손가락에 끼우는 칫솔을 사용해야 하고, 아기가 혼자서 칫솔질을 할 수 없으므로 엄마의 무릎에 앉혀서 닦되 엄마와 아기가 같은 방향을 보고 거울 앞에 앉아서 닦는 것이 좋습니다. 칫솔질을 할 때는 바깥쪽과 안쪽의 치아만 닦는 것이 아니라 주변의 잇몸과 혀도 함께 닦아야 합니다.

만 7~8세가 되기 전까지는 손동작이 서툴러서 아이 혼자서 양치질을 제대로 할 수 없는 경우가 많습니다. 이때까지는 엄마가 양치질을 도와주어야 합니다. 아이가 칫솔질을 싫어하지 않도록 칫솔질을 하나의 놀이처럼 느끼게 하는 것이 좋습니다.

아기가 돌이 되면 치아를 보호하기 위해서라도 우유병을 끊어야 합니다. 특히 밤에 우유병을 빨면서 자면 이가 썩기 쉬우므로 주의해주세요. 미리 이유식을 시작한 6개월 이후부터 젖병을 끊는 연습을 시키는 것이 좋습니다.

불소치약의 사용 시기에 대해서는 치과 의사마다 의견이 조금씩 다릅니다. 그러나 최근 미국 소아치과 학회에서는 하루 두 번 아침 식사 후와 취침 전에 불소가 함유된 치약을 사용하여 칫솔질하라고 권하고 있습니다. 치약을 뱉어내지 못하는 만 2세 미만의 아이는 치약을 좁쌀만큼 사용하고, 만 2세 이상의 아이는 콩알 크기 정도로 사용하는 것이 좋아요. 치과에서 시행하는 불소 제재 도포도 충치 예방에 매우 효과적인 방법으로 3~6개월에 한 번 시행을 권합니다.

충치를 예방하는 치면열구전색(실란트)

충치의 약 50%는 어금니의 표면에서 발생합니다. 어금니 표면은 음식물을 잘게 부수고 갈 수 있도록 울퉁불퉁하게 만들어져 있는데, 그로 인해 가느다란 틈새(열구)와 구멍(소와)이 있습니다. 이 열구와 소와에는 음식물이 잘 끼고 칫솔질을 해도 제거가 완전히 되지 않아 충치가 쉽게 발생합니다.

치면열구전색은 실란트, 치아 홈 메우기 등으로도 불리는데 치아가 썩지 않도록 하는 예방 치료 가운데 하나입니다. 치아를 갈아내지 않고 좁고 긴 홈들을 복합 레진으로 메워 세균이나 음식물의 찌꺼기가 끼지 못하게 함으로써 충치를 예방하는 방법입니다. 이 치료를 하면 60~90%까지 충치를 예방할 수 있습니다.

유치나 영구치 모두에 시술할 수 있는데, 특히 어린이 영구치의 충치 예방에 좋은 방법입니다. 이제 막 어금니가 난 6세부터 10대 초반까지의 아동, 열구가 깊은 치아를 가진 사람, 충치 발생률이 높은 사람이 하면 좋습니다. 치면열구전색을 했다고 해도 이를 잘 닦지 않으면 충치가 생길 수 있습니다. 항상 식사 후, 잠자기 전에 양치질하는 습관을 들이는 것이 중요합니다.

치
과

구내염

면역력이 떨어지거나 입안의 점막을 다쳤을 때 세균에 감염되어 통증을 동반한 입안의 염증 질환을 구내염이라고 합니다. 구내염은 다양한 증상을 가지고 있고 그에 따라 단순성, 궤양성, 괴저성, 아프타성, 헤르페스성 구내염으로 나뉩니다. 구내염은 이처럼 증상이 다양하

치과

만 9세 이하

구내염은 나이와 무관하게 생기지만 특히 어린 아이에게서 많이 생깁니다. 국민건강보험공단의 자료에 의하면, 2014년도 기준 구내염 전체 진료 인원의 약 40%가 9세 이하였으며, 9세 이하 환자 중에서도 영유아 환자가 88.6%를 차지하였습니다.

면서도 모양이 서로 비슷하기 때문에 병원에서 치료받아야 합니다. 특히 면역력이 약한 아이들에게 잘 생기기 때문에 조심해야 합니다.

아프타성 구내염

아프타성 구내염은 통증이 느껴지다가 하루쯤 후에 작은 구강 궤양이 발생합니다. 아프타성 구내염의 정확한 원인은 밝혀지지 않았지만, 입안의 손상이나 피로, 스트레스, 또는 면역력이 약해졌을 때 입안이 깨끗하지 못할 경우 세균, 바이러스에 감염되어 발생하기도 합니다. 궤양은 입술이나 볼 안쪽, 혓바닥 등 다양한 곳에서 생길 수 있고, 통증은 4~7일 정도 지속됩니다. 작은 궤양은 10일 정도 지나면 흉터를 남기지 않고 사라지지만 큰 궤양의 경우 치료에 몇 주가 걸리기도 하며, 흉터를 남기는 경우가 많습니다. 10일 이상 궤양이 지속될 경우에는 병원에 가서 진료를 받아야 합니다. 통증 완화를 위해서 자극적은 음식을 삼가고, 칫솔질을 할 때는 부드러운 칫

치과

솔을 사용하도록 합니다. 진료를 한 의사가 경우에 따라 2차 감염을 막기 위해 항생제를 처방하기도 하고, 마취 효과가 있는 구강청정제를 처방하기도 합니다. 마취 효과가 있는 구강청정제는 입과 목의 감각을 둔하게 만들기 때문에 아이들의 경우 질식의 우려가 있으므로 사용 시 주의해야 합니다. 무엇보다 충분한 휴식을 취하고 스트레스를 받지 않는 것이 중요합니다.

아구창

아구창은 곰팡이균인 캔디다 알비칸스에 의해 감염이 되어 생깁니다. 아이의 입안에 하얀 찌꺼기가 보이는 것이 특징이죠. 이 백태가 잘 닦이지 않거나 떼어냈을 때 출혈이 생기면 아구창을 의심해봐야 합니다. 억지로 떼어내지 않는 것이 좋습니다. 아구창은 심각한 질환은 아니지만 자연히 치유되지 않기 때문에 병원에서 진료를 받아야 합니다. 아구창이 생기면 아이가 잘 먹지 않고 울면서 보채고는 합니다. 백태를 분유의 찌꺼기로 착각할 수 있지만 가볍게 닦았을 때 없어지지 않아요. 모유를 먹는 아기의 경우 엄마에게 옮길 수도 있고, 그 반대의 경우도 있으므로 청결을 유지해야 합니다. 치료는 항곰팡이제를 사용하고, 모유를 수유하는 경우 엄마도 함께 치료해야 합니다. 재발이 쉽기 때문에 2주 정도 치료를 지속하면서 예후를 지켜보도록 합니다. 칫솔질을 생활화하면 예방할 수 있습니다.

헤르페스성 구내염

헤르페스 바이러스는 감염에 의한 구내염으로, 잇몸과 입술 주변에서 물집과 궤양이 생기는 질환입니다. 주로 만 1~3세 사이에서 많이 발생합니다. 구강 점막, 혀, 잇몸에 나타나기도 합니다. 발열이 있고 통증이 심해서 아이가 음식을 안 먹으려고 할 수 있습니다. 또한 잇몸 염증이 동반되기 때문에 칫솔질을 하면 피가 많이 납니다.

헤르페스 바이러스는 한 번 감염되면 치료를 하더라도 몸 안에서 완전히 제거되지 않고 신경조직에 숨어 있

치과

다가 스트레스나 심한 피로로 인해 면역력이 약해질 때 다시 나타납니다. 그래서 면역력이 약한 10세 이하의 아이들에게서 자주 발생합니다. 보통 7~10일 정도 지나면 자연적으로 치유되지만, 잇몸이 많이 붓고 열이 나면 병원에서 진료를 받는 것이 좋습니다. 경우에 따라 항바이러스제를 투여합니다.

비뇨기과

아기 고추에서 진물이 나오고 퉁퉁 부었어요

[도와주세요!]

두 살 난 남자아이를 키우고 있습니다. 고추가 아프다고 해서 보니 누런 농이 나오고 있습니다. 소금물로 소독해도 될까요? 어떻게 해야 하나요?

[의사의 답변]

농이 나오지 않고 통증만 있는 정도라면 소금물을 사용해 볼 수 있지만 농이 나온다면 병원에서 소독을 받고 항생제를 처방받아 복용하는 것이 좋습니다. 소아청소년과 또는 비뇨기과에 방문하셔서 진료를 받아보세요. 밤이나 주말이라면 가까운 응급의료기관에서 도움을 받으세요.

📷 집에서 따라하는 응급처치

통증이 심하지 않다면 소금물로 씻어주거나 항진균제인
카네스텐 연고의 사용을 고려해볼 수 있습니다. 하지만
통증과 붓기가 있고 농까지 나온다면 직접 염증이 생긴
곳을 소독해주어야 합니다.

의사 아빠의 응급 이야기

걱정 가득한 표정으로 아이를 안고 진료실로 들어오는
엄마와 달리 아이는 엄마의 걱정은 아랑곳없이 까르르
신이 났습니다. 어떻게 오셨는지 물으니 더 걱정스러운
목소리로 조용히 말씀하십니다.

"아기 고추에서 진물이 나오고 퉁퉁 부었어요."

남자아이의 경우에 종종 성기 끝에서 나오는 농성 분비물을 이유로 응급실에 오시는 경우가 있습니다. 노란색 또는 초록색 농이 소변 대신 나오니 몸 안쪽에 큰 이상이라도 생겼을까 싶어서 보호자분들의 걱정이 많으신데요. 이것은 귀두와 포피 사이, 성기 끝부분의 피부로 가려진 부위에 균이 증식해서 나타나는 귀두포피염이라는 질환입니다. 다행히 치료가 어려운 질환은 아닙니다. 소독하고 항생제를 복용하면서 며칠 지켜보면 잘 낫거든요. 자주 염증이 생기는 아이라면 포경수술을 받아 원인을 해결해 줄 필요가 있습니다.

소아에게서는 이처럼 비뇨생식기계의 질환이 종종 발생합니다. 여자아이들의 경우에는 요로감염과 대음순, 소음순 열상(열린 상처) 외에 딱히 응급질환이라고 할 질환이 없지만 남자아이들은 비뇨생식기계의 응급 질환이 여자아이에 비해 많은 편입니다.

그럼 가장 흔히 보는 귀두포피염 외에 어떤 응급 비뇨기과 질환이 있는지 알아볼까요? 간혹 '고환이 아파요' 또는 '고환이 부었어요'라며 응급실에 내원하는 경우가 있습니다. 이런 경우 보통 세 가지 질환 중 하나가 아닌지 감별이 필요한데요. 고환에 혈류를 공급하는 혈관이 나사 돌듯 꼬이면서 발생하는 고환염전이라는 질환일 수 있습니다. 다른 경우는 부고환이라는 작은 조직에 염증이 발생해 부어오르는 부고환염인 경우가 있고, 간혹 음낭수종 또는 고환 쪽에서 탈장이 발생해서 붓는 경우도 있습니다.

부고환염은 항생제 치료를 하고, 음낭수종과 탈장은 완전히 끼어 막힌 경우가 아니라면 추후 수술적 치료를 받으면 되기 때문에 긴급한 치료가 필요하지 않지만 고환염전은 다릅니다. 고환으로 가는 혈류가 막혀 고환이 괴사, 쉽게 말해 썩어서 기능이 없어져 버리는 거죠. 때문에 바로 정복술이나 수술이 필요합니다. 진정한 응급질환이라 할 수 있는 거죠. 문제는 정확한 진단을 하기 위해서는 초음파 검사가 필요하다는 것입니다. 진단이 애매한 경우 대학병원으로 이송해야 하는 이유이죠.

그 외에 아이의 소변 색이 달라져서 놀라시는 경우가 있습니다. 육안적 혈뇨라 하여 혈액이 소변에 섞여 나오는 경우, 또는 바이러스 등에 의해 신장에 염증이 생겨 콜라색의 소변을 보는 경우 등을 종종 보게 되죠. 원인은 요로감염이나 바이러스 감염일 수도 있고 외상에 의한 것일 수도 있습니다. 단순히 요도 입구가 긁혀서 발생하는 경우부터 살짝 부딪쳤는데 요도에 손상을 입은 경우까지 다양한 원인이 있죠. 요로결석에 의한 혈뇨도 발생할 수 있지만 소아에게 발생하는 건 상당히 드뭅니다. 십여 년 전 중국에서 멜라민이라는 물질이 들어간 분유로 인해 수많은 아이들에게 요로결석이 생겨 문제가 된 적이 있긴 하지만 말이죠.

간혹 포경수술을 하지 않은 아이의 성기를 만지다가 큰일을 치르는 경우가 있습니다. 포피를 뒤로 너무 젖히다 좁은 포피 구멍에 귀두가 끼어 혈류가 통하지 않아 퉁퉁 붓고 통증을 일으키는 경우인데요. 부은 지 얼마 되지 않았다면 잘 눌러서 정복시키면 되지만 이미 퉁퉁 부어버린 경우라면 응급 포경수술이 필요할 수 있죠. 당장 조직 괴사를 막아야 하기 때문에 긴급한 경우가 됩니다. 포피를 뒤로 젖히는 행동은 조심해주세요.

아기가 평소와 달리 이유 없이 보채고 운다면 기저귀 발진을 포함해 비뇨기계에 문제가 생긴 건 아닌지 꼭 확인해주세요. 발진을 예방하려면 기저귀를 자주 갈아 염증 발생을 막고 대변을 봤을 때엔 물로 씻고 잘 말려주어야 하고요. 귀두포피염의 경우는 손으로 성기를 만지지 못하게 하는 것도 중요합니다.

비
뇨
기
과

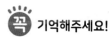 **기억해주세요!**

남자 어린이의 성기는 포피로 가려져 있는 것이 정상입니다. 무리해서 벗겨내려 뒤로 젖히면 음경 감돈으로 응급수술이 필요할 수 있으므로 주의해주세요. 자주 염증이 생긴다면 포경수술을 받아야 합니다.

비뇨생식기 질환

1. 요로감염

요로감염의 원인

요도, 방광, 요관, 신장 등 비뇨기계 기관에 세균이 침투하여 감염된 것을 요로감염이라고 합니다. 아이가 갑자기 소변을 자주 보거나 소변 색이 뿌옇거나 소변을 볼 때 통증을 호소하면 요로감염을 의심해야 합니다. 영유아에서는 발열, 복통, 섭취량 감소, 컨디션 악화가 더 흔하고 중요한 증상입니다.

요로감염은 감염되는 부위에 따라 하부 요로감염과 상부 요로감염으로 나뉘며, 하부 요로감염은 방광염과 요도염이 있습니다. 상부 요로감염은 신장과 요관에 발생한 것으로 각각 신우신염과 요관염이라고 합니다.

대부분 요로감염은 원인 불명이지만 밝혀진 원인 중 가장 흔한 것은 변비, 소변을 참는 습관, 잔뇨입니다. 대변에 있던 세균이 요도를 통해 역행하면서 발생하기도 합니다. 그 외에 패혈증이 있거나 신체 다른 부위에 염증이 있을 때 세균이 혈류를 통해 신장에 침투하여 발생하기도 합니다. 요로감염이 의심될 때는 가능한 한 빨리 소아청소년과에서 검사를 통해 진단을 받는 것이 좋습니다.

요로감염의 증상

요로감염은 감염 부위에 따라 증상이 달라지는데, 방광염의 경우 소변을 참기 어려워져 자주 소변을 보고, 소변을 볼 때 통증을 느끼게 됩니다. 요도염은 소변 시 통증과 요도 분비물, 가려움증 등의 증상이 나타납니다. 상부요로감염은 방광염의 증상에 더해 발열, 오한 등의 전신 증상과 옆구리 통증, 구토, 설사 증상이 나타나기도 합니다. 소변 검사에서 세균이 보였으나 아무런 증상이 없는 무증상 세균뇨의 경우 다른 합병증을 일으키지 않

요로감염 **만 2세 미만**

2세 미만의 소아에게는 열, 구토, 설사, 악취가 나는 소변과 같은 증상이 나타납니다. 합병증으로 패혈증이 발생할 수 있습니다.

만 2세 이상

만 2세 이상의 소아는 감염 부위가 방광인지 신장인지에 따라 증상이 달라집니다.
방광이 감염된 경우에는 배뇨 시 통증과 빈뇨, 방광 부위의 통증, 악취가 심한 소변과 같은 증상이 나타나며, 신장이 감염된 경우에는 옆구리 통증, 고열, 오한과 같은 증상이 나타납니다.

남아 전연령

포경 수술을 하지 않은 소아에게 고추 끝에서 고름이 나오고 붉게 붓는 귀두포피염이 올 수 있습니다. 세균이나 진균에 의해 주로 발생하므로 깨끗하게 소독하고 항생제 복용, 또는 항진균제 연고로 치료합니다. 자주 재발하면 포경 수술을 고려하게 됩니다.

고, 항생제를 사용해도 재발이 잘 되며, 항생제 사용 시 오히려 본격적인 요로감염으로 진행하는 사례가 있어 특별한 병력이 없을 때에는 치료하지 않고 관찰합니다.

요로감염의 치료

요로감염은 균이 완전히 없어질 때까지 항생제를 이용해 치료합니다. 보통 2주가량 치료가 필요합니다. 치료를 시작하면 발열 또는 배뇨통 증상이 먼저 호전되지만, 균이 다 없어지는 데에는 시간이 필요하므로 마음대로 항생제를 중지하지 않아야 합니다. 치료 시작 후에도 3일 이상 발열이 지속되는 경우에는 항생제 내성이나 치료 실패를 고려해 항생제를 변경하는 때도 있습니다. 항생제 치료가 끝나면 나이에 따라 요로에 기형이 있는지 소변 역류가 되진 않는지 추가 검사를 고려합니다. 처음 진료를 봤던 소아청소년과 의사의 소견에 따라 치료를 완전히 마치는 것이 중요합니다.

비
뇨
기
과

요로감염 예방법

요로감염을 예방하기 위해서는 올바른 생활습관을 가지는 것이 중요합니다. 아이가 소변을 참게 하지 말고 배뇨감이 들면 화장실에 바로 갈 수 있게 합니다. 평소에 물을 많이 마시고 소변을 자주 보게 하면 방광까지 균이 역류할 가능성이 줄어 도움이 됩니다. 소변이 짙은 노란색일 때는 탈수 방지를 위해서라도 물을 마시게 해야 합니다.

꽉 끼는 옷은 피하고 통기성이 좋은 옷을 입힙니다. 속옷은 면으로 된 것을 입히는 것이 좋습니다. 평소에 손을 자주 씻는 습관을 들이도록 합니다. 지저분한 손으로 생식기를 만지면 세균이 침투할 가능성이 커집니다. 또한, 배뇨나 배변을 본 후에는 앞에서 뒤쪽으로 닦고 손을 씻어야 합니다. 그리고 너무 어릴 때부터 대소변 가리는 것을 강요하지 않도록 합니다.

요로감염의 재발이 반복되면 소아청소년과 의사와 상담하여 항생제를 처방받기도 합니다. 장기간 항생제를 사용하면 요로감염의 재발을 효과적으로 막을 수 있지만, 부작용의 위험이 있기 때문에 반드시 소아청소년과 의사와 상의하에 사용 여부를 결정해야 합니다.

2. 서혜부 탈장 및 음낭 수종

서혜부 탈장 및 음낭 수종은 소아외과 질환 중 가장 흔한 질환입니다. 약 50명 중 한 명이 발병해 수술을 받습니다. 두 질환은 원인이 같아 치료방법도 같습니다.

서혜부 탈장의 원인

자궁 내에 있는 태아의 초기에는 고환이 뱃속에 위치합니다. 태아가 점차 성장하면서 고환이 사타구니^(서혜부)를 타고 내려와서 음낭에 위치하게 됩니다. 정상의 경우엔 고환이 내려온 길이 막혀야 하나 일부에서 이 길이 열린 채 태어납니다. 이 길이 작아서 물만 찬 경우를 음낭 수종, 장까지 빠져나온 경우를 서혜부 탈장이라 합니다.

서혜부 탈장의 증상

서혜부 탈장의 증상은 사타구니가 볼록 튀어나와 있다가 다시 없어졌다 하는 것입니다. 아이는 별로 아파하지 않고 잘 놉니다. 보통 아이가 뛰어놀고 나서나 기침하고 나서, 혹은 변을 보고 나서 잘 빠져나오는데 이는 복압이 올라가면 장이 밀려 나오기 때문입니다. 잠을 자는 밤이나 아침에는 보통 탈장이 저절로 들어갑니다.

하지만 감돈이라고 부르는 장이 구멍에 조여져 막히는 상황이 오면 얘기가 달라집니다. 아이가 심하게 아파하고 탈장 부위가 부어오르며 구토를 하는 때도 있습니다. 시간이 지나면 장으로 가는 혈류가 차단되어 장이 썩게 되고 응급수술이 필요해집니다.

서혜부 탈장의 치료

탈장은 나왔다 들어갔다 하므로 곧 괜찮아질 거로 생각해 내버려 두는 경우가 있습니다. 하지만 언제든 감돈이 발생할 수 있고 감돈이 발생하면 장이 괴사하고 합병

비뇨기과

증이 생길 위험성이 높아지므로 미리 진료받고 수술 계획을 잡아야 합니다. 일단 감돈이 발생하면 즉시 소아응급센터에서 진료를 받고 정복술을 시도해야 합니다. 정복은 우선 손으로 눌러 복강 내로 밀어 넣는 도수 정복을 시도하고, 실패할 경우 응급으로 수술을 하게 됩니다. 응급수술은 장 괴사나 감염 등으로 결과가 안 좋을 수 있어 미리 진료받고 수술 계획을 잡는 것이 중요합니다.

수술은 막히지 않은 복막 주머니를 묶어 복벽을 보강하는 방식으로 진행합니다. 수술 시간은 보통 15분에서 30분 정도로 비교적 짧고 위험성이 낮은 수술입니다. 수술 후 바로 퇴원 가능하며 일상생활을 할 수 있지만 보통 하루 정도 입원을 합니다.

3. 소변의 이상

소변을 자주 보는 아이

정상적인 배뇨 발달 과정에서 생후 1~2세에는 방광의

미성숙으로 인해 소변을 조금씩 자주 보게 되므로 기저귀를 하게 됩니다. 생후 2~4세 이후에는 방광과 요도 괄약근 조절이 가능해 소변을 조절할 수 있게 됩니다. 만 5세 이후에는 배뇨 훈련이 충분히 이뤄져 정상적으로 하루 5~7회 시원하게 소변을 볼 수 있습니다. 따라서 배뇨 장애는 만 5세 이후에 평가하는 것이 바람직합니다.

빈뇨는 낮 동안 배뇨 횟수가 8회 이상으로 증가한 경우를 말합니다. 물을 마시는 양에 따라 소변량과 횟수가 정해지므로 절대적인 기준은 아닙니다. 평소보다 소변을 자주 보는 일이 3일 이상 지속하면 원인을 찾아봐야 합니다.

아이에게 요로감염이 있는 경우, 당뇨나 요붕증(소변이 농축되지 않아 다량의 소변을 배설하는 질환)이 있는 경우에도 소변을 자주 봅니다. 변비가 심하면 방광이 자극을 받아 소변을 자주 보게 되기도 하죠. 탄산음료나 감귤류, 카페인이 들어 있는 음료를 마셨을 때 소변을 자주 볼 수 있습니다.

기질적 원인이 없는 경우 심리적 요인을 고려해야 합

니다. 어린이집에 다니기 시작하거나 부모의 관심을 끌어내려고 할 때, 배변 훈련을 시작할 때 스트레스를 받아 소변을 자주 볼 수 있어요. 스트레스에 의한 빈뇨는 대부분 수개월 내에 증상이 사라집니다. 호전 없이 지속하는 빈뇨 등 배뇨 장애에 대해서 소아청소년과 진료를 받고 자세한 평가가 필요합니다.

이불에 오줌을 싸거나 낮에 소변을 지리는 경우

야뇨증은 오줌을 가릴 나이가 되어서도 수면 중에 오줌을 싸는 것을 말하는데 대개 여아는 5세, 남아는 6세 이후 한 달에 2번 이상 밤에 오줌을 싸면 야뇨증이라 합니다. 5세 기준으로 15%에서 보이고 이후 매년 15%가량 저절로 호전됩니다.

낮에 소변을 지리는 경우는 야뇨증의 한 증상일 수 있고 과민성 방광의 증상일 수도 있습니다. 소변이 저장되어야 할 시기에 불안정한 방광 수축이 일어나는 것이 원인으로 환아는 오줌을 참기 위해 발끝을 세우는 등 특징

비
뇨
기
과

적인 자세를 취하게 됩니다. 대수롭지 않게 생각하고 내버려 두면 행동 장애까지 유발할 수 있고 심한 경우 방광과 신장에 영구 손상을 일으킬 수 있어 소아청소년과 진료가 필요합니다.

소변에 거품이 많이 나오는 경우

소변에 단순히 거품이 끼는 것은 대부분 정상입니다. 하지만 변기 물을 틀어도 모두 내려가지 않을 정도로 심하게 거품이 낀다면 검사를 받아볼 필요가 있습니다. 신장은 혈액 속에 녹아 있는 노폐물을 소변을 통해 몸 밖으로 배출하고 필수적인 물질은 혈액 내에 유지하게 하는 기능을 합니다.

그렇기 때문에 소변에는 정상적으로 매우 소량의 단백질이 섞여 있을 수 있지만, 그 양이 많아진다면 거품이 매우 많이 생길 수 있습니다. 이러한 경우 사구체신염과 같은 신장 질환이나 고혈압, 당뇨병 같은 전신질환이 원인일 가능성이 있습니다. 초기에 소아청소년과에

비
뇨
기
과

서 진료를 받고 치료를 시작해야 신장이 손상되는 일을 막을 수 있습니다.

기저귀가 붉게 물들었을 경우

소변에 피(적혈구)가 섞여 나오는 증상을 혈뇨라고 합니다. 소변 색이 검거나 붉게 보이는 혈뇨는 육안 혈뇨, 소변 색은 정상이지만 검사에서 적혈구가 확인되는 경우를 현미경 혈뇨라고 부릅니다. 검은색 소변은 대부분 혈뇨입니다. 하지만 붉은색 소변이 모두 혈뇨는 아니니 먼저 걱정하실 필요는 없습니다. 아기 기저귀에서 붉은색 또는 주황색이 보인다면 대부분은 요산뇨입니다. 요산뇨는 아기가 탈수 증상이 있을 때나 정상 성장에 따른 세포 파괴로 인해 나타날 수 있습니다. 그 외에 붉은 소변은 항결핵제나 항경련제 등 일부 약을 복용했을 때, 비트나 블랙베리, 용과 등을 섭취했을 때에도 보입니다.

따라서 붉은 소변이 진짜 혈뇨인지 아닌지는 소변 검사를 받아봐야 알 수 있습니다. 혈뇨는 사구체신염, 요

비뇨기과

로감염, 요로결석 등 다양한 원인에 의해 발생할 수 있습니다. 소아청소년과 전문의의 소견에 따라 소변 검사와 혈액 검사, 초음파 검사 등을 시행하고 원인에 따른 치료를 진행해야 합니다.

기타 질환

명절에
발생하기 쉬운
질환들

[도와주세요!]

명절이라 낮에 가족들과 기름진 음식을 많이 먹었어요. 아이가 저녁때부터 구토하고 설사를 하는데 응급실에 가봐야 할까요?

[의사의 답변]

아이가 기름진 음식이나 평소 먹지 않던 음식을 많이 먹은 경우, 또는 명절 시기에 유행하는 장염 바이러스에 감염되면 구토나 설사가 있을 수 있습니다. 열이 없는 단순한 장염 증상이라면 두 끼 정도 금식하고 이후 죽을 하루 정도 먹고 상태를 지켜보시면 됩니다. 만약 열이 나고 복통이 심하다면 응급의료기관에 방문합니다. 전혀 먹지 못할 정도로 구토가 심해 24시간 이상 지속되면 탈수 방지를 고려해 진료를 받습니다.

📋 집에서 따라하는 응급처치

명절에 특히 늘어나는 여러 가지 응급 상황들이 있습니다. 앞에서 설명해 드린 위염, 장염 외에 결막염, 독감은 물론이고 감염성 질환, 벌초 중 말벌 쏘임, 뱀 교상, 그리고 음식을 만들다가 손가락 열상이 발생하는 등 매우 다양한 응급 상황이 발생하죠. 각각의 상황에 필요한 응급처치를 배워봅시다.

의사 아빠의 응급 이야기

연초, 새로 나온 달력을 보면서 두려움에 떠는 이들이 있습니다. 바로 응급실 의료진인데요. 가까이는 설 명절 연휴부터 가정의 달 휴일들, 추석 연휴, 대체휴일과 징검다리 근무 날을 메꿔준 임시공휴일 덕분에 점점 빨간 날이 늘어나는 것 같습니다. 연휴 동안엔 외래를 포함해

주위의 병·의원이 휴진을 하니 응급실이 북새통이 되는 것은 예정된 수순입니다.

연휴 동안 응급실을 꼭 찾아야 될 상황과 그렇지 않은 상황에서의 대처방법을 알고 계시다면 도움이 되겠죠? 그래서 준비했습니다. 명절에 더 흔한 응급 증상과 대처법, 그리고 꼭 구급차를 불러야 할 상황, 응급 상황에 대한 정보를 얻는 방법과 주위 진료 중인 병, 의원을 확인하고 진료받는 방법까지 모두 알려드리겠습니다.

명절의 흔한 응급 증상

명절에 자주 걸리는 질환으로 위장질환이 있습니다. 아무래도 명절에는 많은 분들이 평소보다 기름진 음식을 먹고 과식을 하게 되기 때문입니다. 체하거나 장염이 발생하지 않도록 음식을 만들 때에 오염에 주의하고 오랜만에 만난 가족, 친지와 대화하면서 편안한 마음으로 천천히 식사를 하는 것이 좋겠습니다. 게장, 회, 어패류 등의 음식, 특히 날것을 드실 때엔 주의해야 합니다.

이렇게 주의했음에도 불구하고 위장질환이 발생해

구토, 설사가 심하다면 초기에는 금식을 하고 지켜보는 것이 좋습니다. 이후 속이 진정되면 소량의 식힌 보리차부터 미음, 죽 순서로 식이를 시작해 볼 수 있습니다. 복통이 너무 심하거나 구토, 설사가 만 하루 이상 지속되어 탈수를 걱정해야 할 정도라면 근처 응급의료기관의 도움을 받을 수 있습니다.

위장질환 외에도 다른 영향이 있습니다. 일교차가 큰 날씨에 전국 각지에서 가족과 친지들이 한 곳에 모이다 보니 감기와 결막염 같은 감염성 질환이 흔히 퍼지게 되고는 하죠. 그러므로 손 위생과 체온 유지에 특별히 신경 쓰는 것이 좋겠습니다. 젊은 분들의 기침, 콧물감기는 며칠 지켜봐도 좋지만 영·유아나 고령인 분, 기저질환이 있는 분이 열과 기침, 가래를 보이는 경우에는 폐렴 여부를 확인해야 합니다.

또한 명절 전후로 선산을 오르거나 벌초를 가는 경우가 많을 텐데요. 이 경우 몇 가지 주의 사항이 있습니다. 말벌 개체수가 늘어 산에서 말벌에 쏘이는 경우가 흔합니다. 말벌은 벌침이 남지 않지만 국소적인 통증과 부종

기
타
질
환

293

을 동반합니다. 간혹 벌독에 알레르기가 있는 사람이 벌에 쏘이면 혈압이 떨어지거나 호흡부전 등 위험한 상황에 빠질 수 있으므로 주의를 요합니다. 통증이 심하지 않고 전신 알레르기 증상이 없다면 얼음찜질을 하면서 상태를 지켜봐도 좋지만 호흡곤란, 실신 등의 증상이 발생하면 즉시 응급의료기관의 도움을 받는 것이 좋습니다.

산에서 위험에 빠지는 경우가 한 가지 더 있습니다, 바로 뱀에 물리는 경우이죠. 뱀 교상도 말벌 쏘임과 마찬가지로 심한 통증과 부종을 일으키고 심한 경우 저혈압을 일으킬 수 있습니다. 간혹 독을 뺀다고 상처를 입으로 빨거나 칼로 추가 상처를 내는 경우가 있는데, 이는 바른 처치 방법이 아닙니다.

기타 질환

뱀에게 물리면 뱀독이 전신으로 퍼지는 속도를 늦추기 위해 상처가 있는 부위를 심장보다 아래에 위치시킵니다. 상부를 약하게 묶어 지연시키는 방법도 있지만 너무 강하게 묶는 행위는 혈액순환에 장애를 초래하기 때문에 도움이 되지 않으니 주의해야 합니다. 그다음 바로 응급의료기관에서 항독소 주사 여부를 판단하고 일반적인 상처 처치를 받는 게 좋습니다.

또한 풀숲에서 진드기에 물리거나 쥐 소변에 노출되면 쯔쯔가무시, 유행성 출혈열(신증후 출혈열) 등 고열을 동반하는 감염성 질환이 발생하는 경우가 있습니다. 벌초를 가실 땐 긴 옷과 긴 양말 등으로 몸을 보호하고 풀밭에 오래 앉아 있거나 눕는 행동을 삼가는 것이 좋겠습니다.

익숙지 않은 주방에서 음식을 하거나 과일, 밤 등을 깎다 보면 칼에 손을 베는 경우가 흔하죠? 손가락은 혈관이 많아 지혈이 잘 되지 않습니다. 또한 인대와 신경 손상이 동반될 수 있어 세심한 진찰이 필요합니다. 손끝이 절단된 경우에는 피부를 환부에 올려 그대로 함께 가져오시는 것이 좋습니다. 물에 비벼 닦는 등의 행동은 조직 손상을 일으켜 접합 수술 시 생착률을 낮출 수 있으니 주의해야 합니다.

간혹 지혈 목적으로 담뱃재나 된장 등을 발라 오시는 경우가 있는데 이는 상처에 감염률을 높이고 이물질로 남을 수 있으니 절대 시행하지 마세요. 뿌리는 지혈제도 큰 도움이 되지 않습니다. 깨끗한 수건 등으로 상처를

기타 질환

눌러 지혈하면서 응급의료기관의 도움을 받으시는 것이
가장 좋습니다.

119에 연락해야 하는 응급 상황

그런 일이 없으면 좋겠지만 언제 어디서든 119 구급
대의 도움을 받아야 하는 응급 상황이 발생할 수 있습니
다. 이번에는 명절에 특히 발생하기 쉬운 생명을 위협하
는 응급 상황에 대해 알아보겠습니다.

먼저 명절을 맞아 떡 등을 먹고 소아나 고령의 가족
에게 기도폐색이 오는 경우가 있을 수 있습니다. 만약
떡을 먹고 갑자기 숨을 쉬지 못하겠다는 표현(초킹 사인,
choking sign, 말을 못 하고 입이나 목을 가리키거나 목이 졸리는 시늉을
보임)을 보이는 경우에는 119 구급대에 연락을 하고 동시
에 복부 밀쳐 올리기 법을 시도해볼 수 있습니다. 의식
이 없어진 경우 심폐소생술을 시행해야 합니다.

가족들과의 만남으로 평소보다 무리하면서 심혈관
질환이 악화되어 흉통을 호소하는 경우가 있습니다. 짓
누르는 양상의 가슴 통증이나 벌어지는 느낌의 가슴 통

증은 위험한 흉통일 가능성이 높습니다. 바로 119 구급대의 도움을 받아 응급의료기관에서 검사를 받아야 합니다. 평소 흉통이 있었거나 고혈압, 당뇨, 고지혈증이 있는 경우, 체중이 높은 경우에 심혈관질환이 생길 가능성이 올라갑니다. 호흡곤란이나 실신도 동반될 수 있어 주의를 요합니다. 의식이 없어진 경우 심폐소생술을 시행해야 합니다.

쌀쌀한 날씨에 발생하는 뇌출혈과 뇌경색, 둘을 통칭하는 뇌졸중도 평소보다 흔한 응급질환입니다. 갑자기 한쪽 팔다리에 마비가 오거나 한쪽 얼굴에 표정이 없는 경우, 말이 어눌해지는 경우에 뇌졸중을 의심해야 합니다. 두통과 구토, 어지러움이 동반될 수도 있습니다. 이 경우 시간을 다투는 만큼 지체 마시고 즉시 119 구급대의 도움을 받아 뇌혈관 치료가 가능한 응급의료기관에 오셔서 치료받으셔야 하겠습니다.

응급 상황에 관한 정보 제공

응급 상황이 발생했을 때 어떻게 하는 것이 가장 현

명한 대처방법일까요? 급한 상황이 발생하면 지체 말고 119에 연락해 상황을 전달하고 조언을 얻는 것이 우선입니다. 현재 구급 업무를 119에서 모두 담당하고 있기 때문에 응급 상황에 대한 신고와 문의 모두 119를 이용하면 됩니다. 상황별 대처 방법도 전화로 자세히 알려주므로 도움을 받으시는 것이 좋습니다.

119 구급대의 도움을 받을 정도로 응급 상황은 아니지만 연휴 동안 병·의원의 도움을 받아야 할 일이 생길 수 있겠죠? 이 경우 유용한 사이트와 애플리케이션(이하 앱)을 알려드리겠습니다. 중앙응급의료센터 홈페이지와 E-gen 앱입니다. 연휴기간 동안 진료하는 병원, 의원, 응급실 정보가 모여 있어 지역별로 검색이 가능하고 약국 정보도 제공하고 있습니다. 스마트폰의 경우 구글 플레이 스토어에서, 또는 앱 스토어에서 '응급의료정보제공'을 검색해 E-gen 앱을 다운로드할 수 있습니다.

응급센터 이용 지침

연휴에는 특히 응급의료기관에 환자가 몰려 혼잡한

만큼 장염이나 감기 등 경한 증상은 야간 외래를 운영하는 의원이나 응급의료기관 외 응급실을 방문해 치료받는 것이 좋습니다. 연휴가 긴 관계로 많은 병, 의원들이 연휴 중간에 정상진료를 하는 경우가 많아 근처 병원의 진료 여부를 미리 확인해두면 도움이 됩니다. 이 정보도 중앙응급의료센터의 홈페이지와 앱을 이용하면 알 수 있습니다.

단순 약물 등 경증 환자 대처 요령

혈압 당뇨 등 만성질환 약물은 연휴 동안 약이 소진되지 않도록 미리 처방받아 놓아야 합니다. 그 외에 일반약이 필요한 경우에는 휴일지킴이약국(www.pharm114. or.kr) 홈페이지나 중앙응급의료센터(www.e-gen.or.kr) 홈페이지와 앱을 통해 당직 약국을 알아볼 수 있습니다. 단순히 해열제, 소화제, 진통제 등의 가정상비약이 필요한 경우는 근처 편의점의 일반약 판매를 이용하는 게 좋겠습니다.

기타질환

병원이 쉬는 긴 연휴 동안 미리 알아두면 도움이 될 만한 응급 상황 대처 요령을 알려드렸습니다. 익숙한 공간인 집에서 나와 오랜만에 고향에 방문하는 만큼 여러 가지 상황이 발생할 수 있습니다. 그러므로 응급 상황을 대비하는 것도 더욱 철저히 해야 합니다.

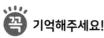 **기억해주세요!**

명절에도 여러 가지 사고가 일어날 수 있습니다. 과식과 같은 사소한 위장질환부터 벌에 쏘이거나 뱀에 물리는 일까지 아주 다양하죠. 더욱 큰 문제는 병원이 문을 연 곳이 많지 않다는 것입니다. 그러므로 응급 상황이 발생하면 우선 119에 연락하여 응급 상황에 대한 조치와 이송에 대해 도움을 받으세요.

외상 편

PART 2

외상 일반

자전거
뒷바퀴에
아이 다리가
끼었어요

[도와주세요!]

자전거 뒷자리에 아이를 태우고 달리다 아이 발꿈치가 뒷바퀴에 끼어 다쳤습니다. 다행히 상처가 깊지는 않은데 걷기 힘들어 하네요. 병원에 가봐야겠죠?

[의사의 답변]

상처가 깊지 않더라도 걷기 힘들어한다면 정형외과에서 엑스레이 검사를 받아보는 것이 좋겠습니다. 자전거 짐칸에 사람, 특히 소아가 타면 매우 위험합니다. 피부만 살짝 다치고 끝날 수도 있지만 인대 손상 등 큰 상처를 입을 수 있습니다. 아이와 함께 자전거를 탈 때는 안전하게 태울 수 있도록 보조기구를 사용해주세요.

📷 집에서 따라하는 응급처치

자전거 바퀴에 발뒤꿈치가 끼어 다치면 피부만 찢어지는 경우도 있지만 아킬레스 인대 손상이 흔하게 발생합니다. 사고가 발생했을 때는 가까운 응급의료기관에 방문하셔서 상처 안쪽을 확인하셔야 합니다. 또한 상처가 없더라도 발꿈치 뼈에 손상이 생기지는 않았는지 확인해야 합니다. 그 외에 자전거에서 떨어져 머리나 가슴, 배, 팔꿈치를 부딪친 경우에도 적극적으로 검사를 고려해야 합니다.

의사 아빠의 응급 이야기

"다음 환자분 들어오세요."

벌써 밖에서 아이의 자지러지는 울음소리가 납니다. 더 기다리게 할 수 없어 서둘러 아이의 이름을 불렀습니다. 수건으로 아이의 발뒤꿈치를 잡고 화난 표정으로 들어오는 엄마와 뒤이어 멋쩍은 표정의 아빠가 보입니다. 아이의 상처가 어떻게 생긴 것인지 물어보니, 자전거 뒷자리에 탔다가 뒷바퀴에 다리가 끼었다고 합니다.

날씨가 좋아지면 야외 활동이 늘어나게 됩니다. 시원한 바람을 맞으며 달리는 데에 자전거만 한 게 또 없죠. 아빠들의 로망이지 않겠습니까? 예쁜 우리 아이를 뒤에 태우고 신나게 달리는 것 말이죠. 하지만 안타깝게도 뒷자리에 아이를 태우고 달렸다가 다쳐서 응급실에 오는 경우를 자주 봅니다. 자전거와 함께 넘어지면서 다치는 것일까요? 물론 그런 경우도 있지만 그보다 더 흔한 사고는 아이를 뒷자리에 태웠다가 빠르게 돌아가는 뒷바퀴에 발뒤꿈치가 끼이는 것입니다. 이로 인해 다리를 다쳐서 오는 경우가 많습니다.

뒷자리에 앉은 아이가 흔들리는 자전거가 불안해 다리를 오므릴 때 사고가 일어나는 거죠. 피부가 살짝 긁히거나 까져서 오는 경우는 그나마 다행이지만 피부가 찢어지거나 인대 손상이라도 있을 땐 큰일입니다. 이런 경우에는 우리 몸의 하중을 지탱하고 걷는 데 큰 역할을 하는 아킬레스건이 손상되기 쉽거든요. 필요한 경우 인대를 보강해주는 수술을 받아야 합니다.

또한 교통사고가 나거나 자전거에서 떨어지거나 넘어졌을 때에도 아이에게 머리 손상이나 팔 손상이 발생해 문제가 될 수 있습니다. 어른의 경우 넘어지기 전 반사적으로 다리를 지탱해 중심을 잡고, 구르더라도 반사적으로 머리와 가슴 부위를 어느 정도 보호하게 마련이지만 아이는 빠른 반응이 쉽지 않기 때문입니다.

자전거에서 떨어지면서 머리 손상이 발생했다면 수상 기전과 손상 정도에 따라 정신을 잃었었거나 구역, 구토가 있는 경우, 상처가 있는 경우에 뇌출혈 여부와 두개골절 여부를 확인하기 위해 머리 쪽을 CT로 촬영해봐야 합니다. 연령에 따라서는 재우는 약물을 써야 검사가 가능한 경우가 흔합니다.

또한 팔이나 어깨로 떨어진 경우에는 위팔뼈의 골절이나 쇄골 골절 등이 흔히 발생하게 됩니다. 이 경우에는 손상이 가중되지 않도록 팔을 몸에 붙이고 병원을 방문해 엑스레이 검사를 통해 진단해야 합니다. 만약 골절이 확인되면 4~6주간 골절 부위를 고정하거나 부러진 양상에 따라 수술적 치료가 필요한 경우도 있습니다.

예쁜 내 아이와 함께 신나게 자전거를 타고 싶으신가요? 그럼 사전에 몇 가지 준비가 필요합니다. 먼저 자전거 뒷자리에 아이를 태우려면 발을 보호할 수 있는 보조 의자가 필요합니다. 안전벨트와 헬멧도 착용해주는 게 좋겠죠. 넘어지거나 차량과 부딪쳤을 때 자전거의 높이가 있는 만큼 어른보다 훨씬 큰 손상이 일어날 수 있거든요. 또한 소아는 자기 방어를 할 수 있는 순발력과 근력이 부족하기 때문에 안전조치가 필수라는 것을 반드시 알고 계시면 좋겠습니다.

요즘엔 자전거 뒤에 연결하는 트레일러도 많이 나오고 있습니다. 아이의 안전과 편의성에서 장점이 많아 보이더군요. 비용이 문제긴 하지만, 아이들과의 즐거운 라이딩을 위해서는 트레일러를 사용하는 것도 나쁘지 않겠습니다.

점차 가족과 여유시간을 보내는 분들이 많아지고 있습니다. 야외 활동을 할 때는 아이가 다치는 일이 없도록 특히 주의를 기울여주세요. 그리고 사고를 방지할 수 있도록 준비한다면 아이와 함께 즐겁고 행복한 여가 시간을 보낼 수 있을 것입니다.

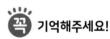 **기억해주세요!**

어린 자녀 또는 손자와 함께 자전거를 타려는 당신. 먼저 당신과 아이의 안전을 위한 철저한 준비가 우선입니다.

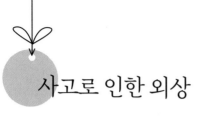

사고로 인한 외상

아이들은 집 안에서나 밖에서 뛰어놀다가 다치는 경우가 많습니다. 아무리 주의 깊게 아이를 살피더라도 아이의 돌발행동으로 사고가 생기게 마련입니다. 모든 사고를 막을 수 없다면 사고가 난 후에 적절한 대처를 통해 피해를 최소화해야 합니다. 아이들에게 발생할 수 있는 사고는 어떤 것이 있는지 알아보고 기본적인 응급조치를 숙지해두면 아이의 건강을 지킬 수 있습니다.

문에 손가락이 끼었을 때

아이가 혼자서 움직일 수 있게 되면 안전사고에 더욱 주의해야 합니다. 아이들은 문틈 같은 곳이 보이면 곧잘 손가락을 집어넣습니다. 이때 잘못해서 손가락이 문틈에 끼면 손가락의 피부가 찢어지거나 손톱이 빠지거나 골절될 수 있습니다. 심한 경우 손가락 절단 사고가 일어나기도 하므로 신경 써야 합니다.

손가락이 끼어 조직에 손상이 일어나면 심한 통증이 생기므로 냉찜질을 통해 통증을 가라앉힙니다. 다친 부위가 심하게 붓고 멍이 들었을 때, 손가락이 잘 펴지지 않고 모양이 변했을 때, 피부가 찢어졌을 때는 정형외과 의원이나 응급의료기관에서 치료를 받아야 합니다. 손톱이 찢어지면 자르지 말고 지혈만 하여 병원으로 갑니다. 문틈 커버와 같은 문 닫힘 방지용 기구를 설치하면 이러한 사고를 미연에 방지할 수 있습니다.

손가락이 잘렸을 때

손가락 발가락의 절단은 심각한 사고지만 6시간 이내에 접합수술을 받으면 기능을 회복할 수 있습니다. 미세 접합수술이 가능한 병원이 지역 곳곳에 있습니다. 어딘지 찾기 어려우면 119 상황실의 도움을 받아 확인할 수 있습니다. 적절한 응급처치가 이루어지지 않으면 접합수술을 할 수 없게 되는 경우가 생길 수 있으므로 응급상황 시의 대처방법에 대해 잘 알아두어야 합니다.

절단 사고가 일어나면 119에 도움을 요청한 뒤 아이를 편안한 자세로 눕히고 출혈 부위를 손수건 등 깨끗한 천으로 압박한 후 심장보다 높이 올려 지혈을 합니다. 다음으로 절단된 손가락을 찾아 흐르는 물로 가볍게 씻은 후 적신 거즈나 손수건으로 감싸서 비닐 봉투에 넣어 밀봉합니다. 이 손가락이 담긴 봉투를 다시 얼음이 담긴 봉투에 넣어 시원하게 보관하여 병원에 가져갑니다. 얼음이 없으면 차가운 물에 띄워도 되지만 절단된 손가락에 직접 물이 들어가지 않도록 해야 합니다.

절단된 손가락을 얼음에 담가 보관해야 한다고 잘못

알고 있는 경우가 있습니다. 절단된 손가락을 직접 얼음에 담그면 조직이 손상되어 수술 결과를 나쁘게 할 수 있으므로 보관 방법에 주의해야 합니다. 잘 모르겠으면 119 구급대원의 도움을 받으세요.

넘어져서 피부가 까졌을 때

아이들이 걷고 뛰기 시작하면 넘어져서 팔꿈치, 무릎을 다치는 경우가 많습니다. 찰과상은 마찰이나 충격, 긁힘에 의해 피부에 얕은 상처가 나는 것을 의미합니다. 초기 처치를 잘 하지 못하면 상처가 덧나거나 흉터가 남을 수 있습니다.

아이에게 긁힌 상처가 생기면 먼저 흐르는 수돗물로 상처 부위를 가볍게 씻어줍니다. 이는 모래 등 이물질과 세균으로 인한 감염을 줄여줍니다. 상처에 물이 닿으면 안 된다고 생각할 수 있는데 흐르는 물에 잠시 씻는 정도는 괜찮습니다.

상처가 심하지 않은 경우는 물기가 마른 뒤 베타딘 스

왑 또는 포비돈 액으로 상처와 그 주위까지 바르고 말린 뒤 연고가 있으면 바른 후 거즈나 밴드를 붙여줍니다. 메디폼 등 습윤 드레싱 제품을 약국에서 구입할 수 있다면 사용하는 것이 좋습니다. 상처 부위를 적절한 습윤 상태로 유지 시켜 흉터를 줄이고 치유를 촉진시킵니다.

진물이 많이 나오는 경우 초기에 폼 제재를 사용하는 것이 좋고, 진물이 적으면 겔 형태의 제품을 사용할 수 있습니다. 진물이 너무 많이 스며 나오면 중간에 교체하고 그렇지 않으면 2일에 한 번 교체합니다. 단, 상처 주위가 빨갛게 부어오르거나 열감, 발진, 가려움 등의 증상이 있으면 사용을 중지하고 병원에서 감염 여부를 확인해야 합니다.

피부가 찢어졌을 때

파상풍 예방접종을 했다면 괜찮지만, 접종을 안 했을 경우 찢어진 상처가 생기면 파상풍에 주의해야 합니다. 파상풍은 상처 부위에서 파상풍균이 번식하면서 생성하는 신경독소로 인해 근육의 경련성 마비와 통증, 근육 수축을 일으키는 감염 질환입니다. 출생 후 DTaP 기본접종을 받았다면 10세까지 안심이지만 이후에는 11~12세 때 맞는 Td 백신 추가 접종 여부를 확인해야 합니다.

다음으로는 상처 봉합 여부를 판단하고 근육과 인대

1세 미만의 사고 원인

1세 미만의 아이들에게 가장 많이 일어나는 사고는 주로 침대, 소파 등에서 추락하는 것입니다. 두 번째는 날카로운 장난감이나 건전지 등 위험한 작은 물건을 삼키는 것입니다. 아이가 높은 곳에서 떨어지지 않도록 안전장치를 설치하고, 입에 삼킬 수 있는 3cm 이하의 작은 물건은 손이 닿지 않는 곳에 미리 치워둡시다.

1~3세의 사고 원인

조금씩 걸어 다닐 수 있게 되면 넘어져 다치는 사고가 늘어납니다. 이 시기의 아이들이 움직일 때는 주의 깊게 살펴봐야 합니다.

4~6세의 사고 원인

곧잘 움직이게 되면서 혼자 높은 곳에 올라가거나 소파, 의자, 놀이터 기구 등에서 떨어져 다치는 경우가 자주 생깁니다. 이 시기의 아이들은 어느 정도 말이 통하기 때문에 높은 곳에서 떨어지면 다친다는 것을 인지시켜서 스스로 조심하게끔 훈련시켜야 합니다.

손상 여부를 확인하기 위해 근처 응급실에서 진료를 받아야 합니다. 지혈제를 바르지 말고 깨끗한 거즈나 수건으로 압박해 지혈하면서 병원으로 방문하세요.

넘어져서 발목이 부었을 때

아이들이 자유롭게 뛰어놀기 시작하면 발목을 삐거나 다치는 경우가 생깁니다. 다양한 상황, 다양한 자세에서 관절에 심한 충격을 받으면 염좌나 골절이 생길 수 있습니다. 통증이 심하거나 붓기, 변형이 보일 때는 함부로 해당 부위를 움직이지 말고 부목을 대어 고정합니다. 대처가 어려운 경우에는 119에 도움을 요청합니다. 이후 병원에서 진찰받고 엑스레이 검사를 통해 골절 여부를 진단합니다. 성장기 어린이의 경우 성장판 골절로 인한 후유증이 남을 수 있으므로 의사의 진단과 치료 계획에 따라야 합니다.

발목을 삐었을 때는 해당 부위를 움직이지 않는 것이 중요하며, 심장보다 높게 위치시키면 회복에 도움이 됩니다. 초기에는 냉찜질을 하면 붓기와 통증을 가라앉히는 데 도움이 됩니다. 붓기가 가라앉으면 온찜질을 하여 혈액순환을 돕습니다.

눈을 다쳤을 때

넘어지면서 눈을 부딪치거나 장난감에 맞는 등 눈이나 눈 주변을 다치면 안과에서 진료를 받는 것이 좋습니다. 겉으로 보기에는 멀쩡해 보이더라도 시력에 영향을 주는 각막에 손상이 있을 수 있기 때문입니다. 또한 안구 뒤를 받치는 안와라는 뼈에 골절이 생기는 경우도 있습니다.

눈이 충혈되었다고 해서 안약을 넣거나 흐르는 물에 세척해서는 안 됩니다. 만일 날카로운 물건에 눈을 찔려 안구가 손상되었다면 깨끗한 수건으로 눈을 가린 후 즉시 대학병원급 응급의료기관으로 갑니다. 눈에 이물질이 박혀 있다면 함부로 건드리거나 제거하지 않도록 합니다. 손상을 더 가중시킬 수 있습니다.

이리 쿵,
저리 퍽.
우리 아이
상처 관리

[도와주세요!]

아이가 놀다가 넘어져서 얼굴에 상처가 났어요. 꿰맬 정도로 깊진
않은데 흉터가 질까봐 걱정입니다. 어떻게 관리해야 좋을까요?

[의사의 답변]

일단 깊지 않은 상처라도 초기 상처 평가와 골절 여부, 파상풍
접종 여부를 판단하기 위해 진료를 받아보시길 권유합니다. 봉
합이 필요치 않다고 판단했다면 메디폼이나 알레빈, 얼굴의 경
우에는 듀오덤 같은 습윤 드레싱 제품을 사용하시는 것이 좋습
니다.

⚕ 집에서 따라하는 응급처치

벌어지는 상처가 있거나 붓기, 통증이 있는 경우 초기 평가가 중요합니다. 상처 봉합은 6시간 이내에 하는 것이 좋아 가까운 응급의료기관의 도움을 받아야 합니다. 지혈제나 된장, 담뱃재 등 이물질을 바르는 것은 절대 피하시고 깨끗한 수건으로 상처를 누른 채 바로 응급실을 방문하세요.

의사 아빠의 응급 이야기

아이들이 다치면 상처를 치료하는 게 쉽지 않습니다. 게다가 흉터가 남을까 걱정이 되기도 하지요. 그래서 상처와 관련한 제품도 아주 다양하고, 상처 관리에 대한 광고들도 많이 합니다. 하지만 이 기회에 제대로 된 상처 관리 방법을 알아두시면 우리 아이에게 상처가 생기더라도 후유증 없이, 흉터가 적게 잘 키울 수 있을 것입니다.

첫째 아이가 넘어져서 이마가 찢어지는 바람에 직접 상처를 꿰매어준 적이 있습니다. 약으로 재우지 않고 꿰매는 중에 아이가 놀라 심하게 움직이는 바람에 흉터가 좀 남게 되었죠. 3년쯤 지난 지금은 거의 보이지 않게 되었지만 당시엔 아내의 눈총을 좀 받았습니다.

아이가 다쳐서 상처가 나면 당황스럽겠지만 일단 아이를 진정시키고 상처를 확인해봐야 합니다. 1cm 이상 찢어져 벌어지는 상처는 봉합을 해야 합니다. 얼굴의 경우엔 0.5cm만 되어도 봉합이 필요합니다. 깨끗한 수건으로 상처를 눌러 지혈하면서 가까운 응급의료기관을 방문해주세요. 지혈제 등을 뿌리고 오시는 경우가 있는데 별 도움이 되지 않으니 추천하지 않습니다. 간혹 잘못된 지식으로 인해 된장이나 담뱃재를 묻히고 오시는 경우도 있는데, 이는 절대 하지 말아야 할 처치입니다.

얼굴 상처의 경우 성형외과에서 봉합하길 원하는 경우가 많습니다. 상처가 크거나 근육층까지 손상을 입은 경우는 의료진이 성형외과 진료를 위해 병원을 옮기길 권유하기도 하죠. 이때는 근처 개인 성형외과 의원에서 도움받기가 어렵습니다. 보통 대학병원 응급실에서 치료받는 경우가 많습니다. 그렇지 않은 얕은 상처의 경우엔 성형외과 진료나 응급의학과 진료나 큰 차이가 나진 않습니다. 단순 봉합의 경우 보통은 성형외과 전문의 선생님 대신 전공의 선생님들이 한답니다. 가능한 경우 봉합 대신 피부 위에 바르는 본드로 봉합을 대신하는 경우도 있습니다.

상처가 났을 때 이물질이 묻어 있다면 흐르는 물에 씻는 것이 좋습니다. 식염수가 가장 좋지만 없으면 수돗물이나 생수까지는 도움이 된다고 볼 수 있습니다. 하지만 오염된 물이나 소주 등 다른 물질로 씻는 것은 상처에 악영향을 주게 되니 피하셔야 합니다. 응급실에 오시면 지저분한 상처는 식염수로 씻어 드립니다.

병원에서는 봉합을 하기 전 인대나 혈관 등 구조물의 손상 여부를 확인하게 되는데 만약 손상이 있다면 수술이 필요하게 됩니다. 수술 시 마취 방법에 따라 금식이 필요할 수 있으니 물을 포함해 아무것도 먹지 말고 응급실에 오시는 게 좋겠습니다.

아이에게 상처가 생겨서 병원에 갈 때는 파상풍 예방 주사 접종력을 알고 계시면 도움이 됩니다. 최근에 수술 이나 상처 봉합을 받은 적이 있는지, 1세 때 맞는 DTaP 예방접종과 초등학교 5~6학년 때 맞는 추가 파상풍 접종을 받았는지에 따라 파상풍 예방주사가 필요한지 판단합니다.

봉합한 상처는 그 위치에 따라 5일에서 14일가량 소독을 하며 관리하게 됩니다. 보통 7~10일간 관리하게 되는데 얼굴의 경우는 보다 짧아서 5일, 반대로 관절이 있는 부위는 더 길어서 14일간 지켜본 뒤 봉합사를 제거합니다. 간혹 집에서 소독을 해도 되는지 물어보시는 경우가 있는데 집에 소독약이 있다 하더라도 소독된 기구가 없는 경우 오히려 염증을 일으키는 결과가 생길 수 있습니다. 또한 상처의 상태를 보고 염증 여부에 따라 항생제 추가 사용과 추가 처치를 결정하는 경우가 있습니다. 가능한 한 가까운 병원에서 상처를 보이고 소독 받으시길 권유합니다.

그래도 병원에 오실 수 없는 특별한 이유가 있다면 소독을 안 할 순 없겠죠? 이때 사용할 만한 것이 있습니다. 약국에서 판매하는 포비든 스틱 스왑이라는 제품인데요. 일회용 포장된 멸균 면봉에 소독약이 적셔져 있습니다. 상처와 그 주위를 달팽이 그림 그리듯 안쪽에서 바깥 방향으로 원을 그리며 발라주시면 되겠습니다. 상처 안쪽을 후벼 파듯이 소독을 할 필요는 없습니다. 그 다음 상처를 덮는 메디폼, 듀오덤 등 폼 제재를 사용하면 되겠습니다.

그럼 이번엔 긁힌 상처에 대해 알아볼까요? 먼저 긁힌 상처에 이물질이 있진 않은지 살펴봐야 합니다. 아스팔트 자국이나 기름때 등 이물질이 있는 상태로 그냥 두면 외상성 문신이라고 해서 그 자국이 그대로 남을 수 있습니다. 필요한 경우 응급실에서 칫솔이나 솔로 긁어 제거해야 하는 경우도 있습니다. 이물질이 없고 상처가 작으면 물이나 소독약으로 씻고 지켜볼 수 있지만 깊게 파이거나 흉이 지겠다 싶은 상처는 정형외과 외래라도 나오셔서 상처를 보이시는 게 좋겠습니다. 긁힌 상처라도 깊이에 따라 파상풍 예방주사가 필요할 수 있습니다.

파상풍은 흙에서 흔히 발견되는 테타니균이 만드는 신경독소에 의해 발생하는 질환입니다. 상처를 통해 우리 몸에 들어와 2주가량의 잠복기 동안 증식을 하며 신경독을 뿜어냅니다. 이 독소가 신경을 따라 올라가면서 여러 증상을 보이는데 처음에는 턱 근육 떨림 정도만 보이다가 나중에는 전신 근육에 힘이 들어가면서 사망에 이르게 되는 무서운 질환입니다. 일단 감염되면 사망률이 50%에 육박한다고 알려져 있죠. 때문에 최우선적으로 예방해야 하는 질환 중 하나입니다.

제가 전공의이던 시절, 못에 찔린 상처를 우습게 보고 그냥 두었다가 2주 만에 응급실에 오셔서 중환자실로 입원한 분도 있었습니다. 작은 상처라도 초기에 처치하지 않고 무시하면 이처럼 위험한 결과를 초래할 수 있습니다.

드레싱 제재에 대해 설명을 좀 더 드릴까 합니다. 요즘은 좋은 제품이 많고 아주 다양합니다. 그중에서 대표적인 것만 몇 가지 살펴보도록 하겠습니다. 제가 사용해

본 제품은 메디폼, 알레빈, 듀오덤 정도입니다. 단순히 거즈를 붙이면 상처가 마르면서 흉이 질 가능성이 있죠. 그런 것을 방지해주는 것이 방금 말씀드린 습윤 드레싱 제품입니다. 상처를 마르지 않고 습윤하게 유지해 창상 치유 과정을 돕고 재생을 촉진하는 것이 드레싱 제재의 기본 원리입니다. 상처에서 분비물이 많이 나오는 상태라면 드레싱 폼이 금방 젖어버리는 경우도 있어 자주 확인해 주어야 합니다. 보통은 2일에 한 번 갈아주는 것으로 충분합니다.

듀오덤은 하이드로콜로이드 제재로 얇고 피부에 직접 붙일 수 있다는 장점이 있습니다. 따라서 피부과 시술 부위나 얼굴의 상처에 사용하기 편합니다. 다만 흡수력이 낮아 분비물이 많은 상처에는 적합하지 않습니다. 메디폼은 푹신한 스펀지 같이 두꺼워 분비물이 많은 상처에 더 적합합니다. 하지만 메디폼은 피부에 붙지 않아 추가로 테이핑이 필요한데요. 테두리에 테이프가 붙어서 나오는 제품이 알레빈 등 다양한 이름으로 나와 있습니다. 부위에 따라 상처 상태에 따라 선택해 사용하시면 되겠습니다.

마데카솔, 후시딘 같은 연고에 대해 어떤지 물어보시는 경우가 많은데요. 연고를 바를 때 소독되지 않은 손이나 면봉을 사용하다 오히려 감염되는 경우가 있어 주의해야 합니다. 가능하면 드레싱 제재를 쓰시는 것이 좋고 관절 부위 등 드레싱 제재를 붙일 수 없는 곳이라면 연고를 소독된 기구를 이용해 바르면 도움이 됩니다.

 기억해주세요!

초기 상처 평가가 우선입니다. 지혈은 대부분의 경우 상처 부위를 깨끗한 수건으로 누르는 것으로 충분합니다. 상처를 압박해 지혈하면서 바로 가까운 응급의료기관에서 진료를 받으세요. 흉터 관리는 그 다음에 고민해도 늦지 않습니다.

상처 관리 시 주의점

아이들은 자라면서 찰과상, 열상, 타박상, 화상 등 여러 가지 손상을 입게 됩니다. 여러 이유로 제대로 치료받지 못하면 감염되거나 흉터가 남을 수 있죠. 특히 얼굴이나 손과 같이 눈에 잘 띄는 곳에 흉터가 남으면 나중에 아이의 자존감을 낮추는 요인이 되기도 합니다. 그러므로 상처가 생겼을 시 기본적인 대처방법과 상처를 관리하는 요령에 대해 알아두는 것이 좋겠습니다.

피가 많이 나지 않는 작은 찰과상이라면 상처 부위를 깨끗이 씻고 소독 후 밴드를 붙여줍니다. 약국에서 판매하는 포비돈 스틱 스왑 등 1회용 소독 제품을 사용하면 감염을 줄일 수 있습니다. 출혈이 심하거나 1cm 이상 찢어진 상처라면 깨끗한 거즈나 수건으로 압박해 지혈하고 근처 응급실에서 치료를 받습니다. 6세 이하로 어린 나이에는 아이 협조 여부에 따라 잠을 재우는 약을 써야 할 수도 있습니다. 넘어지거나 부딪쳐서 멍이 들고 부은 경우는 인대 손상이나 골절의 가능성이 있으므로 근처 정형외과 의원이나 응급실에 가서 엑스레이 검사를 해보는 것이 좋습니다.

병원에서 치료를 받는 것만큼이나 그 후의 관리도 매우 중요합니다. 상처가 아물면서 피부 재생 과정에서 간질간질한 느낌이 들어 아이들이 소독 부위를 긁어서 떼어내고는 합니다. 아이들에게 소독한 부분을 떼어내면 안 된다는 것을 인지시키고 자주 살펴봐야 합니다. 단단히 고정하고 어린 아이들의 손발의 경우에는 양말로 감싸주는 요령이 필요합니다.

상처가 아문 후에는 직사광선에 노출되지 않도록 하는 것이 좋습니다. 특히 얼굴의 경우에 피부 재생 과정에서 햇볕에 직접 노출되면 피부색이 변할 수 있습니다.

우리 아이가
갑자기
팔을 못 써요

[도와주세요!]

아빠와 잘 놀던 아이가 갑자기 팔이 아프다며 심하게 웁니다. 팔을 들지도 못하고요. 어디 부러질 정도로 다친 것 같진 않은데, 뭐가 문제일까요?

[의사의 답변]

특별히 넘어지거나 부딪치지 않았는데 친구들 또는 어른들과 팔을 잡고 놀다가 팔 통증을 호소한다면 주관절 아탈구일 가능성이 높습니다. 가까운 응급의료기관에서 진찰을 받고 간단한 정복술을 통해 교정을 해야 합니다.

📷 집에서 따라하는 응급처치

아이들에게는 주관절 아탈구, 즉 팔꿈치 관절이 살짝 빠지는 경우가 흔하게 일어납니다. 아이가 갑자기 팔이 아프다고 호소하면 아이의 팔을 무리하게 움직이지 마시고 고정한 상태에서 정형외과에 가서 진료를 받습니다. 병원이 문을 닫는 밤이나 주말에는 근처 응급의료기관을 방문해주세요. 갑작스런 사건에 큰일이 생긴 건 아닌지 걱정하시는 부모님들이 많습니다만, 주관절 아탈구는 간단한 문진과 진찰로 문제를 해결할 수 있으니 너무 걱정하지 않으셔도 좋습니다. 다만 넘어지거나 높은 곳에서 떨어진 경우에는 팔이 빠진 것이 아니라 골절의 가능성이 있으므로 엑스레이 검사를 통해 골절 여부를 꼭 확인해야 합니다.

의사 아빠의 응급 이야기

저녁 무렵, 대기실에서 기다리고 있던 아이의 이름을 불렀습니다. 진료를 받으러 온 아이는 아빠 팔에 안겨 징징대며 울고 있었고 엄마는 근심이 가득한 얼굴이었습니다. 어찌 된 일인지 물으니 침대에서 놀던 아이가 갑자기 팔을 아파하면서 쓰지 못한다고 합니다. 그래서 혹시 팔이 부러진 건 아니냐고 묻습니다.

이처럼 아이가 갑자기 팔이 아프다며 울어서 응급실에 내원하는 경우가 적지 않습니다. 아직 말을 못 하고 어디가 아픈지 자세히 표현할 수 없는 1~2세 소아를 엄마 아빠가 보기에 '뭔가 이상해서' 데려왔다고 하면 의료진도 참 당황스럽습니다. 아기는 아직 표현이 서툴러 진찰이 어려운데다가 낯선 곳에 와서 울기 바쁘고, 보호자에게 상황을 물어도 정확한 원인을 알지 못하는 경우가 많습니다. 아이들은 꼭 잠깐 한 눈 파는 사이에 다치게 마련이니까요. 이런 상황이 오면 의료진은 단순 염좌인 경우부터 팔꿈치 관절이 살짝 빠진 경우, 빗장뼈가 부러진 경우 등 다양한 상황을 염두에 둡니다.

어렸을 때 쇄골, 우리말로 빗장뼈가 부러져 고생한 적이 있습니다. 초등학교 3~4학년 때니까 10살 무렵이었겠네요. 친구와 점심시간 말미에 운동장 옆 모래사장에서 씨름을 하고 있었습니다. 친구 몸에 눌리며 넘어진 순간 어깨에 엄청난 통증이 몰려왔던 기억이 납니다. 눈물이 핑 돌아 일어나지도 못하겠는데 친구는 점심시간이 끝났다며 냉큼 들어가버려서 분했던 기억이 선하네요. 집에 가서 엄마 손에 이끌려 간 병원에서 골절을 진단받고 8자 붕대란 것을 착용해야 했습니다. 덕분에 가방을 멜 수가 없어서 제 어깨를 고장 낸 그 친구가 매일 가방을 들어줘야 했죠.

저만 유난스럽게 다쳤었다고 생각했지만, 의사가 되어 응급실에서 환자를 보다 보니 아이들이 팔을 다쳐서 오는 일이 꽤 흔합니다. 아빠와 손잡고 놀다가 뚝 소리가 나서 오는 경우는 다행인 경우입니다. 이런 경우는 대부분 주관절 아탈구라고 해서 팔꿈치 관절이 살짝 빠지는 경우가 많습니다. 간혹 혼자 몸을 뒤집다가 팔이 끼인 경우나 엄마 아빠가 팔을 잡은 상태에서 뒤로 가겠다고 버티는 경우에도 발생할 수 있을 정도로 소아에게서 쉽게 발생합니다. 잡아당긴 상황이 명확하면 바로 정복술을 시행할 수 있지만 직접 목격되지 않았을 때는 엑스레이 검사를 해서 골절 여부를 확인하는 것이 중요합니다. 팔꿈치 관절이 안정화되는 만 6세까지는 재발할 수 있어 한 번 빠진 경우에는 상당 기간 주의해야 합니다.

엑스레이 검사를 했는데 골절도 보이지 않고 정복술을 해봐도 반응이 없는 경우라면 단순 염좌일 가능성이 높습니다. 부목을 대고 2~3일 지켜보다가 호전이 되지 않으면 추가 검사나 정복술을 다시 시행하게 되지요. 처음에 응급실에서는 정복이 되지 않다가 나중에 근육이 이완되고 나면 쉽게 들어가기도 합니다. 또 어떤 때는 엑스레이 검사만 하고 왔는데 아이 팔이 멀쩡해지는 일도 있습니다. 엑스레이 검사를 받기 위해 팔을 돌릴 때 빠졌던 관절이 저절로 맞아 들어가는 경우이죠.

아이들에게는 주관절 아탈구나 염좌뿐 아니라 골절이 발생하는 경우도 적지 않습니다. 놀이터에서 놀다 어깨로 떨어졌거나 앞서 언급했던 제 어릴 적 이야기처럼 친구의 체중에 어깨를 눌린 경우에 빗장뼈 골절이 발생하기도 합니다. 골절 모양에 따라 수술적 치료가 필요한 경우도 있지만 소아의 빗장뼈 골절은 대체로 4주가량 어

깨를 뒤로 당겨놓는 것만으로도 잘 치료가 됩니다. 간혹
처음에는 골절선이 보이지 않다가 나중에 확인되거나,
아주 약간 각도만 변하는 경우가 있는 것이 소아 골절의
특징 중 하나입니다. 젖은 나뭇가지가 부러지듯 골절선
이 명확하지 않은 경우가 흔하거든요.

또 소아에게 자주 발생하는 골절 중에 위팔뼈 하단에
생기는 상과 골절(위관절융기 골절)이란 게 있습니다. 바닥
에 넘어질 때 팔꿈치를 부딪치거나 하면 발생하는데 이
골절도 방사선 검사 결과나 신경학적 이상 유무에 따라
수술 여부를 결정해야 합니다. 많이 어긋나지 않고 신경
증상도 없으면 부목을 대고 관찰하게 되지요.

팔이 아파서 울기만 하던 아이가 정복술을 마치자마
자 방긋방긋 웃으며 손을 자유롭게 쓰는 모습을 보면 힘
든 가운데에도 미소가 절로 나고 기분이 좋아집니다. 안
도의 웃음으로 감사 인사를 건네는 보호자분께도 기운
넘치는 인사를 드리게 되죠.

하지만 엑스레이 검사 결과를 보고 골절 상태와 앞으
로의 치료 계획을 설명할 때는 울상이 된 보호자의 표정

만큼이나 의료진의 마음도 편치 않습니다. 아이가 얼마나 아팠을지, 앞으로 얼마나 더 고생해야 할지가 눈앞에 그려지기 때문일 겁니다. 저처럼 같은 또래의 아이들을 키우는 입장이라면 더 그렇게 느끼죠. 고생 많으시겠지만 아이들 자라면서 한두 번씩은 이런 일 겪는다고, 위로 아닌 위로를 드려봅니다.

 기억해주세요!

특별히 심하게 다치지 않았는데 팔이 아프다는 아이, 괜찮다고 애써 무시하지 마시고 병원에 데리고 가서 진료를 받아보세요. 특히 넘어지거나 떨어져서 다친 경우에는 골절 여부를 반드시 확인해야 합니다.

관절 탈구

아이와 함께 놀아주거나 안으려고 팔을 잡아당겼을 때, 혹은 넘어지는 순간 잡아주다 팔이 비틀렸을 때 팔꿈치 관절이 빠지는 경우가 있습니다. 이는 아래팔에 있는 두 개의 뼈 중 바깥쪽의 뼈인 요골의 팔꿈치 부분인 요골두가 인대를 벗어나 살짝 빠지는 것으로 '요골두 아탈구', 또는 '주관절 아탈구'라고 합니다. 만 5세 이하에서 팔꿈치 관절이 다 성장하지 않아 쉽게 발생합니다. 성장하면서 관절의 안정성이 생기면 점점 재발도 줄어들기 때문에 크게 걱정하지 않아도 됩니다.

外 상 일 반

다만 잡아당겨서 생긴 팔 통증이 아닌 넘어져서 생긴 팔 통증이라면 '상완골 상과 골절'이라는 위팔뼈 골절일 가능성이 있습니다. 이런 경우에는 진찰과 엑스레이 검사를 통해 골절 여부를 꼭 확인해야 합니다.

아이의 팔을 잡아당긴 후 갑자기 팔을 잡고 통증을 호소하면서 팔을 굽히지 못하고 아파한다면 놀라지 마시고 먼저 아이를 진정시켜 주세요. 무리해서 팔을 잡아당기거나 맞추려 하지 마시고 근처 정형외과 의원이나 응급실에 찾아가 정복술을 받도록 합니다. 정복술 자체는 어렵지 않지만 상황에 따라 검사를 할지 등 골절 여부 판단이 더 중요한 문제가 됩니다.

아탈구 상태에서는 만세를 하지 못하는데, 팔이 맞춰

만 5세 이하

만 5세 이하의 아이는 요골두가 완전히 발달되지 않아 팔을 잡아당기거나 넘어지면서 팔을 짚을 때 종종 팔꿈치가 탈구되고는 합니다. 넘어져 다쳤을 때엔 엑스레이 검사로 골절 여부를 꼭 확인해야 합니다. 만 6세를 넘으면 관절이 안정화 되면서 나아지기 때문에 자주 빠진다 하더라도 크게 걱정하지 않아도 됩니다. 응급실 또는 가까운 병원에서 정복술을 통해 쉽게 고칠 수 있습니다.

338

지면 만세를 할 수 있게 되고, 통증은 약간 남아 있을 수 있지만 심하게 아프지는 않습니다. 탈구가 된 적이 있는 아이는 재발할 가능성이 있으므로 팔을 잡아당기는 행동을 하지 않도록 합니다. 팔을 부목으로 일주일 정도 고정하면 좋지만 보통 이 나이 아이들에게서 협조를 얻기는 어려워 그냥 고정 없이 지켜보기도 합니다.

머리를
부딪쳐
혹이 났어요

? [도와주세요!]

애들끼리 놀다가 넘어지면서 바닥에 머리를 심하게 부딪쳤습니다. 상처는 없고 혹만 조금 났는데 어지럽고 토할 것 같다고 하네요. 응급실에 가야 할까요?

 [의사의 답변]

아이가 머리를 부딪친 후 어지러워하고 구역감이 있다면 머리 안쪽에 뇌출혈이 생긴 것은 아닌지 확인해야 합니다. 가까운 응급의료기관에 방문해서 머리 쪽 CT촬영을 해보는 것이 좋겠네요.

📷 집에서 따라하는 응급처치

대화가 가능하고 표현을 잘하는 어린이들이라면 두통, 구역, 어지러움 등 증상이 있는 경우 머리 쪽 CT촬영을 해봐야 합니다. 상태 표현이 불가능한 영유아의 경우에는 다친 상황과 기전, 부딪친 바닥의 재질, 부종의 크기 등을 통해 CT촬영 여부를 결정해야 합니다.

의사 아빠의 응급 이야기

"까똑!"

밤늦게 친구로부터 문자가 한 통 왔습니다. 4세 아이가 넘어지면서 가구에 부딪쳐 머리에 혹이 났는데 응급실을 가야 하는지 묻네요. 이 시간에 남 이야기를 전한 것 같진 않기에 물으니 둘째 아이 얘기라고 하는군요.

그 얘기를 들으니 학생 때 농구를 하던 도중 친구가 크게 넘어져 경련을 했던 날이 생각납니다. 때는 초겨울, 넘치는 기력으로 추운 줄도 모르고 동네 친구들과 언 땅 위에서 신나게 농구를 하는 중이었습니다. 뒤에 사람이 있는 줄 모르고 패스를 받던 친구가 뒤에 있는 사람을 타고 넘으면서 바닥에 머리를 심하게 부딪쳤습니다. 그리고 바로 경련이 시작되었죠.

당시 기억으론 정확하지는 않지만 3분가량 경련이 이어졌습니다. 거품을 물고 눈이 위로 돌아갔죠. 정신이 없어서 119를 부를 생각도 못하고 친구가 죽는구나 싶어 뺨을 때리며 소리를 질렀던 기억이 납니다. 다행히 시간이 지나 경련이 멈췄고 의식을 서서히 회복해 부모님과 함께 근처 응급실로 향했었죠. CT촬영을 해보았는데 머리 쪽에 이상이 없다는 얘기를 들을 때까지 얼마나 걱정을 했었는지 모릅니다.

머리를 다쳤을 때 응급실에 가야 하나 말아야 하나 고민한 적이 있지 않은가요? 특히 아이들이 머리를 다쳤을 경우 더 고민이 될 겁니다. 물론 피부가 찢어지는 것과 같은 상처가 있어서 봉합이 필요한 경우는 고민 없이 응급실로 오시지만, 봉합이 필요치 않은 정도이거나 혹만 났을 때는 아이의 상태가 이상한 곳은 없는지 그냥 지켜보는 경우가 많습니다. 그렇다면 어느 정도 다쳤을 때 응급실을 찾아야 할까요?

먼저 머리를 다친 기전과 의식 소실 여부를 확인해야 합니다. 정신을 잃고 넘어진 경우나 쓰러져 머리를 부딪친 뒤 정신을 잃은 경우 모두 머리 쪽 CT촬영을 해봐야 합니다. 그 외에 경련이 동반되거나 상처가 있거나 낙상 등 체중이 실리는 사고로 다친 경우에도 응급실에 가서 진료를 받을 필요가 있습니다. 상처가 없이 작은 혹만 생겼다고 해도 지켜보시다가 구역, 구토, 어지럼증, 두통이 발생하거나 점점 심해지는 경우에는 응급실에 가서 진찰을 받아보셔야 합니다. 뇌진탕 증후군일 수도 있지만 정도에 따라 뇌출혈의 가능성도 있으므로 꼭 확인하고 넘어가는 것이 좋습니다.

아이들, 특히 말 못 하는 유아나 영아가 머리를 다친 경우 당황스러울 때가 많습니다. 일단 대화로는 증상을 확인하기 어렵기 때문에 머리 쪽 CT촬영 여부는 거의 전적으로 부모님이 봤던 상황과 기전에 따라 결정되는 경우가 많습니다. 상처나 경련, 의식 소실이 있었던 경우는 반드시 CT촬영을 해봐야 합니다. 그 외에 아이의 키보다 높은 곳에서 떨어졌거나 쿠션이 없는 딱딱한 곳에 떨어졌을 경우에도 CT촬영이 필요하다고 볼 수 있습니다.

말이 통하는 4세 이상만 되어도 부모님이 잘 달래면 재우는 약 없이 CT를 찍을 수 있습니다. 하지만 유아나 영아는 CT실에서 검사를 진행하는 2~3분 동안 움직이지 않고 가만히 누워 있을 수 없기 때문에 진정제를 투여해 아이를 재운 다음 검사를 진행하게 됩니다. 진정제는 먹는 약부터 주사, 관장하는 약까지 여러 가지가 있습니다. 쓰이는 상황과 환아 상태에 따라 의료진 판단 하에 선택해서 사용하게 됩니다. 자주 사용하는 약물이긴 하지만 환아에 따라 약물 반응이 다를 수가 있습니다. 진정제를 투여했을 때 깊게 잠드는 아이가 있는가 하면 잠은 자지 않고 계속 칭얼대기만 하는 아이까지 같은 약이라도 아이에 따라서 다양한 반응이 나타날 수 있습니다.

상처나 경련, 의식 소실이 없었다면 엑스레이 검사로 골절선이 보이지 않는지 확인하게 됩니다. 사실 엑스레이 검사만으로는 이상이 없다고 안심하긴 어렵습니다. 작은 골절이 보이지 않는 경우가 많고 뇌출혈 여부는 확인되지 않기 때문이죠. 그래서 CT촬영을 하지 않는 경우는 구토 등 신경학적 이상 소견이 나타나지 않는지 면밀히 지켜보시라고 설명합니다. 초기에 CT촬영을 했다고 하더라도 추후 신경학적 증상이 나타난다면 지연성 뇌출혈과 미세 출혈을 확인하기 위해 추가 검사를 하는 경우도 있습니다.

이제 막 걷기 시작하는 만 1세 정도의 아이들은 이리 넘어지고 저리 부딪치고, 다치기도 많이 다치죠? 이 시기의 유아를 키우는 부모님께 특별히 권하고 싶은 것이 있습니다. 거실이나 놀이방, 침대 근처 등 아이들이 자주 지내는 곳이나 오르내리는 곳에 2cm 정도 두께의 놀이방 매트를 깔아 두면 머리를 다치는 일이 많이 줄어듭니다. 저도 활달한 세 아이를 키우면서 매트 덕에 가슴을 쓸어내린 적이 한두 번이 아니었습니다. 사고가 일어낳을 때 침착하게 대처할 필요도 있지만, 이처럼 사고를 미연에 방지하기 위한 대책을 세우는 것이 더욱 중요합니다.

 기억해주세요!

전신 경련을 한 경우, 상처가 있거나 혹이 큰 경우, 아이의 키보다 높은 곳에서 떨어진 경우, 머리를 부딪친 바닥이 딱딱한 재질인 경우, 구역, 구토나 두통 어지러움이 동반된 경우에는 머리 쪽 CT촬영을 적극적으로 고려해야 합니다. 가까운 응급의료기관에 방문해 진찰을 받으세요.

낙상

아주 어린 아이의 경우 보호자가 아이를 안고 있다가 실수로 떨어트리거나 침대, 의자 위에 있다가 떨어지기도 하고, 조금 큰 아이들은 놀이터나 시설물 등 높은 곳에 올라갔다가 떨어져 다치기도 합니다. 이때 아이들은 머리를 부딪치기 쉽기 때문에 큰 사고로 이어질 수 있습니다.

떨어진 아이가 10초 이상 의식이 없거나 머리에 큰 혹, 상처, 출혈이 보일 경우에는 바로 응급실로 가야 합니다. 또한 목이나 등에 통증이 있다고 할 경우에는 옮길 때 매우 주의해야 합니다. 급한 마음에 들처 업고 뛰거나 하면 척추에 손상을 주어 척수 신경 손상이 일어날 수 있습니다. 목과 등에 통증을 호소하면 함부로 움직이게 하려 하지 마시고 그대로 눕힌 채 119에 도움을 요청하세요.

낮은 곳에서 떨어졌고 의식이 있으며 머리 쪽에 눈에 보이는 손상이 없으면 일단 경과를 지켜볼 수 있습니다. 하루 이틀 정도는 아이의 행동에 평소와 다른 점은 없는지 살펴봅니다. 자꾸 자려고만 하거나 구토를 하거나 말이 어눌해지는 등의 증상이 있으면 병원에 가서 진료를 받아야 합니다.

사고가 일어났을 때 잘 대처하고 치료하는 것도 중요하지만, 가장 좋은 것은 사고를 미연에 방지하는 것입니다. 아이가 떨어질 수 있는 침대, 난간, 계단 등에서 놀지 않도록 하고 영유아의 침대는 안전가드가 있는 것을 사용해야 합니다. 특히 6개월 이하 영아의 경우 침대 옆 공간에 굴러떨어져 머리가 끼는 일이 없도록 주의해주세요. 질식의 원인이 될 수 있습니다. 카시트나 의자에 앉

을 때는 벨트를 채워 떨어지지 않게 합니다. 또한 아이
가 혼자 높은 곳에 올라갈 수 있는 환경을 만들지 않는
것이 중요합니다.

화상

뜨거운
라면 국물을
엎질러 화상을
입었어요

[도와주세요!]

방금 끓인 국을 엎질러 아이의 팔이 데었습니다. 일단 찬 물로 식혀주긴 했는데 수포가 잡혔네요. 어떻게 관리해야 하나요?

[의사의 답변]

수포가 생길 정도의 화상이면 2도 화상이라고 볼 수 있습니다. 화상 부위를 충분히 찬 물로 식혀주고 화상 초기 처치를 위해 가까운 응급의료기관에 방문해야 합니다.

📷 집에서 따라하는 응급처치

가장 중요한 초기 처치는 찬 물로 화상 부위를 식혀주는 것입니다. 얼음을 바로 대거나 치약, 소주를 발라서는 안 됩니다. 편의점에서 구입 가능한 시원한 생수나 수돗물로 10분 이상, 가능하면 30분가량 식혀줄 것을 권장합니다. 이후 화상 초기 처치를 위해 가까운 응급의료기관에 방문하세요.

의사 아빠의 응급 이야기

아이들을 키우다 보면 하루하루가 다이내믹합니다. 하루에도 몇 차례씩 위기 상황을 겪고, 그 위기의 순간을 겨우겨우 막아내고 나면 온몸에 진이 빠진다는 표현을 실감하게 되죠. 그러다 보면 힘들어서 잠깐 한 눈을 파는 사이 큰 사고가 벌어지기도 하지요.

아이들이 생후 10개월이 되면 사고가 일어나기 쉽습니다. 저희 셋째 아이의 경우 10개월 때 기어 다니는데도가 터서 온 집안을 쓸고 다녔고, 벽을 잡고 설 수 있게 되면서 제 키의 반만 한 가구가 보이면 겁도 없이 기어 올라갑니다. 또 누가 호기심 대장 아니랄까 봐 갑자기 웩웩하며 헛구역질을 해서 살펴보면 입안에서 희한한 장난감이 나오기도 합니다. 입에 집어넣을 만한 작은 물건은 다 치웠다고 생각했는데도 어디선가 찾아서 입에 넣은 것을 보면서 식겁할 때가 한두 번이 아니죠. 새벽부터 아이를 쫓아다니느라 고단함에 잠깐 꾸벅하고 졸면 셋째 아이가 어느새 또 아슬아슬한 곳에서 곡예를 하고 있습니다.

콩 심은데 콩 나는 법이니, 사실 저는 뭐라 할 말이 없습니다. 어렸을 적, 수많은 곡예를 했던 흔적들이 제 몸 이곳저곳에 남아 있으니까요. 제 양쪽 허벅지엔 큰 화상 흉터가 있습니다. 겨우 세 살 때의 일인데 그때의 아픔이 얼마나 컸던지 당시의 장면 하나하나가 기억에 남아 있을 정도입니다. 삼촌을 따라 들어간 주방, 식탁에 놓여 있던 젓가락, 컵라면에 물이 부어지는 모습까지 생생하게 기억이 납니다. 컵라면 용기 안에 맛있게 생긴 건더기들이 녹고 있었거든요. 옆에 놓인 젓가락을 들어 그 고명을 집어 들었다 싶었는데, 양반다리를 하고 있던 세 살 어린이의 다리, 그 연한 피부에 방금 끓인 뜨거운 물이 엎질러지고 만 거죠.

그때 너무 아파 울면서 눈물방울 사이로 할머니의 걱정스러운 얼굴을 본 것까지는 기억이 나지만 그 이후의 기억은 없습니다. 나중에 어머니께 들으니 그날 병원에서 치료를 받고 붕대를 감은 채 퇴원했다고 합니다. 그대로 상처를 잘 관리했으면 좋았으련만, 다음날부터 자전거를 타고 노느라 붕대가 다 풀려도 모르기를 수차례였다고 하네요. 이러니 흉이 남지 않을 수가 없습니다.

그때의 기억 때문에 화상을 입은 아이가 오면 붕대를 감고 나서 풀리지 않도록 추가 조치를 해주곤 합니다. 화상으로 인해 응급실을 찾아오는 아이들이 참 많습니다. 정수기를 만지다 뜨거운 물이 나오는 곳에 손이 끼어 덴 아이, 엄마가 방금 탄 뜨거운 커피를 호기심에 잡아끌다가 덴 아이, 전 부치는 데 어느 틈에 기어 와서 기름판에 올라가겠다고 하다가 화상을 입은 아이 등 여러 가지 상황에서 화상을 입고 응급실에 옵니다.

여기서 화상의 초기 처치에 대해 한 번 짚고 넘어가려고 합니다. 일단 성인이든 소아이든 화상이 발생하면 차가운 생수나 수돗물로 환부를 씻어주어 화기를 빼줘야 합니다. 화상 부위를 비비거나 닦으면 안 되고 흐르는 물이나 받아놓은 물에 찬 물을 보충해 가면서 최소한 10분 이상, 가능하면 30분가량 식혀줄 것을 권장합니다.

찬 물에 지나치게 오랜 시간 노출되면 아무래도 피부가 아리면서 아이가 힘들어합니다. 그럴 때는 온도를 미지근하게 조절하더라도 화상 부위의 열을 식히는 작업을 멈추면 안 됩니다. 바깥 피부는 차갑더라도 안쪽에는 화기가 남아 있기 때문입니다. 환부를 물 밖으로 빼면 곧 수포가 올라오는 걸 볼 수 있습니다.

간혹 물이 아닌 다른 물질로 화기를 빼겠다고 하시는 분들이 있습니다. 대표적으로 소주와 치약, 간혹 된장을 바른 다음 응급실에 오시는 경우가 있는데요. 이는 좋은 처치가 아닙니다. 알코올이 기화가 잘 되고 치약은 시원한 느낌이 있어서 착각하시는 거죠. 피부 안쪽의 화기를 식히기 위해서는 차갑고 값싼 다량의 수돗물을 대신할 것은 없다는 것을 기억하시면 좋겠습니다.

소아 화상은 대부분 손을 데는 경우가 많아 처치에 어려움을 겪습니다. 조금 큰 아이들은 치료할 때 협조를 해주지만 돌 전후의 아이들에게 협조를 기대하기란 어렵겠죠. 어렵게 처치를 마치고 난 후에도 아이들은 손의 붕대가 불편해서 풀어버리려고 하기 때문에 손에 양말을 씌우는 등의 방법으로 붕대를 풀지 못하게 해야 합니다. 응급실에서는 보통 다음날까지 화기를 빼줄 젤리가 묻어 있는 화상 전문 재료를 덮어 도움을 드립니다. 흰색 화상 크림을 바르는 경우도 있는데, 이것은 화기가 충분히 빠진 경우에만 유효합니다.

수포가 잡히지 않은 1도 화상은 외래를 통해 화상이 더 진행되지 않는지 1~2일 정도 지켜봅니다. 방금 끓인 물에 데면 맑은 수포가 잡히는 얕은 2도 화상인 경우가 가장 흔합니다. 치료 기간도 2주 정도로 길게 잡고 외래를 통해 지켜봐야 합니다. 여기까지는 치료만 잘 되면 큰 흉터 없이 나을 수 있는 상태입니다.

그 외에 고온의 기름에 데거나 불에 직접 데거나 하면 깊은 2도 또는 3도의 중한 화상이 생기는 경우가 있습니다. 손과 발, 관절 부위, 얼굴이나 성기 등 기능적으로 중요한 부분인 경우에는 화상 전문 병원에서 입원해서 치료받을 필요가 있겠습니다. 하루에도 여러 차례 상처를 관리해줄 필요가 있기 때문입니다.

그 외에도 기타 특수한 화상을 입는 경우가 있습니다. 소아가 겪을 수 있는 특수한 화상의 대표 격은 전기 손상일 겁니다. 콘센트에 젓가락을 넣거나 피복이 벗겨진 전선을 만지거나 입에 넣다가 발생하죠. 다행히 일반 가정집에서 사용하는 220V 전기는 신체 내부까지 흘러 들어갈 정도의 전압은 아닙니다. 하지만 소아의 경우에는 좀 더 조심할 필요가 있겠죠. 혈액 검사에서 이상이 있거나 경련이나 구토, 의식장애 등 신경학적 증상이 동반되었다면 응급실에서 진료받고 입원 치료를 고려해야 합니다.

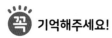

기억해주세요!

수포가 잡힌 2도 화상은 초기에 어떻게 관리하느냐에 따라 경과가 많이 달라집니다. 합병증을 막고 흉터를 줄이기 위해서라도 초기 처치와 이후 보름간의 상처 관리가 꼭 필요합니다.

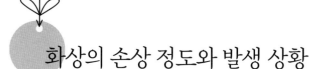

화상의 손상 정도와 발생 상황

화상은 증상에 따라 1도에서 4도까지로 구분하며 빠른 처치가 요구됩니다. 적절한 처치를 하지 않을 경우 흉터가 심하게 남을 수 있습니다. 화상의 정도는 화상의 넓이와 깊이에 따라 구분하며, 얼굴, 목, 손발, 생식기에 화상을 입었을 때나 화재 등으로 뜨거운 연기를 들이마셨을 때는 반드시 병원에 가서 치료해야 합니다. 이 경우 가능하면 화상 전문병원 방문을 고려하는 것이 좋습니다.

화상의 손상 정도

·1도 화상

피부는 바깥쪽의 얇은 표피층과 안쪽의 진피층, 그 아래의 피하지방층으로 구분됩니다. 1도 화상은 가벼운 화상으로 표피층만 손상된 것을 말하며, 화상 부위가 빨갛게 변하고 화끈거리며 약간의 통증이 느껴지지만 물집은 생기지 않습니다. 직사광선에 오랜 시간 노출되거나 순간적으로 고온에 접촉할 경우에 1도 화상을 입게 됩니다.

자연적으로 치유되며 홍반과 통증은 보통 48시간이 지나면 사라집니다. 대부분 합병증이나 후유증이 생기

만 1~3세

소아는 여러 화상 중에서 뜨거운 물에 의한 화상(열탕화상)이 가장 많이 발생합니다. 소아 열탕화상 환자 추이를 살펴보면 특히 1~3세의 아이들에게서 가장 빈도가 높습니다. 이 시기의 영유아 아이들은 호기심이 왕성하지만 신체 기능의 조절 능력은 미숙한 시기이기 때문에 예기치 않은 상황에서 화상을 입게 됩니다. 대부분의 화상은 가정 내에서 발생하며 보호자의 순간적인 방심이나 부주의로 인한 것입니다. 보호자가 아이를 주의 깊게 살피면 아이의 화상을 예방할 수 있습니다.

는 일 없이 3~6일 정도가 지나면 낫습니다. 화상 부위의 표피가 벗겨지면서 흉터를 남기지는 않지만 수개월간 미세한 자국이 남아 있을 수 있습니다.

· 2도 화상

표피 전부와 진피 일부에 손상이 가해진 경우 얕은 2도 화상이라고 합니다. 끓는 물이나 기름, 담뱃불 등에 의해 2도 화상을 입을 수 있으며, 대부분 심한 통증과 물집, 피부 부종이 동반됩니다. 물집을 터뜨리면 안에 맑은 액체가 있고 아래에 붉은 진피가 드러납니다. 상처 부위는 외부에 노출되면 감염의 위험성이 생기기 때문에 물집을 제거하지 않은 상태로 병원에 가서 치료를 받는 것이 좋습니다. 병원에서 잘 치료를 받으면 흉터가 거의 남지 않고 10~14일 이내에 치료가 됩니다.

진피 깊은 곳까지 손상이 가해지는 심재성 2도 화상의 경우는 오히려 통증은 크게 느끼지 않고 압력만 느끼게 됩니다. 병원에서 치료를 받으면 3~5주 이내에 낫지만 상처가 나은 후에도 흉터가 남을 수 있습니다. 상처 부위가 감염되지 않도록 각별한 주의가 필요합니다.

· **3도 화상**

표피와 진피 전부와 피부지방층까지 깊은 손상을 입은 것을 말합니다. 피부 조직이 괴사해 부종이 심하지만 그로 인해 오히려 통증은 크게 느끼지 않습니다. 피부색이 회색이나 검은색으로 변해 피부가 탄 것처럼 보이는 특징이 있습니다. 화염이나 증기, 기름, 화학물질, 고압 전기에 의해 3도 화상을 입을 수 있습니다. 3도 화상을 입었을 때는 응급처치 후 빠르게 응급실로 가서 치료를 받아야 합니다. 자연적으로 치유되지 않으며 피부 이식과 같은 수술이 필요할 수도 있습니다.

· **4도 화상**

피부 전층과 근육, 신경, 뼈 조직까지 손상을 입은 매우 심각한 화상입니다. 대부분 고압 전기가 원인이며, 의식을 잃은 상태에서 화재에 노출될 경우에도 4도 화상을 입을 수 있습니다. 통증과 감각이 없고 상처 부위에 따라 절단이 필요한 경우도 생깁니다. 일반적으로 쉽게 일어나는 일은 아니지만 전기매트의 오작동으로 인해 신생아가 4도 화상을 입은 경우도 있으므로 각별한 주의가 필요합니다.

화
상

화상을 입을 수 있는 상황

· 뜨거운 물에 의한 화상

일상에서 가장 쉽게 입는 화상이 뜨거운 물에 의한 것입니다. 컵에 담긴 뜨거운 물이나 차를 쏟기도 하고 팔팔 끓인 국물이 얼굴에 튀는 경우도 있습니다. 때로는 아이가 멋모르고 뜨거운 물에 손을 집어넣기도 합니다. 화상을 입었을 때 아이들은 어른보다 피부가 얇아 차가운 물에 오래 둘 수 없기 때문에 10~25도 정도의 상온의 물로 20분 가량 화기를 빼줍니다.

화상 부위를 물로 식힌 후 피부의 색에 변화는 없는지, 물집이 생기지 않았는지 확인합니다. 피부가 붉게 변하고 물집이 생겼다면 병원에서 치료를 받는 것이 좋습니다. 또한 얼굴이나 손, 발, 생식기에 뜨거운 물이 튀었다면 반드시 병원에서 진료를 받아야 합니다. 일반 외과 또는 응급실로 갑니다.

· **증기에 의한 화상**

아이들은 커피포트나 전기밥솥으로 인해 화상을 입
는 경우도 많습니다. 전기밥솥과 커피포트에서 김이 나
오는 것이 신기해서 손을 갖다 대어 증기로 인해 화상을
입거나 뜨거워진 커피포트를 만져서 화상을 입기도 합
니다. 아이들은 뜨거운 증기가 닿았을 때 피해야 한다는
인지 능력이 부족하기 때문에 뜨거워도 계속 손을 대고
있는 경우가 많죠. 그로 인해 화상의 정도가 더 심해지
게 됩니다.

또, 커피포트는 보통 테이블 위에 올려두고 사용하는
경우가 많은데, 아이가 전선을 잡아당기면 뜨거운 물이
쏟아져서 화상을 입기도 합니다. 이 경우 넓은 범위의
화상을 입는 경우가 많아요. 그러므로 커피포트나 전기
밥솥처럼 증기가 나오는 기기들은 아이들의 손이 닿지
않는 곳에 위치시키고, 커피포트 같은 경우 사용하고 나
서 물이 남았더라도 바로 버리는 것이 좋습니다.

· **전기에 의한 화상**

아이들은 전기가 위험한 줄 몰라서 젓가락이나 못을

전기 콘센트에 집어넣기도 합니다. 멀티탭을 방바닥에 놓고 사용하는 경우, 아이들이 실수로 물이라도 흘리면 감전될 위험이 있으므로 아이의 손이 닿지 않는 곳에 올려둬야 합니다. 커버가 있는 멀티탭, 빈 전기 콘센트에 끼우는 안전 덮개 등이 사고를 예방하는 데 도움을 줍니다.

감전에 의한 화상은 일반 화상과는 달리 겉으로는 멀쩡하지만 내부 근육과 신경, 콩팥 등 장기에 피해를 줄 수 있습니다. 다행히 집에서 사용하는 220V의 전기 손상의 경우에는 내부 장기 손상까지 진행하는 경우는 드뭅니다.

상처가 없고 다른 증상이 전혀 없을 경우 하루 동안 잘 지켜봅니다. 갑작스런 부정맥이나 경련 발작 등이 생길 수도 있어 주의 깊게 지켜보셔야 합니다. 만약 피부에 화상 상처가 생길 정도의 감전이라면 사고 직후 아이를 데리고 병원에 방문해야 합니다. 외관상 별로 심해 보이지 않아도 속으로 깊이 화상을 입는 경우가 있기 때문입니다. 전기제품은 아이 손에 닿지 않는 곳에 두고, 사용하지 않는 전기선은 뽑아 두도록 합니다. 그리고 콘센트는 안전 덮개로 막아둡니다. 이것만으로도 많은 사고를 예방할 수 있습니다.

약물중독

아이가
실수로
약을 먹었어요!

[도와주세요!]

병원에서 처방받아 서랍에 넣어둔 약을 아이가 꺼내 먹었습니다.
당장은 별 이상이 없어 보이는데 응급실에 가야 할까요?

[의사의 답변]

아이가 실수로 약을 삼켰다면 서둘러서 병원에 가야 합니다. 특히 어떤 성분의 약인지 알 수 있도록 처방전이나 약봉지를 가지고 가세요 약 이름을 알 수 없다면 남은 약이라도 가지고 응급실을 방문해야 합니다.

📷 집에서 따라하는 응급처치

약이 목에 걸린 것이 아니라면 따로 집에서 응급처치를 할 것은 없습니다. 단, 억지로 토하게 하는 것은 도움이 되지 않습니다. 가능한 한 빨리 약의 성분을 파악하고 위세척 여부를 결정하는 것이 중요합니다. 아이가 먹은 약의 성분이 표시된 약봉지나 처방전을 반드시 챙겨야 합니다. 처방전 등이 없을 경우에는 아이가 먹은 것과 같은 약을 병원에 가지고 갑니다. 약의 용량이 아이의 체중에 비해 많고 복용 한 시간 이내라면 위세척이 필요할 수 있습니다.

의사 아빠의 응급 이야기

약물 중독하면 어떤 이미지가 먼저 떠오르세요? 으슥한 뒷골목에서 거래되는 마약 중독이나 자살을 위해 복용한 수면제 중독을 떠올리기 쉬울 겁니다. 하지만 아이들이 그럴 리는 없을 테죠. 그렇다면 소아의 약물중독은 어떤 경우일까요?

저는 어렸을 때 응급실에서 위세척을 받아본 경험이 있습니다. 바로 소아 중독이 의심되었기 때문이죠. 그것도 그 무섭다는 수은 중독을 걱정해야 했습니다. 어느 날 저는 필통에에 붙어 있던 온도계가 신기해서 그 안의 물질을 관찰하려 했나 봅니다. 온도계를 깨서 안의 수은주와 같은 역할을 하는 빨간 액체에 혀를 대고 맛을 봤던 기억이 납니다. 당시 동생에게도 맛을 보여준 탓에 두 형제는 나란히 응급실에 실려와 위세척을 받았습니다.

위세척 때 사용하는 콧줄을 아시나요? 두꺼운 콧줄을 넣을 때 묻히는 차가웠던 젤리, 그 느낌이 아직도 생생하게 기억납니다. 그리고 나서 위 안쪽을 식염수로 깨끗하게 씻어냈었죠. 다행히 문구인 필통에 수은을 썼을 리가 없고 썼더라도 위장관으로는 흡수되지 않는다는 주치의 선생님의 판단 아래 무사히 퇴원했었습니다. 호기심 충만했던 어린 시절, 초등학교 입학한 지 얼마 되지 않았을 때의 이야기입니다.

이런 소아 약물중독은 저에게만 일어난 일은 아닙니

다. 어느 날인가 응급실에 소아 약물중독으로 찾아온 환자가 있었습니다. 이 아이는 어떤 약을 왜 먹었을까요? 1주일 전, 감기약을 처방받은 아이는 처음 하루는 약을 잘 먹었습니다. 하지만 놀기 바쁘고 학원에 가기도 바쁜 아이에게 약을 규칙적으로 복용하는 것은 쉬운 일이 아니었죠. 결국 약을 다 남겨버렸습니다. 그러다가 병원에 검진을 받으러 가는 날이 왔습니다.

무슨 일이 벌어졌는지 감이 오시나요? 조금 황당하게 들리겠지만 아이의 입장에선 당연한 일인지도 모르겠습니다. 밀린 방학숙제를 안 하면 개학 전날 당일치기라도 해서 숙제를 끝내는 것처럼 그동안 먹지 않았던 약을 당일치기를 하듯 먹어버린 겁니다. 결국 아이는 6일치, 총 18봉지의 약을 병원에 오기 전에 한꺼번에 복용한 거죠.

감기약은 보통 아주 심각한 부작용이나 합병증이 생기지 않는 약들로 이뤄져 있습니다. 항히스타민제가 다량 들어가 있어서 심하게 졸린 정도이죠. 하지만 그중에서 주의해야 할 성분이 하나 있습니다. 간독성을 가진 아세트아미노펜(타이레놀, 펜잘, 게보린, 판피린과 같은 약에 포함됨)입니다.

약물중독

우리가 해열제와 진통제로 가장 흔히 사용하는 아세트아미노펜은 간으로 대사되는 물질입니다. 과용량을 사용하게 되면 간에 치명적인 악영향을 미칠 수 있죠. 보통 체중당 120~150mg 이상에서 간독성을 일으킨다고 되어 있습니다. 그렇다면 만 1세의 몸무게 10kg 정도인 소아에게는 성인용 650mg 타이레놀 2정 또는 소아용 325mg 타이레놀 4정이 한계 용량이라고 할 수 있겠습니다. 30kg 정도의 소아라면 그 세 배가 기준이 될 것입니다.

이 이상을 복용하게 되면 간 기능 수치가 오르면서 구역, 구토 또는 황달이 끼는 증상의 독성 간염에 빠질 수 있습니다. 첫날은 증상이 나타나지 않을 수 있으니 아세트아미노펜 중독이 의심되면 입원해서 즉시, 그리고 4시간 또는 8시간 뒤, 이렇게 몇 차례 간 수치를 확인하고 평가해야 합니다. 보통 2주가량이 지나면 회복이 되는데 간혹 간부전이 발생해서 생명의 위협을 겪는 일이 생길 수 있습니다. 아이들 곁에 함부로 약을 두지 말란 말이

왜 나왔는지 아시겠죠?

만약 내 아이가 약을 잘못 복용했다면 어떻게 조치해야 할까요? 이는 성인이나 노인도 마찬가지입니다만, 제일 먼저 의식과 호흡이 정상인지 확인합니다. 이상이 있으면 119에 연락하고 응급처치를 시행함과 동시에 적절한 병원으로의 이송이 필요합니다. 의식과 호흡에 이상이 없다 하더라도 다량의 약물중독인 경우에는 한 시간 이내의 빠른 위세척을 해야 하므로 119 구급대원의 도움을 받는 게 낫습니다. 이때 어떤 약을 얼마나 복용했는지를 아는 것이 매우 중요하므로 보호자께서 약 처방전이나 버려진 약봉지를 반드시 챙겨야 합니다.

한 번은 약물이 아닌 벌레퇴치를 위한 훈증기용 매트를 입에 문 채 발견되어 온 돌이 갓 지난 소아를 본 적이 있습니다. 성분을 찾아보니 살충제가 들어 있다고 쓰여 있어 얼마나 당황스러웠는지 모릅니다. 제조사에 문의한 결과 다행히 매트를 물고 빤 정도로는 인체에 흡수되는 양이 극미량이라서 걱정하지 않아도 좋다는 답변을 들은 적이 있습니다.

또한 자주 오는 중독 문의 중 하나가 흡습제로 쓰이는 실리카겔을 먹은 경우입니다. 조미김이나 건어물 등을 먹다 보면 작은 포장지에 들어 있는 실리카겔을 본 적이 있을 겁니다. 김을 먹다 보면 간혹 실리카겔의 포장지가 뜯어져 실수로 알갱이 몇 개를 함께 먹는 일이 생기기도 합니다. 아이들의 경우 호기심에 먹기도 하고요. 하지만 실리카겔도 일부 먹은 정도로는 인체에 미치는 영향이 미미하다고 알려져 있습니다. 아이가 소량을 삼켰더라도 너무 걱정하지 않으셔도 좋습니다.

그 외에도 가정에서 사용하는 풀, 잉크, 화장품, 립스틱, 샴푸, 섬유유연제 등을 입에 물고 있거나 삼킨 아기를 발견하게 되는 경우가 있습니다. 이 물질들은 실수로 소량을 먹었다 하더라도 인체에 심각한 문제가 생기지는 않는 것으로 알려져 있습니다. 그 외에 잘 모르는 중독 문의에 대해서는 119나 응급실 의료진의 도움을 받으시는 게 좋습니다.

아이를 키울 때 중요한 것은 누가 뭐래도 첫째도 안전, 둘째도 안전, 셋째도 안전입니다. 소아 중독 사고의 예방은 부모님의 철저한 환경 관리가 우선인 만큼 아이를 향한 깊은 주의가 필요합니다.

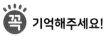 **기억해주세요!**

약이나 술, 기타 액체로 된 물질은 아이들의 손이 닿지 않는 곳에 두는 것이 최우선입니다. 지금이라도 주위를 한 번 둘러보세요. 그리고 아이의 손에 닿을 가능성이 있겠다 싶은 건 모두 치우십시오. 만약 아이가 위험해 보이는 약이나 물질을 복용했다면 즉시 119나 의료진의 도움을 받으세요.

약의 사용법과 보관 방법

약 물 중독

약은 의사에게 진료를 받은 후 적합한 처방에 따라 조제 받아서 복용해야 합니다. 지침에 따르지 않으면 제대로 효과를 볼 수 없고, 심한 경우 부작용을 일으킬 수 있습니다. 약을 먹는 양은 환자의 연령, 체중, 상태에 따라 달라집니다. 그러므로 이전에 같은 질환을 겪은 적이 있다고 해서 의사가 정해준 지시를 따르지 않고 자의적인 판단에 따라 약을 먹이는 것은 위험합니다. 자신과 비슷한 질환을 겪고 있다고 해서 다른 사람이 처방받은 약을 먹거나, 이전에 먹다 남은 약을 복용하는 것도 권하지 않습니다.

또한 상태가 호전된 것 같다고 해서 복용을 중지하거나 복용량을 줄이면 제때 병이 낫지 않거나 재발의 우려가 있습니다. 특히 항생제의 경우 용량과 용법을 꼭 지켜주세요. 내성균이 생기지 않도록 충분한 기간, 충분한 용량을 사용하는 것이 무엇보다 중요합니다.

아이들의 경우 어느 정도 인지가 가능한 시점이 오면 약을 먹어야 하는 이유와 방법에 대해서도 가르쳐야 합니다. 아이들은 간혹 자신의 약을 다른 사람에게 주거나 나눠 먹기도 합니다. 이런 일이 없도록 미리 교육해야 합니다.

어린이 약은 시럽제, 가루약, 알약, 좌약 등 형태와 성상이 다양하고 약제별로 사용법이 다릅니다. 각각의 약들을 아이들에게 어떻게 사용해야 하는지 알아보겠습니다.

시럽제

시럽제는 아이들에게 먹이기 쉬워 가장 널리 쓰이는

약입니다. 위장관 점막 자극이 적고 흡수가 빠르다는 장점이 있죠. 하지만 변질되기 쉽다는 단점이 있으므로 보관에 신경을 써야 합니다. 복용 시에는 가볍게 흔들어서 침전된 약이 없도록 하고, 작은 플라스틱 약병이나 주사기, 계량스푼, 계량컵 등을 사용해서 의사가 처방한 정확한 용량만 복용시켜야 합니다. 시럽제는 당류나 감미제가 들어가 있어서 아이들이 많이 먹으려 할 수 있으므로 반드시 정량만 먹이고 아이의 손에 닿지 않는 곳에 두세요. 두 가지 이상의 시럽제를 복용할 때는 각각 따로 먹이는 게 원칙이지만 양이 적거나 하면 한 번 먹일 양을 섞어서 먹는 것은 괜찮습니다. 가루약도 함께 먹여야 하는 경우 복용 시마다 가루약과 시럽제를 섞어서 먹이는 것은 괜찮지만, 미리 섞어두고 보관해서는 안 됩니다.

시럽제는 냉장 보관할 경우 침전이 발생하거나 변질될 수 있으므로 직사광선이 비치지 않는 곳에서 상온으로 보관합니다. 일부 항생제 종류는 냉장 보관해야 하는 경우가 있으니 따로 챙겨야 합니다. 약국에서 판매하는 상비용 시럽제나 물약 등을 보면 갈색 병에 담겨 있는 경우를 보게 됩니다. 이것은 직사광선을 받으면 약효가 떨어지기 때문에 빛을 차단하기 위함입니다.

한 번 개봉한 약은 변질되기 쉬우므로 2주가 넘으면 버리는 것이 좋습니다. 개봉하지 않은 약은 표기된 유통기한만큼 사용할 수 있습니다. 아이를 키울 때는 해열제 시럽약을 상비해두는 경우가 많습니다. 이와 같은 상비용 어린이 약의 경우 최근에는 일회용으로 별도 포장된 것들이 시중에 나와 있어서 보관에 용이합니다.

건조 시럽제

건조 시럽제는 미리 물에 녹이면 변질되기 쉬운 성질을 가지고 있어 복용 직전에 물에 녹여서 먹여야 하는 약입니다. 물에 녹인 후에는 시럽제와 마찬가지로 계량 용기를 이용해 정량을 복용해야 합니다. 녹지 않은 약의 일부가 남지 않게 깨끗하게 먹입니다. 시럽제는 미지근한 물에 녹여서 먹여야 하고 우유나 주스에 녹여서 먹이지 않도록 합니다. 정해진 보관 방법에 따라 보관해야 약이 변질되지 않습니다.

가루약

쓴맛이 느껴져서 아이들에게 먹이기 가장 힘든 것이 바로 가루약입니다. 가루약을 처방하는 이유는 소아용으로 따로 나오지 않는 약을 필요한 용량에 맞게 복용시키기 위해서입니다. 가루약을 잘 먹는 아이라면 가루약을 입안에 넣고 물을 마시게 합니다. 잘 못 먹는 아이에게는 미지근한 물이나 시럽제에 가루약을 타서 흔들어 녹여서 먹입니다.

가루약은 알약에 비해 유효기간이 짧고 습기에 약해서 변질되기 쉽기 때문에 건조한 곳에서 상온으로 보관합니다. 처방받은 기간 동안만 사용하고 사용 전에 미리 변색 되었거나 굳어진 부분이 없는지 확인해야 합니다.

알약(정제/캡슐제)

알약은 고체 형태의 정제와 캡슐 안에 가루 또는 액상이 담긴 캡슐제로 나뉩니다. 알약은 너무 어릴 때부터 무리하게 먹이려고 할 필요는 없고 나이가 어느 정도 들어 충분히 삼킬 수 있을 때부터 먹이는 것이 좋습니다. 아이들마다 다르지만 보통 만 5세 정도면 알약을 먹을 수 있습니다. 아이가 알약을 먹기 힘들어하는 경우 대부분 약은 갈거나 부숴서 먹어도 괜찮지만 그렇지 않은 경

생후 6~8개월

출생 초기의 위 배출 시간은 6~8시간으로 길지만 생후 6~8개월이 되면 성인과 비슷한 정도로 감소합니다. 또한 불규칙한 장 연동으로 인해 약물의 흡수가 변화할 수 있어 약물의 흡수를 예측하기 어렵다는 특징이 있습니다.

만 4~5세

알약(정제)은 먹이기도 힘들고 어른의 복용량에 맞춰 나오기 때문에 소아에게 적합하지 않습니다. 그래서 같은 약을 처방받을 경우 가루약으로 만들어 필요한 만큼의 양만 처방받습니다. 하지만 만 4~5세가 넘어가면 알약을 충분히 삼킬 수 있고, 복용량도 어른과 비슷해지기 때문에 이 시기가 되면 조금씩 알약을 먹는 훈련을 하는 것이 좋습니다.

우도 있어 의사 또는 약사에게 문의하는 것이 좋습니다. 누운 상태에서 먹일 경우 질식의 위험이 있으므로 반드시 앉은 상태에서 먹여주세요.

병원에서 처방받아 조제한 약은 약포지라는 비닐이나 종이 재질의 포장지에 포장되어 있습니다. 이 경우 보통 60일 가량 약효가 유지되지만 가능하면 처방받은 날짜 안에 복용하는 것이 좋습니다. 종합감기약을 약국에서 구매하면 플라스틱과 은박지 재질에 알약이 포장되어 있습니다. 이런 알약의 경우 포장지에 명시된 사용기한 동안 보관이 가능합니다.

점안제 (안약)

안구에 직접 넣는 안약은 사용 전 위생이 중요합니다. 사용하기 전에 아이의 얼굴을 씻고, 점안제를 넣어주는 보호자의 손도 깨끗이 씻습니다. 아이의 고개를 뒤로 젖혀 위를 바라보게 하고 아래 눈꺼풀을 잡아당겨 눈을 크게 뜨게 만든 다음 아래 눈꺼풀 속에 지시된 양(보통 1방울)

을 떨어뜨립니다. 이때 약병으로 눈을 찌르지 않도록 주의해야 합니다. 눈물샘으로 안약이 들어가지 않도록 눈을 감은 상태에서 약 1분간 비루관(안쪽 눈가)을 누르고 있습니다. 눈을 깜빡거려 약이 잘 퍼지게 합니다. 여러 종류의 안약을 사용할 경우에는 5분 이상 간격을 두는 것이 좋습니다. 안약 중엔 1회용으로 나오는 약도 있습니다. 1회용은 사용 후 남은 것은 바로 폐기합니다. 1회용이 아닌 안약의 경우 개봉 후 28일 이내로만 사용하세요.

좌약

좌약은 먹이는 약을 사용할 수 없는 경우에 사용하는데 삽입 시에 대변이 배출될 수 있으므로 배변 후에 투여하는 것이 좋습니다. 먼저 좌약의 포장을 벗깁니다. 좌약이 물렁물렁하면 포장을 벗기기 전에 냉장고에 넣어서 딱딱하게 만들어줍니다. 좌약을 넣어줄 보호자는 손을 깨끗이 씻은 뒤 1회용 장갑을 착용합니다. 아이의 엉덩이 사이를 벌려 항문이 보이게 한 후 좌약의 뾰족한

앞부분을 항문 속에 깊숙이(소아의 경우 1.5cm가량, 성인의 경우 2.5cm가량) 집어넣고 좌약이 빠져나오지 않도록 엉덩이를 모아 막아줍니다. 흡수될 때까지 약 15분간 누워 있도록 합니다.

일부만 사용할 때는 깨끗한 면도날로 반으로 잘라 사용합니다. 좌약은 체온에서 녹기 쉽게 만들어졌기 때문에 직사광선이 비치지 않고 서늘한 곳에 보관해야 합니다.

이물질 삼킴

장난감을
물고 있던 아이가
숨을 쉬지
못한다면?

[도와주세요!]

장난감을 가지고 놀던 아이가 갑자기 캑캑대다가 장난감을 뱉어낸 적이 있어요. 만약 기도에 걸려 빠지지 않는 경우엔 어떻게 해야 하나요?

[의사의 답변]

뭐든지 입에 넣고 보는 구강기 아이들을 키우다 보면 아찔할 때가 많습니다. 손가락 두 마디보다 작은, 아이들의 입에 들어갈 수 있는 물건을 잘못 삼키면 기도 폐색을 일으킬 수 있습니다. 즉시 119에 신고한 후 하임리히법(음식물이나 물건이 기도로 들어갔을 때 빼내기 위한 응급처치 방법)을 시행해야 합니다. 어린 아이를 키우시는 부모님들은 미리 배워두시는 것을 추천합니다.

🧰 집에서 따라하는 응급처치

일단 119에 신고를 함과 동시에 응급처치를 진행합니다. 만일 근처에 전화가 없다면 응급처치가 우선입니다. 만 1세 이전의 작은 영아나 체구가 작아 한 손으로 들 수 있는 유아는 등 두드리기 5회와 가슴 누르기 5회를 하는 하임리히법을 시행합니다. 이보다 큰 유아나 소아는 복부 밀쳐 올리기나 가슴 누르기 방법으로 기도의 이물 제거를 시도합니다. 만약 하임리히법을 시도했다면 복부 장기나 폐 손상의 가능성이 있으므로 119구급대를 통해 응급의료기관의 도움을 받아야 합니다.

의사 아빠의 응급 이야기

인천의 한 어린이집에서 장난감에 기도가 막힌 소아가 사망한 일이 있었습니다. 기도 폐쇄 시에는 빠르게 응급처치가 이루어져야 하는데, 경황이 없었던 나머지 현장

387

에서 응급처치를 취하지 않고 근처 개인의원으로 아이를 들쳐 엎고 뛰었던 초동대처의 아쉬움이 큽니다. 이후 심폐소생술 상황에서 어느 병원으로 이송할지 결정하는 과정도 매끄럽지 않았다고 하여 많이 안타까웠던 사건이었습니다.

이물을 삼키고 호흡곤란이 오는 것을 기도 폐쇄라고 합니다. 소아와 노인에게 흔히 발생할 수 있습니다. 소아는 1세에서 3세가량 아이가 호기심에 작은 장난감을 코에 넣거나 입에 넣었다가 기도로 넘어가면서 기관지를 막는 경우가 종종 있습니다. 그 외에 동전 등 더 큰 이물질을 삼킨 경우에는 인후두 부위에 걸리면서 구토와 호흡곤란을 일으켜 응급실로 오기도 합니다. 노인의 경우에는 떡이나 딱딱한 음식을 먹다가 잘못 삼켜서 기도 폐쇄가 일어나곤 하죠. 특히 뇌졸중 후유증으로 연하곤란이 있는 경우에는 그 위험성이 커집니다.

그렇기 때문에 어린 아이들을 키우는 부모님들이나, 어린이집의 선생님들이라면 이러한 응급 상황에 대처하는 교육을 받을 필요가 있습니다. 아이에게 기도 폐쇄가 발생했을 때 어떻게 대처해야 하는지 알아보겠습니다.

1세 이상의 소아나 성인의 경우

① 상태 확인 및 119 출동 요청

환자가 숨쉬기 힘들어하거나 캑캑대는 기침을 하거나 목을 감싸 쥐고 힘들어하거나 입술이 파래지는 경우, 기도 폐쇄로 판단하고 119에 신고해 출동을 요청합니다.

② 의식이 있는 경우 하임리히법 실시

환자의 등 뒤에 서서 주먹을 쥔 손의 엄지손가락을 배 윗부분에 대고 다른 한 손을 위에 겹친 후 위로 끌어올리듯 강하게 당겨서 복부에 압력을 줍니다. 임신한 여성이나 비만이 심한 사람의 경우에는 가슴 부위에 손을 대고 강하게 당깁니다.

③ 의식이 없는 경우 심폐소생술 실시

의식이 없어진 경우에는 심장이 정지한 것으로 추정하고 흉부압박을 시작합니다. 흉부압박을 통해서도 폐에 압력이 가해지면서 기관지에 걸린 이물이 밖으로 배출되는 경우가 있으니 구강 내에 이물질이 빠져나와 있

지 않은지 확인해야 합니다. 의식을 되찾거나 119 구급
대원이 도착할 때까지 심폐소생술을 계속합니다.

1세 이하인 영아의 경우

① 119 신고 요청 및 자세 취하기

주변에 119 신고를 요청합니다. 도움 줄 사람이 없으
면 직접 신고합니다. 영아를 자신의 팔 위에 엎드려진
상태로 올려놓고 손으로는 환자의 머리와 목이 고정되
도록 잡습니다.

② 등 두드리기 5회 시행

영아의 머리를 더 아래로 가게 하고 영아를 안은 팔을
허벅지에 고정시킵니다. 다른 쪽 손바닥으로 영아의 어
깻죽지 사이를 5회 강하게 두드립니다.

③ 흉부압박 5회 시행

영아를 돌려 등을 받치고 머리를 가슴보다 낮게 위치
시킨 상태에서 영아를 안은 팔을 허벅지에 붙여 고정시
킵니다. 영아의 유두 사이 정중앙에 검지와 중지를 올려
놓고 강하게 5회 압박을 시행합니다. 손이 작은 사람은

손바닥과 손목 사이를 이용해 압박해도 됩니다.

④ 입안의 이물질 제거 또는 심폐소생술

영아의 구강 내에 이물질이 빠져나왔는지 확인하여 제거합니다. 이물질이 배출되지 않았거나 이물질이 보이지만 손이 닿지 않는 경우 무리해서 빼지 않고 앞의 과정을 반복합니다. 다만 영아의 의식이 없어진 경우 심정지 상태로 추정하고 가슴압박으로 시작하는 심폐소생술을 시행합니다.

어린아이의 엄마, 아빠나 노인을 모시는 보호자들, 그리고 어린이집, 유치원, 양로원, 요양원 등 기관에서 일하시는 분이라면 이런 응급처치에 대해 충분히 숙달이 되어 있어야 합니다. 그래야 긴급한 순간에 당황하지 않고 신고와 동시에 적절한 응급처치를 시행할 수 있기 때문이죠. 우리 사회의 안전을 위해 체계적인 교육 시스템이 필요합니다.

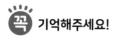 **기억해주세요!**

기도 폐쇄가 발생하면 신속한 응급처치가 가장 중요하기 때문에 아이를 키우는 부모님이나 아이를 돌보는 선생님들, 노인을 모시는 보호자들 또한 하임리히법을 배워 둘 필요가 있습니다. 다음으로 중요한 것은 119 구급대의 도움을 받는 것입니다.

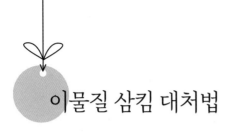

이물질 삼킴 대처법

아이들이 자라면서 기어다니기 시작하면 자주 일어나는 사고 중 하나가 이물질 삼킴입니다. 아이들은 호기심이 많아 손에 잡히는 물건은 뭐든지 입에 넣고 빨고 삼키곤 합니다. 잠시 한 눈판 사이에 뭔지 모를 것을 물고 있다가 갑자기 켁켁 대면 식은땀 나는 일, 종종 있죠.

땅콩과 호두 같은 견과류, 떡, 과자 등의 음식도 목에 걸리기 쉽고, 단추, 동전, 바둑알, 장난감 등 손에 집히는 작은 물건들을 곧잘 입에 넣어 기도 폐쇄가 오기도 합니다. 아이가 삼킬 수 있는 작은 물건들을 치워두고 장난감을 가지고 놀 때는 곁에서 지켜봐야 합니다.

이물질을 삼켰더라도 기도에 걸리지 않고 식도를 넘어가면 대부분 큰 문제없이 2~3일 내에 변으로 나오게 됩니다. 보통 500원 동전 크기보다 작으면 위장관의 자연스러운 연동운동을 통해 배출될 가능성이 높다고 설명합니다. 하지만 날카로운 물질이거나 위벽을 부식시킬 수 있는 물질 등 특별한 경우는 급히 내시경을 이용해 빼내야 하는 경우도 있습니다. 아이가 삼켰을 때 특히 위험한 수은, 단추형 전지, 날카로운 물체, 자석, 담배, 화학약품에 대해 알아보겠습니다.

12개월 이하

12개월 이하의 영아들은 호기심이 왕성해서 잠깐 눈을 돌린 사이 물건을 집어삼켜 질식에 빠질 수 있고, 수은, 건전지, 자석과 같은 위험한 물질을 삼켜서 사망에 이르기도 합니다. 아이를 계속 지켜보기 힘든 상황일 때는 아이 주변에 아이가 집어서 삼킬 수 있는 작은 물건들을 모두 치워 두세요.

아이가 수은을 삼켰을 때

일반적으로 수은을 접할 일이 거의 없지만 아직도 우리 주변에 수은을 사용한 제품이 있는 경우가 있습니다. 수은 체온계는 2015년부터 제조, 수입, 판매가 금지된 상태이지만 가정에서 이전부터 사용 중이었다면 주의해야 합니다. 수은 전지는 수은의 유독성으로 인해 알칼리 전지로 대체되고 있습니다.

수은 체온계를 아이가 가지고 놀다가 실수로 깨트리면 체온계 안의 수은이 흘러나옵니다. 여기서 나오는 금속 수은을 아이가 먹을 수 있는데 다행스럽게도 대부분은 흡수되지 않고 변으로 배출됩니다. 아이의 상태가 평소와 다르지 않다면 특별한 치료가 필요하지는 않습니다.

수은 체온계를 깨뜨렸을 때는 금속 수은을 삼키는 것보다 수은이 난방이나 햇볕에 의해 가열되어 수은 증기로 변하는 것이 위험합니다. 수은 증기에 노출되면 아이의 피부와 호흡기를 통해서 흡수가 되어 적은 양만으로도 건강에 위협이 됩니다. 뇌, 신장, 폐를 비롯해 신경계

통에 심각한 손상을 입을 수 있습니다.

수은 체온계가 깨졌을 때는 우선 창문을 열어 환기를 시킵니다. 수은을 손으로 직접 만지지 말고 장갑을 끼고 빳빳한 종이를 이용해 수은을 모아서 버려야 합니다. 진공청소기는 수은 증기를 퍼트릴 위험이 있으므로 사용하지 않도록 합니다. 수은과 접촉했던 옷이나 이불 등은 버리는 것이 좋습니다. 수은 체온계는 가급적 사용하지 않는 것을 권장합니다.

단추형 전지를 삼켰을 때

단추형 전지는 미세한 전류를 흘려 시간이 지나면 위벽과 식도벽에 천공을 일으키는 등 심각한 손상을 줄 수 있습니다. 또한 전지 자체가 부식되면 내부 화학물질이 흘러나와 피해를 주는 경우가 발생합니다. 따라서 단추형 전지를 먹은 것을 알게 되면 가능한 빨리, 늦어도 4시간 이내에 대학병원급 응급실을 찾아 내시경으로 전지를 제거해 주는 것이 좋습니다. 전지를 먹은 것을 몰라

대처가 늦어질 수 있으니 버튼형 전지를 쓰는 전자기기는 각별히 주의해서 사용하는 것이 좋겠습니다.

날카로운 물체를 삼켰을 때

옷핀이나 압정, 커터 칼날 등 날카로운 물체를 먹는 경우가 있습니다. 입과 목을 이미 통과한 경우라면 식도와 위장관을 찔러 천공을 일으킬 수 있기 때문에 응급으로 제거해야 합니다. 대학병원급 응급실을 방문해 엑스레이 검사로 위치를 확인하고 내시경을 이용해 제거할 수 있는지 확인하시는 것이 좋겠습니다.

자석을 삼켰을 때

아이들이 가지고 노는 장난감에는 자석 다트, 낚시, 구슬 등 자성이 강한 자석이 붙어 있는 경우가 있습니다. 자석을 하나만 삼켰거나 냉장고에 붙이는 전단지의 자성이 약한 자석 등은 삼키더라도 변으로 배출되기 때문에 크게 문제가 되지 않습니다. 하지만 자성이 강한 2개 이상의 자석 또는 금속과 자석을 함께 삼킬 경우엔 자석이 장 점막을 사이에 두고 붙어서 장 점막을 괴사시키고, 복막염, 패혈증과 같은 합병증을 일으킬 수도 있어 매우 위험합니다. 아이가 자석을 먹은 것을 알게 되었을 때는 바로 응급실에 가서 엑스레이 검사로 위치와 개수를 확인할 필요가 있습니다.

삼킬 수 있는 자석은 아이들의 손이 닿지 않는 곳에 보관하고, 자석 완구를 사용할 때는 주의 깊게 살펴봐야 합니다.

담배를 삼켰을 때

아이의 손이 닿는 곳에 담배를 두거나 재떨이를 두면 아이가 입에 넣을 수 있습니다. 담배 한 개피에는 15~20mg의 니코틴이 함유되어 있는데 아이들에게는 위험할 수 있습니다. 아이가 담배를 삼켰더라도 양이 적거나 토했다면 큰 문제가 생기지 않습니다. 하지만 양이 많은 경우 니코틴 중독으로 인해 호흡곤란, 심장마비가 발생할 수 있습니다. 일단 담배를 삼켰다면 최대한 입 안의 담뱃잎을 제거하고 응급실로 가서 관찰을 하는 것이 좋습니다.

락스 등 화학 약품을 삼켰을 때

생수병이나 음료수병에 덜어놓은 락스나 세제와 같은 화학제품을 음료로 착각해서 마시거나 엄마의 화장품을 호기심에 마시는 경우가 있습니다. 최근에는 다양한 색깔의 젤리같이 생긴 캡슐형 세제, 사탕이나 과자처럼 생긴 입욕제 등을 먹는 사고도 발생합니다.

화학제품을 삼켰을 때는 억지로 토하게 해서는 안 됩니다. 구토를 하다가 화학물질이 기도로 흡인될 수 있고, 종류에 따라 추가 손상을 입을 수 있습니다. 아이가 화학제품을 삼킨 것을 확인했을 때는 119에 연락하여 구조대원의 지시에 따라 조치하고 빠르게 응급실에 방문해주세요. 아이가 삼킨 화학제품의 용기를 병원에 가져

가서 아이가 삼킨 화학제품의 성분을 파악하고, 섭취한 양은 얼마나 되는지 추정해야 합니다.

가정에서 흔히 쓰는 락스는 강한 염기성 물질이므로 억지로 구토시키지 말고 충분한 물이나 우유를 마시게 해 희석되게 합니다. 이후 응급실에서 상태를 관찰해야 합니다. 화장실 청소 등을 위해 사용할 경우 반드시 환기를 하면서 사용해야 하고 아이가 냄새를 맡지 않도록 관리해 주세요.

기타 외상

생선 가시가 목에 걸렸어요

[도와주세요!]

오랜만에 생선을 먹느라 신경 써서 가시를 발라주었는데도 아이 목에 가시가 걸린 모양이에요. 밥을 뭉쳐서 삼키면 괜찮아진다는 얘기가 있던데, 해봐도 괜찮을까요?

[의사의 답변]

목에 생선 가시가 걸린 것은 응급 증상으로 봐야 합니다. 함부로 자가 치료를 시도하는 것은 위험할 수 있습니다. 가시가 식도 안쪽으로 밀려들어가 종격동염이라는 아주 위험한 질환을 일으킬 수 있거든요.

📷 집에서 따라하는 응급처치

일단 아이를 앉혀 놓고 목 안을 들여다보세요. 잘 보이는 곳에 있고 아이가 협조가 된다면 젓가락 등으로 제거하셔도 됩니다. 하지만 절대로 무리하지 마세요. 아이의 목 안을 무리해서 보려다가 토사물이 기도로 흡인되면 폐렴으로 고생할 수 있습니다.

가시가 보이지 않거나 깊숙한 곳에 있으면 다른 조치를 취하지 마시고 가까운 이비인후과나 응급의료기관에서 제거를 시도하셔야 합니다.

의사 아빠의 응급 이야기

생선을 먹다가 가시가 목에 걸려 고생하는 일이 왕왕 생기죠? 특히 어린이들은 작은 가시에도 힘들어하는 경우가 있습니다. 가시가 목에 걸려서 불편함이 지속되면 결국 응급실로 향하게 되는데요. 보통 응급실에 오실 정도면 이미 이 방법 저 방법 다 시도해 보고 오시는 경우가 많습니다. 밥을 뭉쳐서 한 번에 삼키기도 하고 젓가락으로 빼보려는 경우도 있죠. 이럴 땐 어떻게 하는 게 안전하고 좋은 방법일까요?

일단 가시가 입안의 점막에 붙어 있어서 눈에 보이는 상태라면 굳이 병원에 가지 않더라도 제거할 수 있을 겁니다. 젓가락이나 작은 집게 등을 사용해서 조심히 제거하면 되겠죠. 하지만 이것도 협조가 잘되는 큰 아이들일 때의 이야기입니다. 입을 벌리는 것조차 협조가 안되는 영유아나 흥분해 있는 아이의 경우 억지로 입에서 뭔가를 꺼내려 시도하는 건 위험할 수 있습니다. 자칫 가시에 입 안쪽을 찔리거나 구토가 나오면서 기도로 넘어가 오히려 더 큰 손상을 입을 수 있거든요.

또한 밥을 뭉쳐서 한 번에 넘기는 방법도 위험을 초래할 수 있습니다. 가시가 밥덩이에 걸려 운 좋게 빠지면 다행이지만, 오히려 식도 벽 바깥으로 가시를 밀어내면서 식도 천공을 일으키는 원인이 될 수 있거든요. 식도 벽은 다른 위장관과 달리 두께가 얇고 종격동이라는 심장을 둘러싼 공간과 바로 연결되어 있기 때문에 손상되면 큰일을 치를 수 있습니다.

제가 전공의이던 당시 이런 경우가 있었습니다. 한 중년 여성이 전신에 열이 나고 혈압도 낮고 의식도 떨어지는 상태로 응급실에 도착했습니다. 빠른 처치로 다행히 위기를 넘겼고 일단 중환자실에 입원하기로 했죠. 패혈성 쇼크라는 진단하에 열이 나는 원인을 찾고자 며칠 동안 여러 가지 검사를 했지만 딱히 원인이 나타나지 않아 곤란하던 차였습니다.

그때 환자의 친구로부터 뜻밖의 이야기를 듣게 되었습니다. 환자가 며칠 전 송어 매운탕을 먹고 난 이후로 속이 아프다는 얘기를 했다는 것입니다. 그 소식을 들은 주치의는 혹시나 하는 생각에 위 내시경을 시행했고 거기서 식도에 걸린 채 출혈을 일으키고 있는 큰 생선 가시를 발견할 수 있었습니다. 원인이 제거되고 나니 서서히 환자의 상태가 좋아지기 시작했고, 결국 완전히 깨어나 걸어서 퇴원했다는 소식을 들을 수 있었습니다.

흔치 않은 일이긴 합니다만 이렇듯 생선 가시가 종격

동염을 일으키면서 생명에 위협을 주는 경우를 간혹 보게 됩니다. 작은 가시 정도야 괜찮겠거니 하고 우습게 넘기면 안 되는 이유겠죠. 평일 낮이라면 이비인후과 외래에서, 밤이나 주말이라면 응급실에서 진료를 받고 생선가시를 찾아 제거해야 합니다. 만약 입 안쪽을 확인했을 때 인두 부위에서 가시가 보이지 않는다면 대학병원 응급실에 방문해야 하는 경우도 생깁니다. 성대 근처까지 확인할 수 있는 후두경으로 확인해야 이물 여부를 확실히 할 수 있기 때문입니다.

만약 별 문제가 없어 보여서 그냥 지켜보기로 했다면 3~4일간은 목이나 앞가슴, 등, 윗배가 아프다고 하거나 열이 나지 않는지 주의 깊게 살펴봐주셔야 합니다. 그런 증상이 있으면 빨리 흉부 CT나 초음파 검사로 종격동염이나 식도 손상 여부를 확인해야 할 수도 있습니다.

이쯤 되면 애들 생선 먹이기가 좀 겁이 나죠? 저도 생선 가시를 발라서 아이들 입에 넣어줄 때면 긴장을 하게 됩니다. 철저하게 확인했다고 생각하고 주는데도 한 번씩 아이 입에서 반짝반짝 빛나는 가시가 나오니 말이죠.

이제부터라도 생선 먹일 땐 특히 주의해 주시고 아이가 생선 가시가 목에 걸린 것 같다고 하면 가까운 병원에서 확인해야 위험을 미연에 방지할 수 있습니다.

 기억해주세요!

생선 가시가 목에 걸렸을 때는 절대로 무리해서 제거를 시도하지 마세요. 특히 밥을 뭉쳐 삼키는 것은 운 좋게 한두 번은 성공할지 몰라도 무서운 합병증의 시작이 될 수 있습니다. 입안을 살펴봐도 보이지 않거나 깊숙한 곳에 있다면 가까운 이비인후과나 응급의료기관에서 도움을 받으세요.

종격동염

종격동이란 양측 폐 사이에 있는 공간으로 심장, 대혈관, 기도 및 식도 등 생명과 관련된 여러 기관들이 위치해 있는 아주 중요한 부위입니다. 종격동염은 바로 이 종격동에 염증이 생기는 것으로 그중 급성 종격동염은 생선 가시나 닭뼈와 같은 날카로운 이물질에 의해 식도에 구멍이 생기면서 감염되는 것이 주요 원인입니다. 급성 종격동염이 생기는 경우는 흔치 않지만 치사율이 75%에 이를 정도로 매우 치명적인 질환입니다. 만성은 드물고 결핵 등의 감염이 원인이 됩니다만 여기서는 설명을 줄이겠습니다.

급성 종격동염은 고열, 오한, 호흡곤란, 심한 흉통이 나타나고 방치하면 세균이 혈액으로 들어가 패혈증을 일으키기도 합니다. 따라서 생선 가시나 닭뼈가 목에 걸렸을 때 쉽게 생각하고 밥을 뭉쳐 무리하게 삼키거나, 제거하지 않고 지켜보는 것은 위험합니다. 가까운 응급 의료기관에서 이물질이 보이는지 확인하고 보이지 않으면 이비인후과 진료를 통해서라도 제거를 해야 합니다.

만 9세 이하

생선 가시를 삼켜 병원에 가는 경우는 9세 이하에서 가장 많으며, 심각한 경우 동물 뼈나 동전을 삼킴으로 인해 식도 천공이 발생하기도 합니다. 소아에게 발생하는 종격동염은 대부분 생선 가시를 삼키면서 발생하며, 대부분 가시가 박힌 듯한 이물감을 호소합니다. 하지만 2세 이하의 소아는 증상을 정확히 표현하지 못하므로 가시를 삼키는 일이 없도록 생선을 먹일 때엔 극히 주의해야 합니다.

넘어져서 앞니가 빠져 버렸어요. 어떻게 해야 할까요?

[도와주세요!]

초등학생 아들이 친구들과 신나게 놀다가 얼굴을 다쳐서 들어왔어요. 새로 난 앞니 두 개가 빠져버렸네요. 응급조치는 어떻게 해야 하나요?

[의사의 답변]

젖니가 아닌 영구치(간니)가 빠진 것이라면 응급 상황입니다. 또한 빠질 시기가 수 년 이상 남은 젖니가 빠진 것도 응급치료가 필요합니다. 즉시 흰 우유나 생리식염수에 빠진 치아를 넣고 치과 외래 또는 치과 치료가 가능한 대학병원급 응급의료기관에 가서 진료를 받으세요.

🏥 집에서 따라하는 응급처치

치아는 빠진 다음 바로 끼워 넣고 고정해주면 살릴 수 있는 여지가 있습니다. 가능한 한 빨리 빠진 치아를 우유나 생리식염수에 담아서 치과 치료가 가능한 곳으로 가지고 갑니다. 어디서 치료받을 수 있는지 모르겠다면 119에 전화해 상황실의 도움을 받으세요.

의사 아빠의 응급 이야기

아이들은 뛰놀다 보면 얼굴을 자주 다치죠. 넘어지거나 부딪쳐서 얼굴 중에서도 입술이나 치아를 다치는 경우가 많습니다. 입술이 치아에 찔려 찢어지기도 하고 심하면 바깥으로 천공이 생기는 경우도 발생하죠. 그나마 입술만 다치면 다행인데 치아까지 흔들리거나 빠지게 되면 아주 난감합니다. 갓 난 유치가 빠지면 영구치 성장에 장애가 올 수 있거든요. 만약 영구치가 빠졌다면 다시 나지도 않기 때문에 치아가 빠졌을 때 빨리 치료를 받아야 합니다.

응급실에서는 소아가 입안을 다쳐서 오는 경우를 자주 보게 됩니다. 구강 외상은 특별한 치료가 필요 없는 경우도 있지만 응급처치가 잘못되면 돌이킬 수 없는 후유증이 남는 경우까지 다양한 문제가 있습니다. 경한 문제부터 중한 문제까지 순서대로 다뤄보겠습니다.

보통 응급실에서는 접수할 때 간단하게 내원한 이유를 적게 되어 있습니다. 여기에 입술 손상이라고 적혀 있으면 여러 가지 생각이 듭니다. 협조가 잘되지 않는 어린아이의 입술 열상이라면 심한 경우 전신마취를 하고 꿰매야 하는 경우도 있거든요. 특히 얼굴 바깥까지 천공된 열상이라면 염증도 잘 생기고 미용 문제도 있어 상황이 복잡해집니다.

다행히 대부분은 치아에 살짝 찍혀 생긴 5mm 미만의 작은 열상인 경우가 많습니다. 이 정도 크기라면 마취까지 해가며 꿰매지 않더라도 잘 아물죠. 간혹 음식을 먹다가 볼을 깨문 적이 한번쯤은 있으실 겁니다. 처음에는 뻥 뚫린 상처가 느껴지다가도 3~4일 지나면 서서히 아물게 되죠. 이처럼 입술과 구강 내의 상처는 회복이 빠른 편입니다. 다만 입안에 있는 수많은 세균이 상처를 통해 피부 안쪽 깊숙이 들어간 경우이므로 항생제 사용을 적극적으로 고려하는 것이 안전합니다.

같은 이유로 치아에 찍혀 혀가 찢어져 오는 경우가 있습니다. 혀는 상처 부위가 안쪽인지 가장자리인지 확인할 필요가 있습니다. 혀 안쪽 손상이고 5mm 이내라면 그냥 두어도 잘 붙을 겁니다. 하지만 만약 혀의 가장자리 손상이고 그 길이가 5mm를 넘어간다면 그냥 두어서는 붙지 않을 수 있습니다. 전신마취의 위험성을 감수하더라도 봉합을 하는 것이 나을지 전문가의 소견을 듣는 것이 좋습니다. 입술을 완전히 뚫고 나온 천공된 상처도 마찬가지입니다.

특이하면서도 가슴을 쓸어내리게 하는 손상이 있습니다. 바로 윗입술 순소대 손상이죠. 이름만 들어서는 뭔지 잘 모르시겠죠? 우리 윗입술 또는 아랫입술을 뒤집어보면 잇몸과 입술 사이를 연결하는 끈 같은 조직이 보입니다. 이것이 바로 순소대라는 인대의 한 종류인데요. 사실 이 인대는 입술에만 있는 것이 아니라 혀 아래에도 있습니다. 혀 아래에 있는 인대는 설소대라고 부르죠. 입술과 혀가 과도하게 움직이지 않도록 운동 범위를 제한해주는 역할을 하게 됩니다.

이 순소대나 설소대가 끊어져서 응급실에 내원하는 경우가 꽤 있습니다. 아이들이 놀다가 넘어지면서 탁자 모서리 등에 입술을 부딪쳐서 인대가 손상을 입는 것이죠. 보호자분들이 보시기엔 입안에서 피가 나니 큰일인가 싶어서 경황없이 응급실로 둘러업고 뛰어오시는 경우가 많습니다. 하지만 다행히도 윗입술 순소대 손상은 대부분 특별한 치료를 필요로 하지 않습니다. 입 안쪽이라서 소독도 큰 의미가 없기 때문에 열상이 작으면 그냥 지켜보는 경우가 대부분이죠. 만약 주위 잇몸 조직까지 손상이 생겼으면 먹는 항생제만 처방하고 치과 외래에서 관찰합니다. 출혈도 금방 멈추는 부위이다 보니 대부분 병원에 도착할 때쯤이면 지혈이 되어 있습니다.

반면에 좀 더 심각한 치아 손상도 있습니다. 일단 아시다시피 치아는 뼈와 같은 단단한 조직입니다. 따라서 치아를 치료하는 것도 뼈 손상을 치료하는 것과 같습니다. 부러지거나 빠지면 제 위치에 자리하게 하고 고정을 해두는 것이죠. 따라서 치아가 빠지면 지체 없이 치아를 병원으로 가져와 제자리에 넣고 고정을 해줘야 합니다. 마침 젖니가 빠질 시기인 7~8세라면 다행이지만 영구치이거나 난 지 얼마 안 된 젖니라면 빠른 처치가 필요합니다.

빠진 치아는 어떻게 가져와야 할까요? 어디 떨어지지 않고 입에서만 빠진 경우이거나 거의 빠지기 직전으로 잇몸에서 덜렁거리는 경우라면 제자리에 밀어 넣고 살짝 입을 다문 상태를 유지하면서 치과 응급치료가 가능한 대학병원을 찾아가는 것이 좋습니다. 어디서 치과 진료가 가능한지 모르실 때는 119에 연락해 물어보세요. 만약 바닥에 떨어져 지저분한 이물질이 묻었다면 절대로 뿌리 부분을 잡거나 비비지 마시고 가까운 편의점 등에서 작은 팩우유를 하나 구입해 그 안에 치아를 넣어

오시는 것이 좋습니다. 빨리 가져올수록 치아를 살릴 확률이 높아지므로 서둘러주세요.

치료는 어떻게 하는 걸까요? 치과에서는 스플린트라는 기구를 이용해 빠진 치아를 고정하게 됩니다. 고정해 둔다고 다 살아날 수 있다면 참 좋겠지만, 그렇지 않죠. 한 번 빠진 치아의 생착률은 25%가량 된다고 알려져 있습니다. 빠진 치아를 얼마나 빠르게 뿌리 부분이 손상되지 않도록 가져와 고정하냐에 따라 생착률, 즉 그 치아를 살려서 사용할 수 있을지가 결정되죠. 그래서 빠른 응급처치가 중요합니다. 안타깝게도 치아를 가져오지 않거나 뿌리 부분의 손상이 심한 경우에는 원래의 치아를 살릴 수 없습니다.

원래의 치아를 살릴 수 없을 때는 임플란트를 시행하게 됩니다. 단, 자라면서 구강 구조와 치열이 변하는 소아 및 청소년에게는 임플란트를 시행할 수 없으며, 성장을 완료한 뒤 임플란트 치료를 하게 됩니다. 임플란트는 꽤 큰 수술입니다. 먼저 잇몸을 절개해 치아가 빠진 부분에 뿌리 역할을 하게 될 나사를 심습니다. 이후 턱뼈와 임플란트 뿌리가 충분히 붙은 뒤에는 임플란트의 머리 부분을 마저 끼워서 완성합니다. 비용도 비용이지만 수술 전후 합병증도 크고 사용 기간에도 제한이 있기 때문에 임플란트를 하게 되는 일은 가능한 막아야 합니다.

치아 손상 중에는 치아가 부러지는 경우도 있습니다. 치아 끝부분만 부러진 경우와 중간 부분이 부러져 신경조직이 드러난 경우로 나누어 보아야 하는데요. 치아 끝부분만 부러진 경우는 불편하고 미용적으로 문제가 될지언정 통증도 없고 치아가 죽는 경우도 드물기 때문에 특별한 치료를 필요로 하지 않습니다. 간혹 충격으로 인해 안쪽 신경이 손상되어 치아 색이 어두워지며 죽는 경우는 있습니다. 이럴 땐 크라운 치료를 병행해야 합니다.

중간 이상이 부러지면 문제가 조금 복잡해집니다. 신경조직이 드러나 시리고 아프기 때문에 그냥 두기 어려운 경우가 많습니다. 이때 필요한 것이 신경치료입니다. 치아 속 신경 부분을 제거하고 크라운을 씌워야 합니다.

여기까지 입술, 혀 손상부터 윗입술 순소대 손상, 치아 빠짐과 부러짐, 신경치료에 크라운까지 자세히 알아

기타 외상

봤습니다. 얼굴 손상, 그중에서도 구강 손상만 알아보는데도 복잡하죠? 그래도 미리 알아두시면 아이들 다쳤을 때 덜 당황하고 응급처치에 도움이 되지 않을까 생각합니다. 늦은 응급처치로 우리 소중한 아이들의 얼굴에 흉터가 남는 일이 없도록 미리미리 사고 발생 시의 대처법을 기억해둡시다.

 기억해주세요!

치아가 빠졌을 때는 치아를 빨리 제자리에 넣고 고정을 해주어야 합니다. 우유팩에 빠진 치아를 넣고 치과 치료를 받을 수 있는 병원으로 이동하세요. 입술, 혀 손상은 그 크기와 양상에 따라 판단이 달라질 수 있습니다. 5mm 이상의 크기라면 가까운 응급의료기관에서 응급의학과 선생님께 보여주세요.

수면

우리 아기
잠 못 드는 밤,
잘 재우는
방법은?

[도와주세요!]

아이가 밤에 잠을 자려고 하지 않고 보채고 울어요. 어떻게 해야
할까요?

[의사의 답변]

어린 아이가 밤에 우는 것에는 여러 가지 이유가 있을 수 있습니다. 생후 백일 이내의 영아가 다른 질환의 증상이 없는데 특정 시간대에 우는 것이라면 영아산통일 수 있습니다. 하지만 장중첩증 등의 복통으로 인해 우는 것일 수도 있고, 위식도 역류로 인한 것일 수도 있습니다. 만일을 위해 우리 아이가 평소와 다른 점은 없는지 잘 살펴봐주세요. 평소와 다르지 않고 다른 질환이 없다면 수면 습관에 문제가 있을 수 있습니다. 아이들과 어른의 수면에 어떤 차이가 있는지 이해하고 올바른 수면 습관을 가질 수 있도록 수면 교육을 해야 합니다.

🧰 집에서 따라하는 응급처치

아이가 편안하게 잠들 수 있는 환경을 만들어줍니다. 소음을 없애고, 온도와 조명을 조절해주세요. 아이에게 심리적 안정을 주는 물건(인형, 베개 등)이 있다면 안겨주세요. 그래도 잠을 자지 못할 때는 억지로 재우려고 하기보다는 우유를 한잔 먹이거나 동화책을 읽어주거나 자장가를 불러준 후 다시 재우는 것이 좋습니다.

의사 아빠의 응급 이야기

깜빡 잠들었나 싶었는데 갑작스러운 울음소리에 놀라 눈을 떴습니다. 손을 휘휘 저어 젖병을 찾지만 도대체 이불 속 어디에 숨었는지 나오질 않습니다. 아기 울음소리에 마음이 급해 다급히 분유를 타면서 오늘 밤도 잠은 다 잤구나 하는 생각에 불안이 밀려옵니다.

영유아를 키우고 계신 엄마 아빠 여러분, 지난밤엔 안녕히 주무셨나요? 한밤중에 우는 우리 아이 분유 또는 모유 물리고 나니 잠이 다 깨서 놀아달라고 하지는 않던가요? 낮에는 방긋방긋 웃음 가득한 사랑스러운 아기였다가도 밤만 되면 잠은 안 자고 빽빽 울며 잠투정만 하는 통에 인내심에 한계를 느꼈을 때도 있으실 거예요. 특히 신생아를 키우시는 분들은 밤낮을 가리지 않는 아이 덕에 많이 힘드실 겁니다. 그래서 낮과 밤을 가리기 시작하는 때부터는 좀 낫다 하여 '100일의 기적'이라고도 하잖아요.

누구에게나 삶의 질이라는 측면에서 잠은 아주 중요합니다. 그리고 특히 영유아 및 어린이들에게도 중요하죠. 편안한 기분 좋은 숙면 중에 몸과 마음이 자란다고 하잖아요? 성장호르몬도 이 시간에 뿜뿜 나온다고 하고요. 자연적인 면역력과 치유력 향상에도 중요하고 학습 능력은 물론 우울감 등 기분장애를 호전시키기도 합니다. 정말 중요한 시간이 아닐 수 없습니다. 사랑스러운 어린이들에게 깊은 잠을 선물하고 우리 엄마 아빠들도 편안한 휴식을 취하려면 어떻게 해야 할까요?

수면에 대해 배울 때 렘REM 수면에 대해 공부했던 기억이 있는데요. 함께 공부했던 내용 중에 수면위생sleep hygiene이라는 개념이 있습니다. 성인의 숙면을 위한 기본 조건들이지만 소아에게도 적용되는 부분이 많습니다. 그 하나하나를 살펴보며 현실에서 적용할 수 있는 부분을 찾아보고자 합니다.

건강한 수면을 위한 10 계명 (출처: 대한수면연구학회)

① 잠자는 시간과 아침에 일어나는 시간을 규칙적으로 하라

영유아의 경우에 아침에 일어나는 시간을 억지로 당길 필요는 없겠죠? 유치원을 다니기 시작하면 아침에 일어나는 시간이 정해지게 마련이고요. 그러나 잠자는 시간은 어느 정도 정하고 가족이 함께 지켜주는 것이 좋습니다. 그냥 두면 아이들은 노느라 바빠서, 또는 스마트폰에 빠져서, 엄마 아빠가 깨어 있어서 등 여러 가지 이유로 안 자고 버티려고 하니까요. 저희 가족은 저녁 8시 이후로 스마트폰이나 컴퓨터 사용을 금하고 9시 30분부터는 거실과 안방의 불을 끄고 온 가족이 눕는 것을 규칙으로 정했습니다. 매일 완벽하게 지킬 순 없지만요.

② 잠자리의 소음을 없애고, 온도와 조명을 안락하게 하라

온도와 조명은 맞추기 나름이지만 돌 전후의 영유아가 있는 집은 소음을 조절하기가 어렵습니다. 큰애들이 잠들려 하면 셋째 아이가 울고, 셋째 아이가 잠들려 하면 큰애들이 화장실 간다며 일어나버리기 일쑤죠. 아이들이 여럿이면 물리적으로 해결하는 수밖에 없을 것 같습니다. 그래서 저희는 셋째 아이를 거실에서 제가 재우고 큰애들은 안방에서 아내가 재웁니다. 온 가족이 같이 잠들지 못하는 건 아쉽지만 말이죠.

이도 저도 안되는 날엔 제가 큰애들을 데리고 동네 한 바퀴를 돕니다. 그 사이에 졸린 데도 부비적부비적거리며 억지로 눈을 뜨고 있던 막내를 아내가 재우는 거죠. 첫째는 자전거를 타고 둘째는 유모차를 타고 게임을 하면서 동네를 한 바퀴 돌다보면 어느새 둘째도 잠드는 경우가 많습니다. 또 한 가지, 안정된 환경에는 후각 요소도 한몫을 한다고 합니다. 익숙한 엄마 냄새를 재연할 모유나 분유가 묻은 손수건 등이 도움이 된다고 하네요.

③ 낮잠은 피하고, 자더라도 15분 이내로 제한하라

어린이들도 낮잠을 많이 잔 날은 밤에 더 잠 못 이루는 경우가 있지요? 규칙적인 짧은 낮잠은 소아나 성인이나 생기 있는 오후 활동에 도움이 됩니다. 하지만 밤에 잠드는 데 방해가 될 정도의 긴 낮잠은 가능한 피해야겠죠. 당연한 얘기지만 하루에도 여러 번 낮잠을 자는 신생아 때는 예외입니다.

④ 40분 동안 땀이 날 정도의 낮 운동은 수면에 도움이 된다

(그러나 늦은 밤에 하는 운동은 도리어 수면에 방해가 된다.)

저녁시간 후에 한 시간가량 게임이나 만화를 보는 시간이 있는데요. 이 시간이 끝나면 보통 아빠와 몸으로 하는 놀이들을 합니다. 따뜻한 날엔 동네 산책을 하지만 비가 오거나 추운 날에는 집에서 레슬링 놀이나 고무공을 이용한 축구, 피구 놀이를 하고 있습니다. 집에서라도 조금 움직여주면 숙면에 도움이 됩니다.

⑤ 카페인이 함유된 음식, 알코올 그리고 니코틴은 피하라

(술은 일시적으로 졸음을 증가시키지만, 아침에 일찍 깨어나게 한다.)

아이들을 위한 메시지는 아닌 것 같죠? 하지만 아이들을 잘 재우기 위해서는 엄마 아빠도 노력이 필요한 만큼 부모님들도 커피, 술, 담배는 피하는 것이 좋다고 봅니다. 저녁을 일찍 먹은 날, 밤에 아이들이 배고프다며 징징대고 잠 못 들 때 있죠? 이럴 때는 위에 부담을 주지 않고 소량 꺼내 먹을 수 있는 얼린 과일이나 치즈, 우유 한 잔을 먹이면 좋습니다.

⑥ 잠자기 전 과도한 식사를 피하고 적당한 수분 섭취를 하라

어른과 마찬가지로 어린이들도 과한 식사 후 바로 잠드는 것은 체하는 등 위장 장애가 생길 수 있어 주의해야겠죠. 엄마 아빠가 바빠서 저녁식사가 늦어지는 경우가 문제가 될 겁니다. 가능한 한 저녁을 일찍 먹고 잠을 잘 수 있는 환경을 마련해주는 노력이 필요합니다.

⑦ 수면제의 일상적 사용을 피하라

아이들은 잠들기 위해 약을 쓰는 경우는 거의 없지만 심리적인 장치로 수면제 효과를 내는 방법은 도움이 됩니다. 아이들마다 잠들 때 필요한 아이템이 각자 다를 텐데요. 저희 아이들은 잠들 때 꼭 손에 쥐어줘야 하는 이불이 있습니다. 애착 인형이라고 하지요? 잠들 때마다 인형이 꼭 있어야 하는 어린 친구들도 있을 거고요. 자연스러운 현상인 만큼 아이의 욕구에 맞춰주는 노력이 필요하다고 봅니다.

⑧ 과도한 스트레스와 긴장을 피하고 이완하는 법을 배워라

밤늦게 운전하고 집에 들어와 바로 자려고 하면 잠들기 어렵죠? 밝은 전조등 빛으로 인해 각성 상태가 되어서인데요. 이렇듯 자신도 모르게 긴장해 있는 상태라면 잠을 이루기 쉽지 않습니다. 어른이라면 누운 채 온몸에 힘을 빼고 코끝에 숨이 들고 나는 것에 집중하며 이완하는 명상을 활용해 볼 수 있겠습니다.

아이들도 마찬가지로 긴장을 줄이고 이완할 수 있는 방법이 필요합니다. 애착 이불이나 애착 인형, 잠들 때마다 틀어주거나 직접 불러주는 자장가 등으로 이완을 유도할 수 있습니다. 여러 요소들을 잘 활용해 우리 가족만의 요령을 만들어가는 과정이 필요합니다.

⑨ 잠자리는 수면과 부부생활을 위해서만 사용하라

(즉, 잠자리에 누워서 책을 보거나 TV를 보는 것을 피하라.)

저도 소싯적엔 침대에 누워 책을 읽는 것을 즐겼는데요. 요즘 어린이들에게는 침대에서의 스마트폰이 가장 문제가 되겠죠. 또한 엄마 아빠가 안방에서 TV를 켜고 있으면 당연히 잠들긴 어려울 것입니다. 아이들과 규칙을 정하고 잠들기 한 시간 이전에 TV나 스마트폰을 끄는 연습이 가장 중요할 듯합니다.

⑩ 잠자리에 들어 20분 이내 잠이 오지 않는다면, 잠자리에서 일어나 이완하고 있다가 피곤한 느낌이 들 때 다시 잠자리에 들어라

(잠들지 않고 잠자리에 오래 누워 있지 마라. 이는 오히려 과도한 긴장을 유발하여 더욱 잠들기 어렵게 만든다.)

어른도 억지로 잠을 청하면 민감해져 더 잠들기 어렵 듯이 아이들도 억지로 잠을 자라고 하면 더 힘들어합니 다. 여유를 가지고 우유 한잔이나 과일 반쪽을 먹이고 다시 방으로 들어가서 다독이면 잠이 솔솔 오겠죠. 영유 아의 경우에도 아이가 졸린 게 분명한데도 안 자고 버틸 때는 여유를 가지고 마음껏 놀게 두었다가 다시 잠을 재 워 보는 것이 낫습니다. 문제는 이런 사실을 알면서도 내 몸이 힘들어 '제발 이제 좀 자라' 하며 사정하고 싶을 때가 종종 있다는 것이지요.

아이들은 자라면서 여러 수면장애를 겪을 수 있습니 다. 학령전기에 10~50%가량의 아이들이 겪는다는 악몽 nightmare이 대표적입니다. 자다가 갑자기 새벽에 깨서 불 안해하며 심하게 울어 온 가족을 깨우곤 하죠. 저희 첫째 아이가 자주 그랬죠. 두 시간을 넘게 울어대는 통에 새벽 드라이브를 하며 아이를 달랬던 기억이 아직도 생생합 니다.

악몽이나 야경증, 영아산통 같은 응급처치가 필요한

문제가 아닌 경우는 일정 시기만 지나면 별 문제가 없습니다. 하지만 간혹 장중첩증 등 심한 복통 때문에 우는 것일 수 있으므로 항상 있는 일이라며 가볍게 여기지 말고 아이가 우는 원인이 무엇인지 잘 살펴볼 필요가 있습니다. 평소 같지 않은 증상은 주의 깊게 봐주시고 이상하면 근처 소아전용 응급실의 도움을 받을 수 있음을 기억해주세요.

 기억해주세요!

아이와 어른은 수면 주기가 달라서 아이를 키우다 보면 수면 문제로 어려움을 많이 겪습니다. 수면은 아이의 성장에 있어서 매우 중요하기 때문에 수면 교육을 통해 아이가 올바른 수면 습관을 들일 수 있도록 부모님들의 꾸준한 노력이 필요합니다.

수면 장애

　　수면은 활동하면서 누적된 피로를 회복하기 위한 생리적 현상으로 특이 아이들에게는 성장 발달에 있어서도 아주 중요한 부분을 차지합니다. 중요한 수면을 방해하는 여러 가지 증상들이 있습니다. 야경증, 악몽, 몽유병, 늦게 자는 습관과 같은 것들은 앞에서 설명했던 '건강한 수면을 위한 10계명'을 지키면 서서히 나아질 수 있습니다. 하지만 생활습관을 바꾸는 것만으로 고치기 힘든 수면 장애도 있습니다. 코골이와 수면 무호흡이 그것입니다.

코골이와 수면 무호흡

　정상적인 아이들도 때때로 코를 골지만, 아이들 중 8~10%는 자주 코골이를 한다고 합니다. 그리고 1~2% 정도의 아이들이 폐쇄성 수면 무호흡 증상을 보입니다. 폐쇄성 수면 무호흡이란 수면 중에 일시적으로 호흡이 되지 않아 수면을 유지하지 못하게 되는 질환입니다. 최근에는 비만인 아이들이 많아지면서 발생률이 높아지고

만 2~8세

이 연령대의 소아는 수면 무호흡 증상이 나타나기 쉽습니다. 성인 수면 무호흡은 비만과 근육 긴장도가 떨어지면서 나타나는 데 반해 소아 수면 무호흡의 가장 흔한 원인은 아데노이드와 편도 비대에 의한 것 입니다.

그러나 최근 소아 비만이 증가하면서 소아 수면 무호흡 원인을 비만과 비만 아닌 것으로 나누어 설명하기도 합니다. 치료는 아데노이드 편도 절제술을 시행하기도 합니다.

적정 수면 시간

신생아의 경우 12시간에서 많게는 18시간까지 수면을 취하며 초등학생이 되기 전까지 11시간에서 13시간 정도의 수면을 취해야 합니다. 초등학생의 경우 10~11시간 정도, 중·고등학생의 경우 8~9시간 정도의 수면을 취하도록 권장합니다.

있다고 하죠.

코골이와 수면 무호흡이 지속되면 수면 부족으로 인해 아이의 신체적 정신적 발달에 문제가 생길 수 있습니다. 주로 보이는 성격적 문제로는 과격함, 분노, 산만함, 무기력함 등이 있습니다. 또한 다른 야뇨증, 악몽 등과 같은 수면 장애를 발생시켜 삶의 질을 저하시키고, 심혈관계 질환 등을 유발시키기도 합니다.

코골이와 수면 무호흡의 원인은 매우 다양하나 가장 큰 요인은 공기의 이동 통로인 기도가 좁아지는 현상에 의한 것입니다. 기도가 좁아지는 데는 여러 가지 이유가 있는데, 편도선이 커져 있거나 턱의 기형으로 인해 위턱의 폭이 좁거나 아래턱이 작은 경우, 또 비만인 아이는 목둘레가 두꺼워지면서 기도가 좁아집니다. 혀가 크거나 힘이 약한 경우 누웠을 때 혀가 목 뒤로 넘어가면서 수면 무호흡증이 나타나기도 합니다. 다운증후군이나 근골격계 질환, 신경계통의 질환이 있는 아이에게서 더 흔하게 볼 수 있습니다.

코가 막히는 비염도 원인이 됩니다. 비염으로 인해 코

로 숨을 쉬는 것이 어려워 입으로 숨을 쉬게 되면 연구
개 등 입안 구조물의 떨림이 심해져 증상이 악화됩니다.
또한 인후염의 원인이 되기도 합니다. 요즘에는 스마트
폰의 잦은 사용으로 거북목이 된 아이가 많습니다. 이
또한 기도가 좁아지게 해 증상을 악화시킬 수 있습니다.

수면 장애의 치료

수면 장애는 아이의 신체적 정신적 성장을 저해하고
이것이 계속 지속될 경우 뇌혈관계 질환, 심혈관계 질
환, 당뇨, 고혈압 등 심각한 질환으로 이어지기 쉽습니
다. 그러므로 아이에게 수면 장애가 의심될 때는 오래
지켜보지 말고 소아청소년과 전문의와 상담을 받아야
합니다.

수면 장애가 의심되면 먼저 키와 몸무게 등으로 성장
상태를 확인하고 기도를 좁게 만드는 구조적인 원인이
있지 않은지 비강과 구강의 상태를 점검하게 됩니다. 수
면 무호흡증을 진단하기 위해서 전문가와 상담 후 수면

다원검사를 진행하기도 합니다.

편도와 아데노이드 비대가 소아 수면 무호흡증의 주요 원인이기 때문에 편도 및 아데노이드 절제술을 통해 상당 부분 치료할 수 있습니다. 절제술의 평균 성공률은 66.3%라고 하며, 심한 비만이나 비강 질환 등이 있는 경우에는 완전한 치료가 되지 않거나 재발할 가능성이 있으므로 계속적인 관찰이 필요합니다. 아이가 비만일 경우 적절한 운동과 식이조절을 하도록 합니다. 턱과 치아 교정이 필요한 경우 치과 진료를 통해 도움을 받습니다. 교정할 수 없는 기형의 경우 성형수술을 통해 치료할 수 있습니다.

부록

부록 1

엄마들이 가장 궁금해하는
우리 아이 육아 상식

〈열〉

Q1 우리 아이는 33개월 된 여자아이인데요. 오른쪽 체온이 평상시에도 높은 편이긴 하지만 3일 동안 37.4도(저녁 밤)에서 37.8(낮 어린이집 활동 시간) 왔다 갔다 했어요. 열이 높은 걸까요? 병원에 가서 확인해야 하나요? 왼쪽 귀는 정상체온입니다.

A 3세 이하의 정상 체온은 직장 체온 기준으로 37.2도이며, 고막으로 체온을 측정할 경우에는 36.2~36.7가 정상 범위입니다. 왼쪽과 오른쪽 체온이 약간은 다를 수 있지만, 심하게 차이가 날 경우에는 귀지로 인해 측정이 차이가 난 것은 아닌지, 체온계의 사용법이 잘못되지는 않았는지 확인해봐야 하죠. 또한 아이의 귀가 한쪽으로 눌려 있을 경우에도 양쪽의 체온이 다를 수 있습니다.

고막 체온계로 잴 때는 외이도가 일직선이 되게 한 후 온도를 재야 정확하게 잴 수 있으므로, 3세 이하의 아이들은 귀를 아래로 살짝 잡아당겨서 외이도를 편 후에 체온을 측정해야 합니다.

아이가 바르게 누워 있었고 올바른 방법으로 체온을 측정했는데도 양쪽 귀의 체온이 크게 다를 때는 외이도염이나 중이염일 수 있으므로 소아청소년과에 방문하여 진료를 받아보는 것이 좋습니다. 또한 한쪽에만 이비인후과적 수술을 받은 경우에도 체온이 다르게 측정될 수 있어요. 양쪽 귀 체온이 미미하게 차이가 날 경우에는 높은 쪽을 기준으로 합니다. 고막 체온이 38도 이상이면 발열로 볼 수 있습니다. 발열 외에 다른 증상이 없고 아이에게 평소와 다른 점이 없다면 병원에 가지 않아도 괜찮습니다. 다만 발열의 원인을 알 수 없는 경우에는 병원에 가서 진료를 받아보는 것이 좋습니다.

Q2 지난번 아기가 처음으로 열이 올랐을 때 해열제를 언제 먹여야 할지 몰라 혼란스러웠어요. 38도 이상은 처음 있던 일이라 인터

넷 검색을 했는데 언제 먹여야 하는지에 대한 답변이 많이 나뉘더군요. 어떻게 하는 게 맞는 걸까요?

Ⓐ 신생아나 생후 100일 이내의 영아라면 해열제를 먹이는 것보다 발열의 원인을 찾는 것이 급선무입니다. 이때는 엄마로부터 받은 면역이 남아있는 시기로 열이 난다는 것은 패혈증 등 심각한 질환이 원인일 가능성이 높으므로 신생아 중환자실이 있는 대학병원급 소아응급센터에서 즉시 진료를 받아야 합니다.

생후 100일 이후의 영아 및 소아에게 38도가 넘는 열이 나는 경우에는 해열제를 사용하는 것이 좋지만 만 2세 이하의 아이라면 의사와 상의하여 사용하는 것이 바람직합니다. 열의 원인을 확인하는 것이 중요하기 때문입니다. 해열제를 사용해서 반드시 정상 체온으로 떨어뜨리려고 하지 않아도 좋습니다. 해열제를 사용하는 이유는 아이가 너무 힘들어하지 않게 하는 것과 열성경련을 하지 않도록 하기 위함입니다. 해열제를 사용하고도 열이 지속되면 미온수 마사지로 열성경련을 예방하는 조치가 필요합니다.

Q3 열이 38.5도 이상 올라도 아이가 처지지 않고 잘 놀면 해열제를 먹이지 않아도 되고, 병원에 안 가도 된다고 하는데 정말인가요?

A 아이에게 발열 외에 다른 증상이 없고 평소와 다름없이 상태가 양호하다면 바로 응급실에 갈 필요는 없습니다. 하지만 발열의 원인을 확인하고 원인에 따라 추가 검사나 항생제 등 사용 여부를 결정해야 하기 때문에 소아청소년과에서 진료를 받는 것은 필요합니다. 또한 이전에 열성경련을 경험한 아이의 경우에는 고열이 아니더라도 미리 해열제를 복용해 열성경련을 예방하는 것이 필요합니다.

Q4 우리 아이가 5살 때 열성경련을 한 적이 있습니다. 경련을 하면 뇌전증(간질)이 올 수도 있다고 하던데 사실인가요?

A 일반적으로 열성경련을 경험했다고 해서 뇌전증을 앓게 될 가능성은 낮습니다. 다만 가족 중에 뇌전증을 진단받은 환자가 있는 경우에는 가능성이 높아집니다. 열이 없는 경련이나 15분 이상 지속되는 경련, 또는 24시간 이내에 두 번 이상 발생하는 복합열성경련인 경우에

는 뇌전증으로 이행될 가능성이 있어요. 경련이 5분 이상 지속될 때는 119에 신고하여 가까운 응급의료기관으로 이송하는 것이 좋습니다. 또한 열이 동반된 경련의 원인이 뇌염 등 중추신경계 감염인 경우가 있으므로 경련 후에 의식 변화나 신경학적 이상이 있다면 입원 및 추가 검사를 받아야 합니다.

Q5 열이 나지 않으며 콧물이 흐르고 기침을 해서 코감기라고 생각될 때가 있어요. 이럴 때는 어떻게 해야 하나요?

A 발열과 두통, 오한 등의 증세가 없고 콧물, 코막힘과 기침만 발생하는 경우는 알레르기 비염을 의심해 볼 수 있습니다. 알레르기 비염은 콧물과 코막힘이 주 증상이며, 재채기, 가려움증이 동반됩니다. 그 외에도 눈물, 두통, 코 막힌 소리 등의 증상이 나타나기도 하죠. 알레르기 비염일 경우에는 알레르겐에 노출되지 않도록 하고, 경구용 항히스타민제를 사용하여 콧물, 재채기, 가려움증을 억제합니다. 또한 비충혈 제거제를 사용하여 코막힘을 치료합니다.

Q6 고열이 나는 것은 아닌데, 아이가 잘 때 땀을 너무 많이 흘려서 베개가 흠뻑 젖을 정도입니다. 다른 문제가 있는 걸까요?

A 땀은 인체가 체온을 조절하기 위해 배출하는 것이고, 아이들은 잠들고 나서 1~2시간은 체온이 오르기 때문에 체온 조절을 위해 땀을 배출하는 것은 자연스러운 일입니다. 하지만 아이의 베개나 옷이 흠뻑 젖을 정도라면 다른 질환이 있지는 않은지 진료를 받아보는 것이 좋습니다.

땀이 났을 때 방치하면 땀이 식으면서 감기에 걸릴 수 있으므로 땀을 닦아주고 젖은 베개나 옷은 갈아주세요. 땀이 났다고 해서 너무 시원하게 해주면 열을 빼앗겨 감기에 걸릴 수 있죠. 따라서 여름철에도 실내 온도를 26~28도 정도 유지하는 것이 좋습니다. 탈수 방지를 위해 미지근한 물을 하루 6잔 이상 조금씩 자주 마시게 해주세요.

Q7 우리 아이는 목이 자주 붓고 열도 자주 납니다. 열 때문에 해열제 복용도 많이 하는데 교차 복용을 해도 열이 떨어지지 않아 가슴

을 졸이던 날도 많았어요. 해열제로도 열이 내려가지 않을 때 열 관리를 어떻게 해주면 좋은지 궁금합니다.

A 일반적으로 아세트아미노펜 계열의 해열제인 타이레놀은 4~6시간, 이부프로펜 계열인 부루펜은 6~8시간 정도 효과가 지속됩니다. 열이 떨어지지 않을 때는 다른 성분의 해열제를 복용해도 좋지만, 아세트아미노펜 계열과 이부프로펜 계열 모두 6~8시간 간격으로 하루 4회를 넘기지 않도록 합니다. 그래도 열이 내려가지 않을 때는 미지근한 물에 적신 수건으로 몸을 닦아주면 도움이 됩니다. 아이가 힘들어할 경우에는 몸을 닦는 것을 중지하는 것이 좋습니다. 계속 열이 내려가지 않을 때는 응급의료기관 또는 소아청소년과에서 진료를 받으세요. (〈해열제의 종류와 사용법〉을 참조하세요.)

〈감기〉

Q8 아이가 열은 없는데 콧물이 일주일 넘게 나오고 밥을 잘 안 먹어서 감기가 더 안 떨어지는 것 같아요. 면역력이 낮아서 그렇다는

데요. 면역력을 높이려면 어떡해야 하나요?

A 아이의 건강을 위해서는 면역력은 매우 중요합니다. 아이들은 처음 모체로부터 면역력을 받기 때문에 생후 6개월 동안은 질병에 잘 걸리지 않습니다. 하지만 6개월 후부터 만 2세까지는 질환에 걸리기 쉽고, 2~3세에 면역력을 늘리기 시작하여 3~6세에 기초 면역력이 생깁니다. 6~9세에 면역력이 자리를 잡아 질병에 걸리는 빈도가 줄어들고 9~12세에 면역력이 완성됩니다.

면역력을 강화하기 위해서는 규칙적인 수면이 매우 중요합니다. 충분한 수면은 체력을 회복하는 데 도움을 주고 잘 때 뇌에서 분비되는 멜라토닌 호르몬이 면역력을 높여주는 효과를 가지고 있기 때문입니다. 적절한 체온을 유지하는 것도 면역력 증진에 도움이 됩니다.

Q9 콧물이 언뜻 보이기 시작한 이틀 후에 병원을 가면 꼭 감기래요. 어떨 때는 항생제 처방을 해야 하는 심한 감기인 적도 있었어요. 앞으로 콧물이 보이면 바로 병원에 갈까요? 아니면 이틀 정도 지켜봤다가 가는 게 맞는 건가요?

부록

A 우리나라는 병원 접근성이 너무 좋다 보니 발생하는 오해인 것 같네요. 아이에게 감기 증상이 있을 때 병원을 방문해 진찰을 받는 이유는 감기를 진단하기 위해서라기보다는 폐렴이나 부비동염, 편도선염, 독감 등 항생제 치료나 독감 바이러스 치료제가 꼭 필요한 원인이 있는지 진찰과 검사로 확인하는 데 있다고 볼 수 있어요. 의사 입장에서는 감기 증상이 있는데 별로 나쁜 소견이 보이지 않고 환아 컨디션이 잘 유지되면 단순 감기라고 판단하는 것이죠. 그중 좋지 않은 소견이 보이면 항생제 처방을 하게 되는 것이고요.

따라서 일부러 이틀을 기다려서 병원에 갈 이유는 없지만 그렇다고 미리 약을 처방받으면 빨리 나을 거라고 기대를 하는 것도 적절치 않습니다. 의사들끼리 하는 말로 '감기는 치료하면 7일, 치료하지 않으면 일주일'이라는 말이 있습니다. 약이 증상을 조절해줄 뿐이지 감기 자체를 치료하는 것이 아니란 이야기입니다.

하지만 증상 조절이 목표라 하더라도 아이가 많이 불편해하면 병원을 방문하는 편이 낫습니다. 소아의 감기는 소아 개인의 병이라기보다는 그 보호자와 가족의 큰 관심사이자 불편함을 유발하는 가족의 병으로 보고, 불편함을 적극적으로 조절해주는 것도 중요합니다.

Q 10 처음에는 아이가 감기라고 진단받았는데, 계속 낫지 않아서 다시 검사를 받으니 폐렴이라고 합니다. 감기가 폐렴으로 악화되기도 하나요?

A 바이러스에 의한 폐렴은 증상이 느리게 진행되고 초기에 감기 증상과 구분되지 않다가 점차 폐렴 소견이 나타납니다. 또한 바이러스 감기의 합병증으로 세균 감염에 의한 폐렴이 발생하기도 합니다. 따라서 3일 이상 발열과 기침이 계속될 때는 청진과 엑스레이 검사를 통해 폐렴 여부를 확인할 필요가 있습니다. 폐렴이라고 하더라도 증상이 경미할 때는 외래 진료를 하며 약 처방만으로 치료가 되기도 합니다. 하지만 호흡곤란 등 증상이 심한 경우에는 사망에 이르기도 하므로 입원해서 치료를 합니다.

Q11 비염으로 코막힘이 심할 경우 병원에서 꼭 알레르기 약을 먹어야 하나요? 아니면 알레르기약 없이 비염 증상이 사라질 때까지 버텨도 되는 건가요?

A 비염에 사용하는 알레르기약은 보통 항히스타민제를 씁니다. 비염의 원인을 해결한다기보다는 증상을 완화시키는 것이 목적인 약입니다. 하지만 요즘 알레르기의 치료는 초기부터 적극적으로 증상을 조절해주는 것이 주 치료법입니다. 만성 반복성 염증으로 인한 악화와 내성을 방지하기 위함입니다.

Q12 비염이 있으면 눈 밑에 다크서클이 생길 수 있다고 들었는데 이를 완화하거나 치료할 수 있는 방법이나 음식이 있나요?

A 다크서클이 생기는 원인은 여러 가지가 있지만 그중의 하나로 비염이 원인이 되기도 합니다. 비염으로 인해 비강의 혈액순환이 잘 되지 않아 눈꺼풀 아래의 혈류가 정체되어 검붉게 비쳐 보이고는 합니다. 그러므로

비염을 치료하면 다크서클이 서서히 호전되지만 완전히 소실되지는 않을 수 있습니다.

Q13 아이가 계절이 바뀔 때마다 후두염이 심해서 병원에 가는데 한랭 알레르기라고 알레르기약을 처방받아요. 일 년에 다섯 번 이상 이렇게 알레르기약을 먹여도 되는 것일까요?

A 알레르기약의 대표 격인 항히스타민제를 일 년에 몇 번 이상 먹으면 안 된다는 보고는 없습니다. 증상의 경중에 따라서 조절해서 쓰시면 됩니다.

〈기타〉

Q14 중이염에 걸릴 때마다 항생제를 먹어야 하는 게 맞는 건가요?

A 중이염에 걸리면 의사의 진찰 결과에 따라 항생제 치료를 결정합니다. 중증 급성중이염의 증거가 있거나 고열이 동반되거나 연령이 어릴수록 항생제를 사용해야 할 가능성이 높습니다. 그 이유는 중이염에 의한 심각한 합병증이 나타날 수 있기 때문이죠. 항생제 치료

부록

중 중이염이 다 나은 것처럼 보여서 항생제 투여를 멈추는 경우가 있습니다. 이런 경우 잠재된 균이 완전히 제거되지 않아서 재발하기 쉬워요. 그러므로 의사가 투여를 그만해도 된다고 하기 전에는 항생제 투여를 임의로 중단해서는 안 됩니다.

Q15 남자아이인데 포경수술 꼭 해야 하나요? 포경수술을 하는 이유가 궁금합니다. 또 포경수술의 적절한 시기를 알고 싶어요.

A 포경수술에 대한 찬반 논란은 아직도 끊이지 않고 있습니다. 포경수술에는 장단점이 있지만 반드시 할 필요는 없다는 것이 일반적인 견해입니다. 다만, 포피에 염증이 생기는 귀두포피염이 자꾸 반복되거나 건선성 귀두염으로 배뇨가 어려운 경우에는 포경수술을 해야 합니다. 포경수술은 국소마취로 수술이 가능한 12~13세에 하는 것이 좋습니다.

Q 16 아이가 약을 거부하고 토하는 경우 곧바로 약을 다시 먹여야 하나요? 아니면 조금 시간을 두고 다시 먹여야 하나요?

A 약을 복용하고 5분 이내에 토했다면 다시 먹이도록 합니다. 5분 이상이 지난 후 토한 경우에는 약의 효과가 있는지 확인해보는 것이 좋습니다. 30분 이상 지난 뒤 토한 경우에는 다음 스케줄에 맞춰서 먹이세요. 아이가 약이 써서 거부하는 것이라면 약을 먹이는 방법을 달리해보세요. 의사와 상담하여 미지근한 물이나 시럽, 주스 등에 섞어서 먹이는 것이 좋겠죠.

Q 17 아이가 높은 데서 떨어졌을 때는 별다른 징후가 없어도 혹시 모르니 병원에서 검사를 받으라고 하던데 꼭 그래야 하나요?

A 침대나 소파 정도의 높이에서 떨어진 경우 아이에게 외상이 없고 의식이 있으며 평소와 다른 점이 없다면 꼭 병원에 가서 검사를 받지는 않아도 좋습니다. 단, 당장에는 이상이 없어 보이더라도 나중에 징후가 나타날 수 있으므로 하루 정도는 주의 깊게 아이의 상태를 살펴봐야 합니다. 아이가 평소보다 처지고 잠을 오래 자

거나 의식이 명료하지 않거나 구토를 하는 증상이 보이면 바로 병원에 가서 진료를 받으세요.

Q18 아이를 키우다 보니 복통도 다 같은 복통이 아니고 열도 판단하기 애매하더라고요. 복통의 종류가 궁금합니다.

A 4~15세 사이의 아이들은 복통을 호소하는 경우가 많습니다. 스트레스나 성격에 의한 가벼운 증상인 경우도 있지만 심각한 질환으로 인해 복통을 호소하는 경우도 있으므로 심하게 아파하고 기운이 없으며 구토와 같은 복통 의외의 증상이 함께하는 경우에는 병원에 가서 진료를 받아보는 것이 좋습니다. 아이의 증상에 따라 만성복통, 맹장염, 장중첩, 요로감염, 감기 등으로 나뉘며 그 외에도 복통을 동반하는 병들이 많습니다. 복통의 원인을 정확히 모를 때는 진통제나 소염제의 사용은 피하도록 합니다. (〈복통을 일으키는 여러 가지 원인〉을 참조하세요.)

Q19 돌 이후에는 반드시 젖병을 끊어야 하나요? 어떻게 끊어야 하는지, 그리고 젖병과 함께 분유도 끊고 우유로 줘야 하는지 알려주세요.

A 돌이 지나서까지 젖병을 사용하면 의존심이 강해지고 치아나 턱 모양이 변형될 수도 있습니다. 게다가 우유나 분유만 먹이면 영양을 골고루 섭취할 수 없기 때문에 아이의 성장에도 악영향을 미칩니다. 아이가 생후 6개월이 지나면 이유식을 시작하고 컵으로 분유를 먹이는 연습을 합니다. 8개월부터는 숟가락을 사용하는 연습을 시키고 이유식을 먹이면서 차츰 분유를 줄여나가 돌이 지나면 젖병을 완전히 떼도록 합니다. 아무리 늦어도 18개월 안에는 떼는 것이 좋습니다.

Q20 잘은 먹는데 체중이 잘 안 늘어요.

A 아이가 잘 먹는데도 체중이 잘 늘어나지 않는다면 유전적 원인을 생각해봐야 합니다. 부모가 살이 잘 찌지 않는 체질이라면 아이도 살이 잘 찌지 않을 수 있습니다. 심하게 마른 것이 아니고 배변에 이상이 없으며

잘 논다면 걱정하지 않아도 괜찮습니다.

유전적 원인이 아닐 경우에는 아이가 편식을 하거나 식사 시간이 불규칙하지 않은지 생각해보세요. 체중이 적게 나간다고 해서 좋아하는 것이라도 많이 먹이려고 하다 보면 영양소에 불균형이 와서 체중이 늘지 않습니다. 또한 활동이 많은 아이는 먹는 양보다 사용하는 열량이 많아서 살이 안 찌기도 합니다.

앞에서 설명한 것들에 해당하지 않을 경우 질병으로 인해 소화력이 약화되었을 가능성이 있습니다. 특히 구토, 설사, 변비, 감기 등의 증상이 있다면 소아청소년과에 내원하여 검사를 받아보는 것이 좋습니다.

Q21 잘 먹지 않는 아이, 무조건 억지로 먹여야 할까요?

A 아이가 잘 먹지 않는다면 억지로 먹이려고 하기보다는 원인이 무엇인지 생각해봐야 합니다. 사람은 먹는 양이 제각각인데 다른 아이보다 먹는 양이 적어서 상대적으로 안 먹는다고 착각할 수 있습니다. 그러나 실제로는 충분한 양을 먹고 있는 경우가 종종 있습니다. 실

제 먹는 양이 적다면 아이에게 질병이 없는지 확인해봐야 합니다. 빈혈이 있거나 집에만 있는 경우 식욕이 없어집니다. 또는 아이가 노는 데 너무 집중하거나 스마트폰에 빠져 있는 경우 배고픈 것을 잊을 수 있습니다. 억지로 먹이기보다는 아이 스스로 잘 먹을 수 있는 환경을 만드는 것이 중요합니다.

〈키 성장〉

Q22 항생제 먹으면 키가 안 큰다고 하던데 감기에 걸렸을 때 먹여도 될까요?

A 감기는 대부분 바이러스성 질환이라서 항생제를 사용할 필요가 없습니다. 항생제는 세균뿐만 아니라 인체의 좋은 역할을 하는 균들도 죽이기 때문에 잘못 사용하면 오히려 합병증을 유발할 수 있습니다. 물론 감기와 같은 바이러스성 질환이 아닌 세균에 의한 질환의 증거가 있을 때는 항생제를 사용해야 합니다. 항생제를 남용할 경우 장내 미생물을 교란시켜 성장에 영향을 미친다

는 연구 결과가 있지만, 의사의 진단에 따라 적절한 양을 처방한다면 성장에 미치는 영향은 미미합니다.

Q23 부모의 키가 작습니다. 유전자적으로 얼마나 영향이 있을까요? 그래도 키가 크게 할 수 있는 방법이 있을까요?

A 키는 유전적 영향을 많이 받습니다. 일반적으로 키를 결정하는 것은 유전적 요소가 70~80%를 차지하고, 영양 섭취와 운동 등 환경적 요소가 나머지 20~30%를 차지합니다. 지나치게 작은 경우가 아니라면 굳이 병원에 갈 필요는 없습니다. 하지만 아이의 성장이 또래 아이보다 많이 부족하다고 느껴진다면 병원에 방문해 검사를 받아보는 것이 좋겠습니다. 매년 4~5cm씩 자라던 아이의 성장이 급격하게 감소했거나, 부록에 실린 '2017 소아청소년 성장 도표'의 평균 키보다 10cm 이상 작을 때는 검사를 받아보세요.

아이가 잘 성장하려면 부족한 영양소가 없도록 골고루 음식을 먹어야 하고, 일찍 자고 일찍 일어나는 규칙적인 생활을 하고, 운동을 하여 성장판을 자극해야 합니다. 단, 지나친 근력운동은 오히려 성장을 저해할 수 있으므로, 수영, 체조, 줄넘기, 농구, 달리기 등 아이들이 즐겁게 할 수 있는 운동을 꾸준히 하는 것이 좋습니다.

Q24 우리 아이의 키가 작은데 비염 때문에 성장이 늦어진다는 소리를 들었어요. 정말인가요?

A 비염이 있으면 편도가 커지는 경우가 많고, 편도가 크면 수면무호흡증이 있을 가능성이 있습니다. 수면무호흡증은 수면 호흡 장애를 일으켜 바른 수면 생활을 방해하고, 이는 성장 호르몬 분비에 영향을 주어 성장을 방해하는 요소가 됩니다. 우선 아이가 정상적으로 잘 자라고 있는지 '소아청소년 성장 도표'를 통해 확인해보세요.

부록

부록 2 표준 예방접종 일정표

대상 감염병	백신	횟수	출생 시	1개월	2개월	4개월	6개월	
결핵 B형 간염	BCG (피내)	1	BCG 1회					
디프테리아	HepB	3	HepB 1차	HepB 2차			HepB 3차	
파상풍	DTaP	5			DTaP 1차	DTaP 2차	DTaP 3차	
백일해	Tdap	1						
폴리오	IPV	4			IPV 1차	IPV 2차		
b형 헤모필루스 인플루엔자	Hib	4			Hib 1차	Hib 2차	Hib 3차	
폐렴구균	PCV	4			PCV 1차	PCV 2차	PCV 3차	
홍역	PPSV	-						
유행성이하선염	MMR	2						
풍진	VAR	1						
수두	HepA	2						
A형 간염	IJEV	5						
일본뇌염	LJEV	2						
사람 유두종 바이러스	HPV	2						
인플루엔자	IIV	-						
로타 바이러스	RV1	2			RV1 1차	RV1 2차		
로타 바이러스	RV5	3			RV5 1차	RV5 2차	RV5 3차	

458

	12개월	15개월	18개월	19~23개월	24~35개월	만4세	만6세	만11세	만12세
		DTaP 4차				DTaP 5차			
								Tdap 6차	
	IPV 3차					IPV 4차			
		Hib 4차							
		PCV 4차							
					고위험군에 한하여 접종				
		MMR 1차				MMR 2차			
		VAR 1회							
		HepA 1~2차							
		IJEV 1~2차			IJEV 3차		IJEV 4차		IJEV 5차
		LJEV 1차			LJEV 2차				
									HPV 1~2차
				IIV 매년 접종					

2017 소아청소년 성장 도표

소아청소년 성장 도표는 질병관리본부와 대한소아과
학회에서 제정한 〈2017 소아청소년 성장 도표〉를 수록
하였습니다. 이 성장 도표는 3세 미만(0~35개월)은 현
재 개발된 성장 도표 중 가장 표준에 가깝다고 평가받는
〈WHO Growth Standards〉를 적용하였고, 이후 연령은
〈2007 소아청소년 표준 성장 도표〉의 제한점을 보완하
여 재산출한 것입니다. 아이들의 성장 상태를 평가하는
중요한 지표입니다. 정기적으로 아이의 성장 상태를 체
크한 후 이 도표와 비교해보세요. 우리 아이가 저신장이
나 저체중, 비만은 아닌지, 연령에 맞게 잘 크고 있는지
확인할 수 있습니다.

성장 도표에서 백분위수란 100명 가운데 아이의 성장이

어느 위치에 있는가를 나타내는 수치입니다. 50 백분위 수는 평균치를 말합니다. 예를 들어 12개월 된 남자아이의 신장이 75.7이면 백분위수의 50에 해당하므로 아이의 신장이 평균치라고 봅니다. 백분위수가 1인 아이는 또래 중에서 가장 작다는 것이고 100인 아이는 가장 크다는 것입니다.

1. 남자 0~18세 신장 백분위수

만나이 (세)	만나이 (개월)	신장(cm) 백분위수												
		1st	3rd	5th	10th	15th	25th	50th	75th	85th	90th	95th	97th	99th
0	0	45.5	46.3	46.8	47.5	47.9	48.6	49.9	51.2	51.8	52.3	53.0	53.4	54.3
	1	50.2	51.1	51.5	52.2	52.7	53.4	54.7	56.0	56.7	57.2	57.9	58.4	59.3
	2	53.8	54.7	55.1	55.9	56.4	57.1	58.4	59.8	60.5	61.0	61.7	62.2	63.1
	3	56.7	57.6	58.1	58.8	59.3	60.1	61.4	62.8	63.5	64.0	64.8	65.3	66.2
	4	59.0	60.0	60.5	61.2	61.7	62.5	63.9	65.3	66.0	66.6	67.3	67.8	68.7
	5	61.0	61.9	62.4	63.2	63.7	64.5	65.9	67.3	68.1	68.6	69.4	69.9	70.8
	6	62.6	63.6	64.1	64.9	65.4	66.2	67.6	69.1	69.8	70.4	71.1	71.6	72.6
	7	64.1	65.1	65.6	66.4	66.9	67.7	69.2	70.6	71.4	71.9	72.7	73.2	74.2
	8	65.5	66.5	67.0	67.8	68.3	69.1	70.6	72.1	72.9	73.4	74.2	74.7	75.7
	9	66.8	67.7	68.3	69.1	69.6	70.5	72.0	73.5	74.3	74.8	75.7	76.2	77.2
	10	68.0	69.0	69.5	70.4	70.9	71.7	73.3	74.8	75.6	76.2	77.0	77.6	78.6
	11	69.1	70.2	70.7	71.6	72.1	73.0	74.5	76.1	77.0	77.5	78.4	78.9	80.0
1	12	70.2	71.3	71.8	72.7	73.3	74.1	75.7	77.4	78.2	78.8	79.7	80.2	81.3
	13	71.3	72.4	72.9	73.8	74.4	75.3	76.9	78.6	79.4	80.0	80.9	81.5	82.6
	14	72.3	73.4	74.0	74.9	75.5	76.4	78.0	79.7	80.6	81.2	82.1	82.7	83.8
	15	73.3	74.4	75.0	75.9	76.5	77.4	79.1	80.9	81.8	82.4	83.3	83.9	85.0
	16	74.2	75.4	76.0	76.9	77.5	78.5	80.2	82.0	82.9	83.5	84.5	85.1	86.2
	17	75.1	76.3	76.9	77.9	78.5	79.5	81.2	83.0	84.0	84.6	85.6	86.2	87.4
	18	76.0	77.2	77.8	78.8	79.5	80.4	82.3	84.1	85.1	85.7	86.7	87.3	88.5
	19	76.8	78.1	78.7	79.7	80.4	81.4	83.2	85.1	86.1	86.8	87.8	88.4	89.7
	20	77.7	78.9	79.6	80.6	81.3	82.3	84.2	86.1	87.1	87.8	88.8	89.5	90.7
	21	78.4	79.7	80.4	81.5	82.2	83.2	85.1	87.1	88.1	88.8	89.9	90.5	91.8
	22	79.2	80.5	81.2	82.3	83.0	84.1	86.0	88.0	89.1	89.8	90.9	91.6	92.9
	23	80.0	81.3	82.0	83.1	83.8	84.9	86.9	89.0	90.0	90.8	91.9	92.6	93.9
2	24	80.0	81.4	82.1	83.2	83.9	85.1	87.1	89.2	90.3	91.0	92.1	92.9	94.2
	25	80.7	82.1	82.8	84.0	84.7	85.9	88.0	90.1	91.2	92.0	93.1	93.8	95.2
	26	81.4	82.8	83.6	84.7	85.5	86.7	88.8	90.9	92.1	92.9	94.0	94.8	96.2
	27	82.1	83.5	84.3	85.5	86.3	87.4	89.6	91.8	93.0	93.8	94.9	95.7	97.1
	28	82.8	84.2	85.0	86.2	87.0	88.2	90.4	92.6	93.8	94.6	95.8	96.6	98.1
	29	83.4	84.9	85.7	86.9	87.7	88.9	91.2	93.4	94.7	95.5	96.7	97.5	99.0
	30	84.0	85.5	86.3	87.6	88.4	89.6	91.9	94.2	95.5	96.3	97.5	98.3	99.9
	31	84.6	86.2	87.0	88.2	89.1	90.3	92.7	95.0	96.2	97.1	98.4	99.2	100.7
	32	85.2	86.8	87.6	88.9	89.7	91.0	93.4	95.7	97.0	97.9	99.2	100.0	101.5
	33	85.8	87.4	88.2	89.5	90.4	91.7	94.1	96.5	97.8	98.6	99.9	100.8	102.4
	34	86.4	88.0	88.8	90.1	91.0	92.3	94.8	97.2	98.5	99.4	100.7	101.5	103.2
	35	86.9	88.5	89.4	90.7	91.6	93.0	95.4	97.9	99.2	100.1	101.4	102.3	103.9
3	36	88.3	89.7	90.5	91.8	92.6	93.9	96.5	99.2	100.7	101.8	103.4	104.4	106.5

만나이 (세)	만나이 (개월)	신장(cm) 백분위수												
		1st	3rd	5th	10th	15th	25th	50th	75th	85th	90th	95th	97th	99th
3	37	88.7	90.2	91.0	92.3	93.2	94.5	97.0	99.8	101.3	102.3	103.9	105.0	107.1
	38	89.2	90.7	91.5	92.8	93.7	95.0	97.6	100.3	101.8	102.9	104.5	105.6	107.6
	39	89.7	91.2	92.0	93.3	94.2	95.5	98.1	100.9	102.4	103.5	105.1	106.1	108.2
	40	90.2	91.7	92.5	93.8	94.7	96.1	98.7	101.4	103.0	104.0	105.6	106.7	108.7
	41	90.6	92.2	93.0	94.3	95.3	96.6	99.2	102.0	103.5	104.6	106.2	107.2	109.3
	42	91.1	92.7	93.5	94.9	95.8	97.1	99.8	102.6	104.1	105.1	106.7	107.8	109.8
	43	91.6	93.2	94.0	95.4	96.3	97.7	100.3	103.1	104.6	105.7	107.3	108.4	110.4
	44	92.1	93.7	94.5	95.9	96.8	98.2	100.9	103.7	105.2	106.3	107.9	108.9	111.0
	45	92.5	94.2	95.0	96.4	97.3	98.7	101.4	104.2	105.8	106.8	108.4	109.5	111.5
	46	93.0	94.7	95.5	96.9	97.9	99.3	102.0	104.8	106.3	107.4	109.0	110.1	112.1
	47	93.5	95.2	96.0	97.4	98.4	99.8	102.5	105.3	106.9	108.0	109.6	110.6	112.6
4	48	94.0	95.6	96.5	97.9	98.9	100.3	103.1	105.9	107.5	108.5	110.1	111.2	113.2
	49	94.5	96.1	97.0	98.5	99.4	100.9	103.6	106.5	108.0	109.1	110.7	111.7	113.8
	50	94.9	96.6	97.5	99.0	99.9	101.4	104.2	107.0	108.6	109.6	111.3	112.3	114.3
	51	95.4	97.1	98.0	99.5	100.5	101.9	104.7	107.6	109.1	110.2	111.8	112.9	114.9
	52	95.9	97.6	98.6	100.0	101.0	102.5	105.3	108.1	109.7	110.8	112.4	113.4	115.5
	53	96.4	98.1	99.1	100.5	101.5	103.0	105.8	108.7	110.3	111.3	112.9	114.0	116.0
	54	96.8	98.6	99.6	101.0	102.0	103.5	106.3	109.2	110.8	111.9	113.5	114.6	116.6
	55	97.3	99.1	100.1	101.5	102.5	104.0	106.9	109.8	111.4	112.5	114.1	115.1	117.2
	56	97.8	99.6	100.6	102.0	103.1	104.6	107.4	110.3	111.9	113.0	114.6	115.7	117.7
	57	98.3	100.1	101.1	102.6	103.6	105.1	108.0	110.9	112.5	113.6	115.2	116.3	118.3
	58	98.8	100.6	101.6	103.1	104.1	105.6	108.5	111.5	113.1	114.1	115.8	116.8	118.9
	59	99.2	101.1	102.1	103.6	104.6	106.2	109.1	112.0	113.6	114.7	116.3	117.4	119.4
5	60	99.7	101.6	102.5	104.1	105.1	106.7	109.6	112.6	114.2	115.3	116.9	118.0	120.0
6	72	105.5	107.4	108.4	110.1	111.2	112.8	115.9	119.1	120.8	122.0	123.8	125.0	127.2
7	84	111.0	113.1	114.2	115.9	117.0	118.8	122.1	125.4	127.3	128.6	130.5	131.7	134.1
8	96	116.3	118.5	119.6	121.4	122.6	124.4	127.9	131.4	133.3	134.7	136.6	137.9	140.4
9	108	121.3	123.6	124.8	126.6	127.9	129.8	133.4	137.1	139.1	140.5	142.5	143.9	146.5
10	120	126.0	128.4	129.7	131.6	133.0	135.0	138.8	142.8	145.0	146.5	148.7	150.2	153.1
11	132	130.6	133.2	134.6	136.8	138.3	140.5	144.7	149.0	151.4	153.0	155.5	157.1	160.2
12	144	135.1	138.2	139.9	142.4	144.1	146.7	151.4	156.2	158.7	160.5	163.0	164.7	167.9
13	156	140.5	144.2	146.1	148.9	150.8	153.6	158.6	163.5	166.1	167.8	170.3	171.9	174.9
14	168	146.7	150.6	152.6	155.5	157.4	160.2	165.0	169.5	171.8	173.3	175.5	176.9	179.5
15	180	153.1	156.5	158.2	160.8	162.5	164.9	169.2	173.2	175.3	176.6	178.6	179.9	182.2
16	192	157.5	160.3	161.7	163.9	165.4	167.5	171.4	175.2	177.2	178.5	180.5	181.7	184.1
17	204	159.8	162.2	163.5	165.5	166.9	168.9	172.6	176.4	178.4	179.7	181.8	183.1	185.5
18	216	161.0	163.3	164.6	166.6	167.9	169.9	173.6	177.4	179.4	180.8	182.9	184.3	186.8

2. 여자 0~18세 신장 백분위수

만나이 (세)	만나이 (개월)	신장(cm) 백분위수												
		1st	3rd	5th	10th	15th	25th	50th	75th	85th	90th	95th	97th	99th
0	0	44.8	45.6	46.1	46.8	47.2	47.9	49.1	50.4	51.1	51.5	52.2	52.7	53.5
	1	49.1	50.0	50.5	51.2	51.7	52.4	53.7	55.0	55.7	56.2	56.9	57.4	58.2
	2	52.3	53.2	53.7	54.5	55.0	55.7	57.1	58.4	59.2	59.7	60.4	60.9	61.8
	3	54.9	55.8	56.3	57.1	57.6	58.4	59.8	61.2	62.0	62.5	63.3	63.8	64.7
	4	57.1	58.0	58.5	59.3	59.8	60.6	62.1	63.5	64.3	64.9	65.7	66.2	67.1
	5	58.9	59.9	60.4	61.2	61.7	62.5	64.0	65.5	66.3	66.9	67.7	68.2	69.2
	6	60.5	61.5	62.0	62.8	63.4	64.2	65.7	67.3	68.1	68.6	69.5	70.0	71.0
	7	61.9	62.9	63.5	64.3	64.9	65.7	67.3	68.8	69.7	70.3	71.1	71.6	72.7
	8	63.2	64.3	64.9	65.7	66.3	67.2	68.7	70.3	71.2	71.8	72.6	73.2	74.3
	9	64.5	65.6	66.2	67.0	67.6	68.5	70.1	71.8	72.6	73.2	74.1	74.7	75.8
	10	65.7	66.8	67.4	68.3	68.9	69.8	71.5	73.1	74.0	74.6	75.5	76.1	77.2
	11	66.9	68.0	68.6	69.5	70.2	71.1	72.8	74.5	75.4	76.0	76.9	77.5	78.6
1	12	68.0	69.2	69.8	70.7	71.3	72.3	74.0	75.8	76.7	77.3	78.3	78.9	80.0
	13	69.1	70.3	70.9	71.8	72.5	73.4	75.2	77.0	77.9	78.6	79.5	80.2	81.3
	14	70.1	71.3	72.0	72.9	73.6	74.6	76.4	78.2	79.2	79.8	80.8	81.4	82.6
	15	71.1	72.4	73.0	74.0	74.7	75.7	77.5	79.4	80.3	81.0	82.0	82.7	83.9
	16	72.1	73.3	74.0	75.0	75.7	76.7	78.6	80.5	81.5	82.2	83.2	83.9	85.1
	17	73.0	74.3	75.0	76.0	76.7	77.7	79.7	81.6	82.6	83.3	84.4	85.0	86.3
	18	74.0	75.2	75.9	77.0	77.7	78.7	80.7	82.7	83.7	84.4	85.5	86.2	87.5
	19	74.8	76.2	76.9	77.9	78.7	79.7	81.7	83.7	84.8	85.5	86.6	87.3	88.6
	20	75.7	77.0	77.7	78.8	79.6	80.7	82.7	84.7	85.8	86.6	87.7	88.4	89.7
	21	76.5	77.9	78.6	79.7	80.5	81.6	83.7	85.7	86.8	87.6	88.7	89.4	90.8
	22	77.3	78.7	79.5	80.6	81.4	82.5	84.6	86.7	87.8	88.6	89.7	90.5	91.9
	23	78.1	79.6	80.3	81.5	82.2	83.4	85.5	87.7	88.8	89.6	90.7	91.5	92.9
2	24	78.2	79.6	80.4	81.6	82.4	83.5	85.7	87.9	89.1	89.9	91.0	91.8	93.2
	25	79.0	80.4	81.2	82.4	83.2	84.4	86.6	88.8	90.0	90.8	92.0	92.8	94.2
	26	79.7	81.2	82.0	83.2	84.0	85.2	87.4	89.7	90.9	91.7	92.9	93.7	95.2
	27	80.4	81.9	82.7	83.9	84.8	86.0	88.3	90.6	91.8	92.6	93.8	94.6	96.1
	28	81.1	82.6	83.5	84.7	85.5	86.8	89.1	91.4	92.7	93.5	94.7	95.6	97.1
	29	81.8	83.4	84.2	85.4	86.3	87.6	89.9	92.2	93.5	94.4	95.6	96.4	98.0
	30	82.5	84.0	84.9	86.2	87.0	88.3	90.7	93.1	94.3	95.2	96.5	97.3	98.9
	31	83.1	84.7	85.6	86.9	87.7	89.0	91.4	93.9	95.2	96.0	97.3	98.2	99.8
	32	83.8	85.4	86.2	87.5	88.4	89.7	92.2	94.6	95.9	96.8	98.2	99.0	100.6
	33	84.4	86.0	86.9	88.2	89.1	90.4	92.9	95.4	96.7	97.6	99.0	99.8	101.5
	34	85.0	86.7	87.5	88.9	89.8	91.1	93.6	96.2	97.5	98.4	99.8	100.6	102.3
	35	85.6	87.3	88.2	89.5	90.5	91.8	94.4	96.9	98.3	99.2	100.5	101.4	103.1
3	36	86.4	88.1	89.0	90.4	91.4	92.8	95.4	98.1	99.5	100.5	102.0	103.0	104.8

만나이 (세)	만나이 (개월)	신장(cm) 백분위수												
		1st	3rd	5th	10th	15th	25th	50th	75th	85th	90th	95th	97th	99th
3	37	87.0	88.7	89.6	90.9	91.9	93.3	95.9	98.6	100.1	101.1	102.6	103.5	105.4
	38	87.5	89.2	90.1	91.5	92.4	93.8	96.5	99.2	100.6	101.6	103.1	104.1	106.0
	39	88.0	89.7	90.6	92.0	93.0	94.4	97.0	99.7	101.2	102.2	103.7	104.7	106.5
	40	88.6	90.2	91.1	92.5	93.5	94.9	97.6	100.3	101.8	102.8	104.3	105.3	107.1
	41	89.1	90.8	91.7	93.1	94.0	95.4	98.1	100.8	102.3	103.3	104.8	105.8	107.7
	42	89.6	91.3	92.2	93.6	94.5	96.0	98.6	101.4	102.9	103.9	105.4	106.4	108.3
	43	90.1	91.8	92.7	94.1	95.1	96.5	99.2	101.9	103.4	104.5	106.0	107.0	108.9
	44	90.7	92.4	93.3	94.7	95.6	97.0	99.7	102.5	104.0	105.0	106.5	107.6	109.5
	45	91.2	92.9	93.8	95.2	96.1	97.6	100.3	103.0	104.5	105.6	107.1	108.1	110.1
	46	91.7	93.4	94.3	95.7	96.7	98.1	100.8	103.6	105.1	106.1	107.7	108.7	110.6
	47	92.2	93.9	94.8	96.2	97.2	98.6	101.4	104.1	105.7	106.7	108.3	109.3	111.2
4	48	92.8	94.5	95.4	96.8	97.7	99.2	101.9	104.7	106.2	107.3	108.8	109.8	111.8
	49	93.3	95.0	95.9	97.3	98.3	99.7	102.4	105.2	106.8	107.8	109.4	110.4	112.4
	50	93.8	95.5	96.4	97.8	98.8	100.2	103.0	105.8	107.3	108.4	110.0	111.0	113.0
	51	94.3	96.0	96.9	98.4	99.3	100.8	103.5	106.3	107.9	108.9	110.5	111.6	113.5
	52	94.9	96.6	97.5	98.9	99.9	101.3	104.1	106.9	108.4	109.5	111.1	112.1	114.1
	53	95.4	97.1	98.0	99.4	100.4	101.8	104.6	107.4	109.0	110.1	111.6	112.7	114.7
	54	95.9	97.6	98.5	99.9	100.9	102.4	105.1	108.0	109.5	110.6	112.2	113.3	115.3
	55	96.4	98.1	99.1	100.5	101.5	102.9	105.7	108.5	110.1	111.2	112.8	113.8	115.9
	56	97.0	98.7	99.6	101.0	102.0	103.4	106.2	109.1	110.7	111.7	113.3	114.4	116.4
	57	97.5	99.2	100.1	101.5	102.5	104.0	106.8	109.6	111.2	112.3	113.9	115.0	117.0
	58	98.0	99.7	100.6	102.1	103.0	104.5	107.3	110.2	111.8	112.8	114.5	115.5	117.6
	59	98.5	100.2	101.2	102.6	103.6	105.0	107.8	110.7	112.3	113.4	115.0	116.1	118.2
5	60	99.0	100.7	101.7	103.1	104.1	105.6	108.4	111.3	112.9	114.0	115.6	116.7	118.7
6	72	104.7	106.6	107.6	109.1	110.2	111.8	114.7	117.8	119.4	120.5	122.2	123.3	125.5
7	84	110.2	112.2	113.2	114.8	116.0	117.6	120.8	124.1	125.9	127.1	128.9	130.2	132.5
8	96	115.5	117.5	118.6	120.3	121.5	123.2	126.7	130.2	132.2	133.6	135.7	137.1	139.7
9	108	120.7	122.8	124.0	125.8	127.1	129.0	132.6	136.5	138.7	140.2	142.5	144.1	147.0
10	120	125.7	128.2	129.5	131.6	133.0	135.1	139.1	143.3	145.6	147.2	149.6	151.2	154.2
11	132	130.9	133.8	135.3	137.6	139.2	141.5	145.8	150.0	152.3	153.9	156.1	157.6	160.4
12	144	136.5	139.5	141.1	143.5	145.1	147.5	151.7	155.7	157.8	159.2	161.3	162.6	165.0
13	156	141.8	144.7	146.2	148.4	149.9	152.0	155.9	159.7	161.6	162.9	164.8	166.0	168.3
14	168	145.3	147.9	149.2	151.3	152.6	154.6	158.3	161.9	163.8	165.0	166.9	168.1	170.3
15	180	146.8	149.3	150.6	152.6	154.0	155.9	159.5	163.0	164.9	166.1	168.0	169.2	171.4
16	192	148.0	150.3	151.5	153.4	154.7	156.5	160.0	163.5	165.4	166.7	168.6	169.8	172.2
17	204	149.0	151.0	152.2	153.9	155.1	156.9	160.2	163.7	165.6	166.9	168.8	170.1	172.6
18	216	149.6	151.6	152.7	154.4	155.6	157.3	160.6	164.1	165.9	167.2	169.2	170.4	172.9

3. 남자 0~18세 체중 백분위수

만나이 (세)	만나이 (개월)	1st	3rd	5th	10th	15th	25th	50th	75th	85th	90th	95th	97th	99th
								체중(kg) 백분위수						
0	0	2,3	2,5	2,6	2,8	2,9	3,0	3,3	3,7	3,9	4,0	4,2	4,3	4,6
	1	3,2	3,4	3,6	3,8	3,9	4,1	4,5	4,9	5,1	5,3	5,5	5,7	6,0
	2	4,1	4,4	4,5	4,7	4,9	5,1	5,6	6,0	6,3	6,5	6,8	7,0	7,4
	3	4,8	5,1	5,2	5,5	5,6	5,9	6,4	6,9	7,2	7,4	7,7	7,9	8,3
	4	5,4	5,6	5,8	6,0	6,2	6,5	7,0	7,6	7,9	8,1	8,4	8,6	9,1
	5	5,8	6,1	6,2	6,5	6,7	7,0	7,5	8,1	8,4	8,6	9,0	9,2	9,7
	6	6,1	6,4	6,6	6,9	7,1	7,4	7,9	8,5	8,9	9,1	9,5	9,7	10,2
	7	6,4	6,7	6,9	7,2	7,4	7,7	8,3	8,9	9,3	9,5	9,9	10,2	10,7
	8	6,7	7,0	7,2	7,5	7,7	8,0	8,6	9,3	9,6	9,9	10,3	10,5	11,1
	9	6,9	7,2	7,4	7,7	7,9	8,3	8,9	9,6	10,0	10,2	10,6	10,9	11,4
	10	7,1	7,5	7,7	8,0	8,2	8,5	9,2	9,9	10,3	10,5	10,9	11,2	11,8
	11	7,3	7,7	7,9	8,2	8,4	8,7	9,4	10,1	10,5	10,8	11,2	11,5	12,1
1	12	7,5	7,8	8,1	8,4	8,6	9,0	9,6	10,4	10,8	11,1	11,5	11,8	12,4
	13	7,6	8,0	8,2	8,6	8,8	9,2	9,9	10,6	11,1	11,4	11,8	12,1	12,7
	14	7,8	8,2	8,4	8,8	9,0	9,4	10,1	10,9	11,3	11,6	12,1	12,4	13,0
	15	8,0	8,4	8,6	9,0	9,2	9,6	10,3	11,1	11,6	11,9	12,3	12,7	13,3
	16	8,1	8,5	8,8	9,1	9,4	9,8	10,5	11,3	11,8	12,1	12,6	12,9	13,6
	17	8,3	8,7	8,9	9,3	9,6	10,0	10,7	11,6	12,0	12,4	12,9	13,2	13,9
	18	8,4	8,9	9,1	9,5	9,7	10,1	10,9	11,8	12,3	12,6	13,1	13,5	14,2
	19	8,6	9,0	9,3	9,7	9,9	10,3	11,1	12,0	12,5	12,9	13,4	13,7	14,4
	20	8,7	9,2	9,4	9,8	10,1	10,5	11,3	12,2	12,7	13,1	13,6	14,0	14,7
	21	8,9	9,3	9,6	10,0	10,3	10,7	11,5	12,5	13,0	13,3	13,9	14,3	15,0
	22	9,0	9,5	9,8	10,2	10,5	10,9	11,8	12,7	13,2	13,6	14,2	14,5	15,3
	23	9,2	9,7	9,9	10,3	10,6	11,1	12,0	12,9	13,4	13,8	14,4	14,8	15,6
2	24	9,3	9,8	10,1	10,5	10,8	11,3	12,2	13,1	13,7	14,1	14,7	15,1	15,9
	25	9,5	10,0	10,2	10,7	11,0	11,4	12,4	13,3	13,9	14,3	14,9	15,3	16,1
	26	9,6	10,1	10,4	10,8	11,1	11,6	12,5	13,6	14,1	14,6	15,2	15,6	16,4
	27	9,7	10,2	10,5	11,0	11,3	11,8	12,7	13,8	14,4	14,8	15,4	15,9	16,7
	28	9,9	10,4	10,7	11,1	11,5	12,0	12,9	14,0	14,6	15,0	15,7	16,1	17,0
	29	10,0	10,5	10,8	11,3	11,6	12,1	13,1	14,2	14,8	15,2	15,9	16,4	17,3
	30	10,1	10,7	11,0	11,4	11,8	12,3	13,3	14,4	15,0	15,5	16,2	16,6	17,5
	31	10,3	10,8	11,1	11,6	11,9	12,4	13,5	14,6	15,2	15,7	16,4	16,9	17,8
	32	10,4	10,9	11,2	11,7	12,1	12,6	13,7	14,8	15,5	15,9	16,6	17,1	18,0
	33	10,5	11,1	11,4	11,9	12,2	12,8	13,8	15,0	15,7	16,1	16,9	17,3	18,3
	34	10,6	11,2	11,5	12,0	12,4	12,9	14,0	15,2	15,9	16,3	17,1	17,6	18,6
	35	10,7	11,3	11,6	12,2	12,5	13,1	14,2	15,4	16,1	16,6	17,3	17,8	18,8
3	36	11,7	12,3	12,6	13,0	13,3	13,8	14,7	15,7	16,3	16,7	17,3	17,7	18,4

466

만나이 (세)	만나이 (개월)	체중(kg) 백분위수												
		1st	3rd	5th	10th	15th	25th	50th	75th	85th	90th	95th	97th	99th
3	37	11,9	12,4	12,7	13,2	13,5	14,0	14,9	15,9	16,5	16,9	17,5	17,9	18,7
	38	12,0	12,5	12,8	13,3	13,6	14,1	15,1	16,1	16,7	17,1	17,8	18,2	19,0
	39	12,1	12,7	13,0	13,4	13,8	14,3	15,3	16,3	16,9	17,4	18,0	18,5	19,4
	40	12,2	12,8	13,1	13,6	13,9	14,4	15,4	16,5	17,2	17,6	18,3	18,7	19,7
	41	12,4	12,9	13,2	13,7	14,0	14,6	15,6	16,7	17,4	17,8	18,5	19,0	20,0
	42	12,5	13,0	13,4	13,8	14,2	14,7	15,8	16,9	17,6	18,1	18,8	19,3	20,3
	43	12,6	13,2	13,5	14,0	14,3	14,9	16,0	17,1	17,8	18,3	19,1	19,6	20,6
	44	12,7	13,3	13,6	14,1	14,5	15,0	16,1	17,3	18,0	18,5	19,3	19,8	20,9
	45	12,9	13,4	13,8	14,3	14,6	15,2	16,3	17,5	18,3	18,8	19,6	20,1	21,2
	46	13,0	13,6	13,9	14,4	14,8	15,3	16,5	17,7	18,5	19,0	19,8	20,4	21,5
	47	13,1	13,7	14,0	14,5	14,9	15,5	16,7	17,9	18,7	19,2	20,1	20,7	21,8
4	48	13,2	13,8	14,2	14,7	15,1	15,6	16,8	18,1	18,9	19,5	20,4	20,9	22,2
	49	13,4	14,0	14,3	14,8	15,2	15,8	17,0	18,4	19,1	19,7	20,6	21,2	22,5
	50	13,5	14,1	14,4	15,0	15,4	16,0	17,2	18,6	19,4	20,0	20,9	21,5	22,8
	51	13,6	14,2	14,6	15,1	15,5	16,1	17,4	18,8	19,6	20,2	21,1	21,8	23,1
	52	13,7	14,4	14,7	15,3	15,7	16,3	17,5	19,0	19,8	20,4	21,4	22,1	23,4
	53	13,9	14,5	14,8	15,4	15,8	16,4	17,7	19,2	20,0	20,7	21,7	22,3	23,8
	54	14,0	14,6	15,0	15,5	15,9	16,6	17,9	19,4	20,3	20,9	21,9	22,6	24,1
	55	14,1	14,7	15,1	15,7	16,1	16,7	18,1	19,6	20,5	21,1	22,2	22,9	24,4
	56	14,2	14,9	15,2	15,8	16,2	16,9	18,2	19,8	20,7	21,4	22,5	23,2	24,7
	57	14,4	15,0	15,4	16,0	16,4	17,1	18,4	20,0	20,9	21,6	22,7	23,5	25,1
	58	14,5	15,1	15,5	16,1	16,5	17,2	18,6	20,2	21,2	21,9	23,0	23,8	25,4
	59	14,6	15,3	15,6	16,3	16,7	17,4	18,8	20,4	21,4	22,1	23,3	24,1	25,7
5	60	14,7	15,4	15,8	16,4	16,8	17,5	19,0	20,6	21,6	22,4	23,5	24,3	26,0
6	72	16,3	17,1	17,5	18,3	18,8	19,6	21,3	23,4	24,7	25,7	27,2	28,3	30,7
7	84	18,0	18,9	19,5	20,4	21,0	22,0	24,2	26,9	28,5	29,7	31,7	33,2	36,3
8	96	19,7	20,9	21,6	22,7	23,5	24,8	27,5	30,8	32,9	34,4	36,9	38,7	42,6
9	108	21,5	23,0	23,8	25,3	26,3	27,9	31,3	35,4	37,9	39,7	42,6	44,7	49,0
10	120	23,3	25,2	26,3	28,1	29,3	31,3	35,5	40,4	43,3	45,5	48,8	51,2	56,0
11	132	25,4	27,7	29,1	31,2	32,8	35,2	40,2	45,9	49,3	51,7	55,5	58,1	63,3
12	144	28,0	30,8	32,4	35,0	36,8	39,6	45,4	51,9	55,7	58,4	62,6	65,4	71,1
13	156	31,5	34,7	36,5	39,4	41,4	44,6	50,9	57,9	61,9	64,8	69,2	72,2	78,1
14	168	35,8	39,2	41,0	44,1	46,2	49,5	56,0	63,1	67,1	70,0	74,4	77,3	83,1
15	180	40,4	43,7	45,6	48,5	50,6	53,8	60,1	66,9	70,8	73,6	77,7	80,5	86,0
16	192	44,3	47,5	49,3	52,1	54,0	57,1	63,1	69,6	73,3	75,9	79,9	82,5	87,8
17	204	47,0	50,1	51,7	54,4	56,3	59,2	65,0	71,4	75,1	77,7	81,7	84,3	89,7
18	216	49,0	52,0	53,6	56,3	58,1	61,0	66,7	73,0	76,6	79,2	83,2	85,9	91,2

4. 여자 0~18세 체중 백분위수

만나이(세)	만나이(개월)	체중(kg) 백분위수												
		1st	3rd	5th	10th	15th	25th	50th	75th	85th	90th	95th	97th	99th
0	0	2,3	2,4	2,5	2,7	2,8	2,9	3,2	3,6	3,7	3,9	4,0	4,2	4,4
	1	3,0	3,2	3,3	3,5	3,6	3,8	4,2	4,6	4,8	5,0	5,2	5,4	5,7
	2	3,8	4,0	4,1	4,3	4,5	4,7	5,1	5,6	5,9	6,0	6,3	6,5	6,9
	3	4,4	4,6	4,7	5,0	5,1	5,4	5,8	6,4	6,7	6,9	7,2	7,4	7,8
	4	4,8	5,1	5,2	5,5	5,6	5,9	6,4	7,0	7,3	7,5	7,9	8,1	8,6
	5	5,2	5,5	5,6	5,9	6,1	6,4	6,9	7,5	7,8	8,1	8,4	8,7	9,2
	6	5,5	5,8	6,0	6,2	6,4	6,7	7,3	7,9	8,3	8,5	8,9	9,2	9,7
	7	5,8	6,1	6,3	6,5	6,7	7,0	7,6	8,3	8,7	8,9	9,4	9,6	10,2
	8	6,0	6,3	6,5	6,8	7,0	7,3	7,9	8,6	9,0	9,3	9,7	10,0	10,6
	9	6,2	6,6	6,8	7,0	7,3	7,6	8,2	8,9	9,3	9,6	10,1	10,4	11,0
	10	6,4	6,8	7,0	7,3	7,5	7,8	8,5	9,2	9,6	9,9	10,4	10,7	11,3
	11	6,6	7,0	7,2	7,5	7,7	8,0	8,7	9,5	9,9	10,2	10,7	11,0	11,7
1	12	6,8	7,1	7,3	7,7	7,9	8,2	8,9	9,7	10,2	10,5	11,0	11,3	12,0
	13	6,9	7,3	7,5	7,9	8,1	8,4	9,2	10,0	10,4	10,8	11,3	11,6	12,3
	14	7,1	7,5	7,7	8,0	8,3	8,6	9,4	10,2	10,7	11,0	11,5	11,9	12,6
	15	7,3	7,7	7,9	8,2	8,5	8,8	9,6	10,4	10,9	11,3	11,8	12,2	12,9
	16	7,4	7,8	8,1	8,4	8,7	9,0	9,8	10,7	11,2	11,5	12,1	12,5	13,2
	17	7,6	8,0	8,2	8,6	8,8	9,2	10,0	10,9	11,4	11,8	12,3	12,7	13,5
	18	7,8	8,2	8,4	8,8	9,0	9,4	10,2	11,1	11,6	12,0	12,6	13,0	13,8
	19	7,9	8,3	8,6	8,9	9,2	9,6	10,4	11,4	11,9	12,3	12,9	13,3	14,1
	20	8,1	8,5	8,7	9,1	9,4	9,8	10,6	11,6	12,1	12,5	13,1	13,5	14,4
	21	8,2	8,7	8,9	9,3	9,6	10,0	10,9	11,8	12,4	12,8	13,4	13,8	14,6
	22	8,4	8,8	9,1	9,5	9,8	10,2	11,1	12,0	12,6	13,0	13,6	14,1	14,9
	23	8,5	9,0	9,2	9,7	9,9	10,4	11,3	12,3	12,8	13,3	13,9	14,3	15,2
2	24	8,7	9,2	9,4	9,8	10,1	10,6	11,5	12,5	13,1	13,5	14,2	14,6	15,5
	25	8,9	9,3	9,6	10,0	10,3	10,8	11,7	12,7	13,3	13,8	14,4	14,9	15,8
	26	9,0	9,5	9,8	10,2	10,5	10,9	11,9	12,9	13,6	14,0	14,7	15,2	16,1
	27	9,2	9,6	9,9	10,4	10,7	11,1	12,1	13,2	13,8	14,3	15,0	15,4	16,4
	28	9,3	9,8	10,1	10,5	10,8	11,3	12,3	13,4	14,0	14,5	15,2	15,7	16,7
	29	9,5	10,0	10,2	10,7	11,0	11,5	12,5	13,6	14,3	14,7	15,5	16,0	17,0
	30	9,6	10,1	10,4	10,9	11,2	11,7	12,7	13,8	14,5	15,0	15,7	16,2	17,3
	31	9,7	10,3	10,5	11,0	11,3	11,9	12,9	14,1	14,7	15,2	16,0	16,5	17,8
	32	9,9	10,4	10,7	11,2	11,5	12,0	13,1	14,3	15,0	15,5	16,2	16,8	17,8
	33	10,0	10,5	10,8	11,3	11,7	12,2	13,3	14,5	15,2	15,7	16,5	17,0	18,1
	34	10,1	10,7	11,0	11,5	11,8	12,4	13,5	14,7	15,4	15,9	16,8	17,3	18,4
	35	10,3	10,8	11,1	11,6	12,0	12,5	13,7	14,9	15,7	16,2	17,0	17,6	18,7
3	36	11,1	11,7	12,0	12,4	12,8	13,3	14,2	15,2	15,7	16,1	16,6	17,0	17,6

만나이 (세)	안나이 (개월)	\multicolumn{13}{c}{체중(kg) 백분위수}

만나이 (세)	안나이 (개월)	1st	3rd	5th	10th	15th	25th	50th	75th	85th	90th	95th	97th	99th
3	37	11,2	11,8	12,1	12,6	12,9	13,4	14,4	15,4	15,9	16,3	16,9	17,2	17,9
	38	11,4	11,9	12,2	12,7	13,1	13,6	14,5	15,6	16,1	16,5	17,1	17,5	18,3
	39	11,5	12,1	12,4	12,9	13,2	13,7	14,7	15,8	16,3	16,8	17,4	17,8	18,6
	40	11,6	12,2	12,5	13,0	13,3	13,9	14,9	16,0	16,6	17,0	17,6	18,1	18,9
	41	11,8	12,3	12,7	13,1	13,5	14,0	15,1	16,2	16,8	17,2	17,9	18,3	19,2
	42	11,9	12,5	12,8	13,3	13,6	14,2	15,2	16,4	17,0	17,5	18,1	18,6	19,5
	43	12,0	12,6	12,9	13,4	13,8	14,3	15,4	16,6	17,2	17,7	18,4	18,9	19,8
	44	12,2	12,7	13,1	13,6	13,9	14,5	15,6	16,8	17,4	17,9	18,7	19,2	20,2
	45	12,3	12,9	13,2	13,7	14,1	14,6	15,7	17,0	17,7	18,2	18,9	19,5	20,5
	46	12,4	13,0	13,3	13,9	14,2	14,8	15,9	17,2	17,9	18,4	19,2	19,7	20,8
	47	12,6	13,1	13,5	14,0	14,4	14,9	16,1	17,4	18,1	18,6	19,5	20,0	21,1
4	48	12,7	13,3	13,6	14,1	14,5	15,1	16,3	17,6	18,3	18,9	19,7	20,3	21,5
	49	12,8	13,4	13,7	14,3	14,7	15,2	16,4	17,8	18,5	19,1	20,0	20,6	21,8
	50	13,0	13,6	13,9	14,4	14,8	15,4	16,6	18,0	18,8	19,3	20,2	20,9	22,1
	51	13,1	13,7	14,0	14,6	15,0	15,6	16,8	18,2	19,0	19,6	20,5	21,1	22,4
	52	13,2	13,8	14,2	14,7	15,1	15,7	17,0	18,4	19,2	19,8	20,8	21,4	22,8
	53	13,3	14,0	14,3	14,9	15,2	15,9	17,1	18,6	19,4	20,0	21,0	21,7	23,1
	54	13,5	14,1	14,4	15,0	15,4	16,0	17,3	18,8	19,7	20,3	21,3	22,0	23,4
	55	13,6	14,2	14,6	15,1	15,5	16,2	17,5	19,0	19,9	20,5	21,6	22,3	23,8
	56	13,7	14,4	14,7	15,3	15,7	16,3	17,7	19,2	20,1	20,8	21,8	22,6	24,1
	57	13,9	14,5	14,8	15,4	15,8	16,5	17,8	19,4	20,3	21,0	22,1	22,9	24,4
	58	14,0	14,6	15,0	15,6	16,0	16,6	18,0	19,6	20,5	21,2	22,4	23,1	24,8
	59	14,1	14,8	15,1	15,7	16,1	16,8	18,2	19,8	20,8	21,5	22,6	23,4	25,1
5	60	14,2	14,9	15,3	15,9	16,3	17,0	18,4	20,0	21,0	21,7	22,9	23,7	25,4
6	72	15,7	16,5	16,9	17,6	18,1	18,9	20,7	22,7	24,0	24,9	26,5	27,6	30,0
7	84	17,3	18,2	18,7	19,6	20,2	21,2	23,4	26,0	27,6	28,8	30,9	32,3	35,4
8	96	18,9	20,1	20,7	21,8	22,6	23,9	26,6	29,8	31,8	33,4	35,8	37,6	41,4
9	108	20,9	22,3	23,1	24,4	25,4	26,9	30,2	34,1	36,6	38,4	41,4	43,5	48,0
10	120	23,0	24,8	25,8	27,4	28,6	30,4	34,4	39,1	42,0	44,1	47,5	49,9	54,9
11	132	25,6	27,7	28,9	30,8	32,2	34,5	39,1	44,4	47,7	50,0	53,7	56,2	61,5
12	144	28,7	31,1	32,5	34,7	36,2	38,7	43,7	49,5	52,8	55,3	59,1	61,7	66,9
13	156	32,4	34,9	36,3	38,5	40,1	42,6	47,7	53,4	56,8	59,2	63,0	65,6	70,8
14	168	35,7	38,1	39,5	41,6	43,2	45,6	50,5	56,1	59,4	61,7	65,4	67,9	73,1
15	180	38,1	40,5	41,8	43,9	45,4	47,8	52,6	57,9	61,0	63,3	66,8	69,2	74,0
16	192	39,6	41,9	43,2	45,3	46,8	49,1	53,7	58,9	61,9	64,1	67,5	69,8	74,4
17	204	40,5	42,7	44,0	46,0	47,4	49,6	54,1	59,1	62,1	64,3	67,6	69,9	74,5
18	216	41,1	43,2	44,3	46,2	47,6	49,7	54,0	59,0	62,0	64,1	67,5	69,9	74,8

5. 남자 2~18세 체질량지수 백분위수

만나이 (세)	만나이 (개월)	체질량지수(kg/m2) 백분위수												
		1st	3rd	5th	10th	15th	25th	50th	75th	85th	90th	95th	97th	99th
2	24	13,5	13,9	14,2	14,5	14,8	15,2	16,0	16,9	17,4	17,8	18,3	18,7	19,4
	25	13,5	13,9	14,1	14,5	14,8	15,2	16,0	16,9	17,4	17,7	18,3	18,6	19,4
	26	13,4	13,8	14,1	14,5	14,7	15,1	15,9	16,8	17,3	17,7	18,2	18,6	19,3
	27	13,4	13,8	14,0	14,4	14,7	15,1	15,9	16,8	17,3	17,6	18,2	18,5	19,2
	28	13,3	13,8	14,0	14,4	14,7	15,1	15,9	16,7	17,2	17,6	18,1	18,5	19,2
	29	13,3	13,7	14,0	14,4	14,6	15,0	15,8	16,7	17,2	17,5	18,1	18,4	19,1
	30	13,3	13,7	13,9	14,3	14,6	15,0	15,8	16,7	17,2	17,5	18,0	18,4	19,1
	31	13,2	13,7	13,9	14,3	14,5	15,0	15,8	16,6	17,1	17,5	18,0	18,4	19,1
	32	13,2	13,6	13,9	14,2	14,5	14,9	15,7	16,6	17,1	17,4	18,0	18,3	19,0
	33	13,1	13,6	13,8	14,2	14,5	14,9	15,7	16,6	17,0	17,4	17,9	18,3	19,0
	34	13,1	13,5	13,8	14,2	14,4	14,9	15,7	16,5	17,0	17,4	17,9	18,2	18,9
	35	13,1	13,5	13,8	14,1	14,4	14,8	15,6	16,5	17,0	17,3	17,9	18,2	18,9
3	36	13,3	13,8	14,1	14,5	14,8	15,2	15,9	16,6	17,0	17,3	17,6	17,8	18,3
	37	13,3	13,8	14,1	14,5	14,8	15,2	15,9	16,7	17,0	17,3	17,6	17,9	18,3
	38	13,3	13,8	14,1	14,5	14,8	15,2	15,9	16,7	17,0	17,3	17,7	17,9	18,4
	39	13,3	13,8	14,1	14,5	14,8	15,2	15,9	16,7	17,1	17,3	17,7	17,9	18,4
	40	13,3	13,8	14,1	14,5	14,8	15,2	15,9	16,7	17,1	17,3	17,7	18,0	18,4
	41	13,3	13,8	14,1	14,5	14,8	15,2	15,9	16,7	17,1	17,3	17,7	18,0	18,5
	42	13,3	13,8	14,1	14,5	14,8	15,2	15,9	16,7	17,1	17,4	17,8	18,0	18,5
	43	13,3	13,8	14,1	14,5	14,8	15,2	15,9	16,7	17,1	17,4	17,8	18,1	18,6
	44	13,3	13,8	14,1	14,5	14,7	15,2	15,9	16,7	17,1	17,4	17,8	18,1	18,6
	45	13,3	13,8	14,0	14,5	14,7	15,1	15,9	16,7	17,1	17,4	17,8	18,1	18,7
	46	13,3	13,8	14,0	14,5	14,7	15,1	15,9	16,7	17,1	17,4	17,9	18,2	18,7
	47	13,3	13,8	14,0	14,4	14,7	15,1	15,9	16,7	17,2	17,4	17,9	18,2	18,7
4	48	13,3	13,8	14,0	14,4	14,7	15,1	15,9	16,7	17,2	17,5	17,9	18,2	18,8
	49	13,3	13,8	14,0	14,4	14,7	15,1	15,9	16,7	17,2	17,5	18,0	18,3	18,8
	50	13,3	13,8	14,0	14,4	14,7	15,1	15,9	16,7	17,2	17,5	18,0	18,3	18,9
	51	13,3	13,8	14,0	14,4	14,7	15,1	15,9	16,8	17,2	17,5	18,0	18,3	18,9
	52	13,3	13,8	14,0	14,4	14,7	15,1	15,9	16,8	17,2	17,6	18,0	18,4	19,0
	53	13,3	13,7	14,0	14,4	14,7	15,1	15,9	16,8	17,2	17,6	18,1	18,4	19,0
	54	13,3	13,7	14,0	14,4	14,7	15,1	15,9	16,8	17,3	17,6	18,1	18,4	19,1
	55	13,3	13,7	14,0	14,4	14,7	15,1	15,9	16,8	17,3	17,6	18,1	18,5	19,1
	56	13,3	13,7	14,0	14,4	14,7	15,1	15,9	16,8	17,3	17,6	18,2	18,5	19,2
	57	13,3	13,7	14,0	14,4	14,7	15,1	15,9	16,8	17,3	17,7	18,2	18,5	19,2
	58	13,3	13,7	14,0	14,4	14,7	15,1	15,9	16,8	17,3	17,7	18,2	18,6	19,3
	59	13,3	13,7	14,0	14,4	14,7	15,1	15,9	16,8	17,3	17,7	18,2	18,6	19,3

만나이 (세)	만나이 (개월)	체질량지수(kg/m2) 백분위수												
		1st	3rd	5th	10th	15th	25th	50th	75th	85th	90th	95th	97th	99th
5	60	13,3	13,7	14,0	14,4	14,6	15,1	15,9	16,8	17,4	17,7	18,3	18,7	19,4
	61	13,2	13,7	14,0	14,4	14,6	15,1	15,9	16,8	17,4	17,7	18,3	18,7	19,5
	62	13,2	13,7	14,0	14,4	14,6	15,1	15,9	16,9	17,4	17,8	18,4	18,7	19,5
	63	13,2	13,7	14,0	14,4	14,6	15,1	15,9	16,9	17,4	17,8	18,4	18,8	19,6
	64	13,2	13,7	14,0	14,4	14,6	15,1	15,9	16,9	17,4	17,8	18,4	18,8	19,6
	65	13,2	13,7	13,9	14,4	14,6	15,1	15,9	16,9	17,5	17,9	18,5	18,9	19,7
	66	13,2	13,7	13,9	14,3	14,6	15,1	16,0	16,9	17,5	17,9	18,5	18,9	19,8
	67	13,2	13,7	13,9	14,3	14,6	15,1	16,0	16,9	17,5	17,9	18,5	19,0	19,8
	68	13,2	13,7	13,9	14,3	14,6	15,1	16,0	17,0	17,5	17,9	18,6	19,0	19,9
	69	13,2	13,7	13,9	14,3	14,6	15,1	16,0	17,0	17,5	18,0	18,6	19,0	19,9
	70	13,2	13,7	13,9	14,3	14,6	15,1	16,0	17,0	17,6	18,0	18,6	19,1	20,0
	71	13,2	13,7	13,9	14,3	14,6	15,1	16,0	17,0	17,6	18,0	18,7	19,1	20,1
6	72	13,2	13,7	13,9	14,3	14,6	15,1	16,0	17,0	17,6	18,1	18,8	19,2	20,2
	73	13,2	13,7	13,9	14,4	14,6	15,1	16,0	17,1	17,7	18,1	18,8	19,3	20,3
	74	13,2	13,7	13,9	14,4	14,7	15,1	16,1	17,1	17,7	18,2	18,9	19,4	20,4
	75	13,2	13,7	13,9	14,4	14,7	15,1	16,1	17,2	17,8	18,2	19,0	19,5	20,4
	76	13,2	13,7	13,9	14,4	14,7	15,2	16,1	17,2	17,8	18,3	19,0	19,5	20,5
	77	13,2	13,7	14,0	14,4	14,7	15,2	16,2	17,2	17,9	18,4	19,1	19,6	20,6
	78	13,2	13,7	14,0	14,4	14,7	15,2	16,2	17,3	18,0	18,4	19,2	19,7	20,7
	79	13,2	13,7	14,0	14,4	14,7	15,2	16,2	17,3	18,0	18,5	19,2	19,8	20,8
	80	13,2	13,7	14,0	14,4	14,7	15,2	16,2	17,4	18,1	18,5	19,3	19,8	20,9
	81	13,2	13,7	14,0	14,4	14,7	15,2	16,3	17,4	18,1	18,6	19,4	19,9	21,0
	82	13,2	13,7	14,0	14,4	14,8	15,3	16,3	17,5	18,2	18,7	19,5	20,0	21,1
	83	13,2	13,7	14,0	14,4	14,8	15,3	16,3	17,5	18,2	18,7	19,5	20,1	21,2
7	84	13,2	13,7	14,0	14,5	14,8	15,3	16,4	17,6	18,3	18,8	19,6	20,2	21,4
8	96	13,3	13,8	14,2	14,7	15,1	15,7	16,9	18,3	19,2	19,8	20,7	21,4	22,8
9	108	13,4	14,0	14,4	15,1	15,5	16,2	17,6	19,2	20,2	20,9	22,0	22,7	24,2
10	120	13,5	14,3	14,7	15,5	16,0	16,8	18,4	20,2	21,2	22,0	23,1	23,9	25,5
11	132	13,7	14,6	15,1	15,9	16,5	17,4	19,1	21,1	22,2	23,0	24,2	25,0	26,7
12	144	14,0	15,0	15,5	16,4	17,0	17,9	19,8	21,8	23,0	23,8	25,1	25,9	27,6
13	156	14,5	15,5	16,0	16,9	17,5	18,4	20,3	22,4	23,6	24,4	25,7	26,5	28,2
14	168	15,0	16,0	16,5	17,4	18,0	18,9	20,8	22,8	23,9	24,8	26,0	26,9	28,5
15	180	15,6	16,5	17,0	17,9	18,5	19,4	21,2	23,1	24,2	25,0	26,2	27,0	28,6
16	192	16,0	17,0	17,5	18,3	18,9	19,8	21,6	23,5	24,5	25,3	26,4	27,2	28,7
17	204	16,4	17,4	17,9	18,7	19,3	20,2	21,9	23,8	24,8	25,5	26,6	27,4	28,8
18	216	16,7	17,7	18,3	19,1	19,7	20,6	22,3	24,1	25,1	25,8	26,9	27,5	28,9

6. 여자 2~18세 체질량지수 백분위수

만나이 (세)	만나이 (개월)	체질량지수(kg/m2) 백분위수											
		1st	3rd	5th	10th	15th	25th	50th	75th	85th	90th	95th	97th	99th
2	24	13.0	13.5	13.7	14.1	14.4	14.8	15.7	16.6	17.2	17.5	18.1	18.5	19.3
	25	13.0	13.4	13.7	14.1	14.4	14.8	15.7	16.6	17.1	17.5	18.1	18.5	19.3
	26	13.0	13.4	13.7	14.1	14.4	14.8	15.6	16.6	17.1	17.5	18.1	18.5	19.3
	27	13.0	13.4	13.7	14.0	14.3	14.8	15.6	16.5	17.1	17.4	18.0	18.4	19.2
	28	12.9	13.4	13.6	14.0	14.3	14.7	15.6	16.5	17.0	17.4	18.0	18.4	19.2
	29	12.9	13.4	13.6	14.0	14.3	14.7	15.6	16.5	17.0	17.4	18.0	18.4	19.2
	30	12.9	13.3	13.6	14.0	14.3	14.7	15.5	16.5	17.0	17.4	17.9	18.3	19.1
	31	12.9	13.3	13.6	14.0	14.2	14.7	15.5	16.4	17.0	17.3	17.9	18.3	19.1
	32	12.8	13.3	13.5	13.9	14.2	14.6	15.5	16.4	16.9	17.3	17.9	18.3	19.1
	33	12.8	13.3	13.5	13.9	14.2	14.6	15.5	16.4	16.9	17.3	17.9	18.3	19.0
	34	12.8	13.2	13.5	13.9	14.2	14.6	15.4	16.4	16.9	17.3	17.9	18.2	19.0
	35	12.8	13.2	13.5	13.9	14.1	14.6	15.4	16.3	16.9	17.3	17.8	18.2	19.0
3	36	13.1	13.6	13.9	14.3	14.6	15.0	15.8	16.5	16.8	17.1	17.4	17.7	18.1
	37	13.1	13.6	13.9	14.3	14.6	15.0	15.8	16.5	16.8	17.1	17.5	17.7	18.2
	38	13.1	13.6	13.9	14.3	14.6	15.0	15.8	16.5	16.9	17.1	17.5	17.7	18.2
	39	13.1	13.6	13.9	14.3	14.6	15.0	15.7	16.5	16.9	17.1	17.5	17.8	18.3
	40	13.1	13.6	13.9	14.3	14.6	15.0	15.7	16.5	16.9	17.2	17.6	17.8	18.3
	41	13.1	13.6	13.9	14.3	14.6	15.0	15.7	16.5	16.9	17.2	17.6	17.9	18.4
	42	13.1	13.6	13.9	14.3	14.6	15.0	15.7	16.5	16.9	17.2	17.6	17.9	18.4
	43	13.1	13.6	13.9	14.3	14.6	15.0	15.7	16.5	16.9	17.2	17.7	17.9	18.5
	44	13.1	13.6	13.8	14.3	14.5	15.0	15.7	16.5	17.0	17.3	17.7	18.0	18.5
	45	13.1	13.6	13.8	14.3	14.5	14.9	15.7	16.5	17.0	17.3	17.7	18.0	18.6
	46	13.1	13.6	13.8	14.2	14.5	14.9	15.7	16.5	17.0	17.3	17.7	18.0	18.6
	47	13.1	13.6	13.8	14.2	14.5	14.9	15.7	16.6	17.0	17.3	17.8	18.1	18.7
4	48	13.1	13.6	13.8	14.2	14.5	14.9	15.7	16.6	17.0	17.3	17.8	18.1	18.7
	49	13.1	13.6	13.8	14.2	14.5	14.9	15.7	16.6	17.0	17.4	17.8	18.2	18.8
	50	13.1	13.5	13.8	14.2	14.5	14.9	15.7	16.6	17.1	17.4	17.9	18.2	18.8
	51	13.1	13.5	13.8	14.2	14.5	14.9	15.7	16.6	17.1	17.4	17.9	18.2	18.9
	52	13.1	13.5	13.8	14.2	14.5	14.9	15.7	16.6	17.1	17.4	17.9	18.3	19.0
	53	13.1	13.5	13.8	14.2	14.5	14.9	15.7	16.6	17.1	17.5	18.0	18.3	19.0
	54	13.0	13.5	13.8	14.2	14.5	14.9	15.7	16.6	17.1	17.5	18.0	18.4	19.1
	55	13.0	13.5	13.8	14.2	14.5	14.9	15.7	16.6	17.1	17.5	18.0	18.4	19.1
	56	13.0	13.5	13.8	14.2	14.4	14.9	15.7	16.6	17.2	17.5	18.1	18.5	19.2
	57	13.0	13.5	13.8	14.2	14.4	14.9	15.7	16.7	17.2	17.5	18.1	18.5	19.2
	58	13.0	13.5	13.7	14.2	14.4	14.9	15.7	16.7	17.2	17.6	18.1	18.5	19.3
	59	13.0	13.5	13.7	14.1	14.4	14.9	15.7	16.7	17.2	17.6	18.2	18.6	19.4

만나이 (세)	만나이 (개월)	체질량지수(kg/m2) 백분위수												
		1st	3rd	5th	10th	15th	25th	50th	75th	85th	90th	95th	97th	99th
5	60	13,0	13,5	13,7	14,1	14,4	14,9	15,7	16,7	17,2	17,6	18,2	18,6	19,4
	61	13,0	13,5	13,7	14,1	14,4	14,9	15,7	16,7	17,3	17,6	18,3	18,7	19,5
	62	13,0	13,5	13,7	14,1	14,4	14,9	15,7	16,7	17,3	17,7	18,3	18,7	19,6
	63	13,0	13,5	13,7	14,1	14,4	14,9	15,7	16,7	17,3	17,7	18,3	18,8	19,6
	64	13,0	13,5	13,7	14,1	14,4	14,9	15,7	16,7	17,3	17,7	18,4	18,8	19,7
	65	13,0	13,4	13,7	14,1	14,4	14,8	15,7	16,8	17,3	17,8	18,4	18,9	19,8
	66	13,0	13,4	13,7	14,1	14,4	14,8	15,8	16,8	17,4	17,8	18,4	18,9	19,8
	67	13,0	13,4	13,7	14,1	14,4	14,8	15,8	16,8	17,4	17,8	18,5	19,0	19,9
	68	13,0	13,4	13,7	14,1	14,4	14,8	15,8	16,8	17,4	17,8	18,5	19,0	20,0
	69	13,0	13,4	13,7	14,1	14,4	14,8	15,8	16,8	17,4	17,9	18,6	19,0	20,0
	70	13,0	13,4	13,7	14,1	14,4	14,8	15,8	16,8	17,4	17,9	18,6	19,1	20,1
	71	13,0	13,4	13,7	14,1	14,4	14,8	15,8	16,8	17,5	17,9	18,6	19,1	20,2
6	72	12,9	13,4	13,7	14,1	14,4	14,8	15,8	16,9	17,5	18,0	18,7	19,2	20,3
	73	12,9	13,4	13,7	14,1	14,4	14,9	15,8	16,9	17,6	18,0	18,8	19,3	20,3
	74	12,9	13,4	13,7	14,1	14,4	14,9	15,8	16,9	17,6	18,1	18,8	19,4	20,4
	75	12,9	13,4	13,7	14,1	14,4	14,9	15,9	17,0	17,7	18,1	18,9	19,4	20,5
	76	12,9	13,4	13,7	14,1	14,4	14,9	15,9	17,0	17,7	18,2	19,0	19,5	20,6
	77	12,9	13,4	13,7	14,1	14,4	14,9	15,9	17,1	17,7	18,2	19,0	19,6	20,7
	78	12,9	13,4	13,7	14,1	14,4	14,9	15,9	17,1	17,8	18,3	19,1	19,7	20,8
	79	12,9	13,4	13,7	14,1	14,4	14,9	16,0	17,1	17,8	18,4	19,2	19,7	20,9
	80	12,9	13,4	13,7	14,1	14,5	15,0	16,0	17,2	17,9	18,4	19,2	19,8	21,0
	81	12,9	13,4	13,7	14,1	14,5	15,0	16,0	17,2	17,9	18,5	19,3	19,9	21,1
	82	12,9	13,4	13,7	14,1	14,5	15,0	16,0	17,3	18,0	18,5	19,4	19,9	21,2
	83	12,9	13,4	13,7	14,1	14,5	15,0	16,1	17,3	18,0	18,6	19,4	20,0	21,3
7	84	12,9	13,4	13,7	14,2	14,5	15,0	16,1	17,3	18,1	18,6	19,5	20,1	21,4
8	96	12,9	13,5	13,8	14,4	14,8	15,3	16,6	18,0	18,8	19,5	20,4	21,1	22,5
9	108	13,0	13,7	14,1	14,7	15,1	15,8	17,2	18,8	19,7	20,4	21,5	22,2	23,7
10	120	13,2	14,0	14,4	15,1	15,5	16,3	17,8	19,5	20,6	21,3	22,4	23,2	24,8
11	132	13,5	14,3	14,8	15,5	16,0	16,8	18,5	20,3	21,4	22,1	23,3	24,2	25,8
12	144	14,0	14,8	15,3	16,0	16,6	17,4	19,1	21,0	22,1	22,9	24,1	25,0	26,7
13	156	14,5	15,4	15,9	16,6	17,2	18,0	19,7	21,6	22,8	23,5	24,8	25,6	27,3
14	168	15,1	15,9	16,4	17,2	17,8	18,6	20,3	22,2	23,3	24,0	25,2	26,0	27,6
15	180	15,6	16,4	16,9	17,7	18,3	19,1	20,8	22,6	23,6	24,3	25,4	26,2	27,7
16	192	16,0	16,8	17,3	18,1	18,6	19,4	21,0	22,8	23,8	24,5	25,5	26,3	27,7
17	204	16,2	17,0	17,5	18,2	18,7	19,5	21,1	22,8	23,8	24,5	25,5	26,2	27,7
18	216	16,4	17,2	17,6	18,3	18,8	19,5	21,0	22,7	23,7	24,4	25,5	26,2	27,7

7. 남자 0~6세 머리둘레 백분위수

만나이 (세)	만나이 (개월)	머리둘레(cm) 백분위수												
		1st	3rd	5th	10th	15th	25th	50th	75th	85th	90th	95th	97th	99th
0	0	31,5	32,1	32,4	32,8	33,1	33,6	34,5	35,3	35,8	36,1	36,6	36,9	37,4
	1	34,6	35,1	35,4	35,8	36,1	36,5	37,3	38,1	38,5	38,8	39,2	39,5	40,0
	2	36,4	36,9	37,2	37,6	37,9	38,3	39,1	39,9	40,3	40,6	41,1	41,3	41,9
	3	37,8	38,3	38,6	39,0	39,3	39,7	40,5	41,3	41,7	42,0	42,5	42,7	43,3
	4	38,9	39,4	39,7	40,1	40,4	40,8	41,6	42,4	42,9	43,2	43,6	43,9	44,4
	5	39,7	40,3	40,6	41,0	41,3	41,7	42,6	43,4	43,8	44,1	44,5	44,8	45,4
	6	40,5	41,0	41,3	41,8	42,1	42,5	43,3	44,2	44,6	44,9	45,3	45,6	46,2
	7	41,1	41,7	42,0	42,4	42,7	43,1	44,0	44,8	45,3	45,6	46,0	46,3	46,8
	8	41,6	42,2	42,5	42,9	43,2	43,7	44,5	45,4	45,8	46,1	46,6	46,9	47,4
	9	42,1	42,6	42,9	43,4	43,7	44,2	45,0	45,8	46,3	46,6	47,1	47,4	47,9
	10	42,5	43,0	43,3	43,8	44,1	44,6	45,4	46,3	46,7	47,0	47,5	47,8	48,4
	11	42,8	43,4	43,7	44,1	44,4	44,9	45,8	46,6	47,1	47,4	47,9	48,2	48,7
1	12	43,1	43,6	44,0	44,4	44,7	45,2	46,1	46,9	47,4	47,7	48,2	48,5	49,1
	13	43,3	43,9	44,2	44,7	45,0	45,5	46,3	47,2	47,7	48,0	48,5	48,8	49,3
	14	43,6	44,1	44,4	44,9	45,2	45,7	46,6	47,5	47,9	48,3	48,7	49,0	49,6
	15	43,8	44,3	44,7	45,1	45,5	45,9	46,8	47,7	48,2	48,5	49,0	49,3	49,8
	16	44,0	44,5	44,8	45,3	45,6	46,1	47,0	47,9	48,4	48,7	49,2	49,5	50,1
	17	44,1	44,7	45,0	45,5	45,8	46,3	47,2	48,1	48,6	48,9	49,4	49,7	50,3
	18	44,3	44,9	45,2	45,7	46,0	46,5	47,4	48,3	48,7	49,1	49,6	49,9	50,5
	19	44,4	45,0	45,3	45,8	46,2	46,6	47,5	48,4	48,9	49,2	49,7	50,0	50,6
	20	44,6	45,2	45,5	46,0	46,3	46,8	47,7	48,6	49,1	49,4	49,9	50,2	50,8
	21	44,7	45,3	45,6	46,1	46,4	46,9	47,8	48,7	49,2	49,6	50,1	50,4	51,0
	22	44,8	45,4	45,8	46,3	46,6	47,1	48,0	48,9	49,4	49,7	50,2	50,5	51,1
	23	45,0	45,6	45,9	46,4	46,7	47,2	48,1	49,0	49,5	49,9	50,3	50,7	51,3
2	24	45,1	45,7	46,0	46,5	46,8	47,3	48,3	49,2	49,7	50,0	50,5	50,8	51,4
	25	45,2	45,8	46,1	46,6	47,0	47,5	48,4	49,3	49,8	50,1	50,6	50,9	51,6
	26	45,3	45,9	46,2	46,7	47,1	47,6	48,5	49,4	49,9	50,3	50,8	51,1	51,7
	27	45,4	46,0	46,3	46,8	47,2	47,7	48,6	49,5	50,0	50,4	50,9	51,2	51,8
	28	45,5	46,1	46,5	47,0	47,3	47,8	48,7	49,7	50,2	50,5	51,0	51,3	51,9
	29	45,6	46,2	46,6	47,1	47,4	47,9	48,8	49,8	50,3	50,6	51,1	51,4	52,1
	30	45,7	46,3	46,6	47,1	47,5	48,0	48,9	49,9	50,4	50,7	51,2	51,6	52,2
	31	45,8	46,4	46,7	47,2	47,6	48,1	49,0	50,0	50,5	50,8	51,3	51,7	52,3
	32	45,9	46,5	46,8	47,3	47,7	48,2	49,1	50,1	50,6	50,9	51,4	51,8	52,4
	33	45,9	46,6	46,9	47,4	47,8	48,3	49,2	50,2	50,7	51,0	51,5	51,9	52,5
	34	46,0	46,6	47,0	47,5	47,8	48,3	49,3	50,3	50,8	51,1	51,6	52,0	52,6
	35	46,1	46,7	47,1	47,6	47,9	48,4	49,4	50,3	50,8	51,2	51,7	52,0	52,7
3	36	45,8	46,7	47,1	47,7	48,1	48,7	49,8	50,9	51,4	51,8	52,3	52,7	53,3

만나이 (세)	만나이 (개월)	머리둘레(cm) 백분위수												
		1st	3rd	5th	10th	15th	25th	50th	75th	85th	90th	95th	97th	99th
3	37	46.0	46.8	47.2	47.8	48.2	48.8	49.9	50.9	51.5	51.9	52.4	52.7	53.4
	38	46.1	46.9	47.3	47.9	48.3	48.9	50.0	51.0	51.5	51.9	52.4	52.8	53.4
	39	46.2	47.0	47.4	48.0	48.4	49.0	50.0	51.1	51.6	52.0	52.5	52.8	53.5
	40	46.4	47.1	47.5	48.1	48.5	49.0	50.1	51.1	51.6	52.0	52.5	52.9	53.5
	41	46.5	47.2	47.6	48.2	48.6	49.1	50.1	51.2	51.7	52.1	52.6	52.9	53.6
	42	46.6	47.3	47.7	48.2	48.6	49.2	50.2	51.2	51.7	52.1	52.6	53.0	53.6
	43	46.7	47.4	47.8	48.3	48.7	49.3	50.3	51.3	51.8	52.2	52.7	53.0	53.7
	44	46.8	47.5	47.8	48.4	48.8	49.3	50.3	51.3	51.8	52.2	52.7	53.1	53.7
	45	46.9	47.6	47.9	48.5	48.8	49.4	50.4	51.4	51.9	52.2	52.8	53.1	53.7
	46	47.0	47.7	48.0	48.5	48.9	49.4	50.4	51.4	51.9	52.3	52.8	53.2	53.8
	47	47.1	47.7	48.1	48.6	49.0	49.5	50.5	51.5	52.0	52.3	52.9	53.2	53.9
4	48	47.2	47.8	48.2	48.7	49.0	49.6	50.5	51.5	52.0	52.4	52.9	53.3	53.9
	49	47.3	47.9	48.2	48.7	49.1	49.6	50.6	51.6	52.1	52.4	53.0	53.3	54.0
	50	47.4	48.0	48.3	48.8	49.2	49.7	50.6	51.6	52.1	52.5	53.0	53.4	54.0
	51	47.4	48.0	48.4	48.9	49.2	49.7	50.7	51.7	52.2	52.5	53.1	53.4	54.1
	52	47.5	48.1	48.4	48.9	49.3	49.8	50.7	51.7	52.2	52.6	53.1	53.5	54.2
	53	47.6	48.2	48.5	49.0	49.3	49.8	50.8	51.8	52.3	52.6	53.2	53.5	54.2
	54	47.7	48.2	48.6	49.0	49.4	49.9	50.8	51.8	52.3	52.7	53.2	53.6	54.3
	55	47.7	48.3	48.6	49.1	49.4	49.9	50.9	51.8	52.4	52.7	53.3	53.7	54.3
	56	47.8	48.4	48.7	49.2	49.5	50.0	50.9	51.9	52.4	52.8	53.3	53.7	54.4
	57	47.8	48.4	48.7	49.2	49.5	50.0	51.0	51.9	52.5	52.8	53.4	53.8	54.5
	58	47.9	48.5	48.8	49.3	49.6	50.1	51.0	52.0	52.5	52.9	53.5	53.8	54.5
	59	47.9	48.5	48.8	49.3	49.6	50.1	51.1	52.0	52.6	52.9	53.5	53.9	54.6
5	60	48.0	48.6	48.9	49.3	49.7	50.2	51.1	52.1	52.6	53.0	53.5	53.9	54.6
	61	48.0	48.6	48.9	49.4	49.7	50.2	51.2	52.1	52.7	53.0	53.6	54.0	54.7
	62	48.1	48.6	48.9	49.4	49.8	50.3	51.2	52.2	52.7	53.1	53.6	54.0	54.7
	63	48.1	48.7	49.0	49.5	49.8	50.3	51.3	52.2	52.8	53.1	53.7	54.0	54.7
	64	48.1	48.7	49.0	49.5	49.9	50.4	51.3	52.3	52.8	53.2	53.7	54.1	54.8
	65	48.1	48.7	49.1	49.6	49.9	50.4	51.3	52.3	52.9	53.2	53.8	54.1	54.8
	66	48.2	48.8	49.1	49.6	49.9	50.4	51.4	52.4	52.9	53.3	53.8	54.2	54.8
	67	48.2	48.8	49.1	49.6	50.0	50.5	51.4	52.4	52.9	53.3	53.8	54.2	54.9
	68	48.2	48.9	49.2	49.7	50.0	50.5	51.5	52.5	53.0	53.4	53.9	54.2	54.9
	69	48.3	48.9	49.2	49.7	50.1	50.6	51.5	52.5	53.0	53.4	53.9	54.3	54.9
	70	48.3	48.9	49.2	49.8	50.1	50.6	51.6	52.6	53.1	53.4	54.0	54.3	55.0
	71	48.3	49.0	49.3	49.8	50.1	50.7	51.6	52.6	53.1	53.5	54.0	54.4	55.0
6	72	48.4	49.0	49.3	49.8	50.2	50.7	51.7	52.6	53.2	53.5	54.0	54.4	55.0

8. 여자 0~6세 머리둘레 백분위수

만나이 (세)	만나이 (개월)	머리둘레(cm) 백분위수												
		1st	3rd	5th	10th	15th	25th	50th	75th	85th	90th	95th	97th	99th
0	0	31.1	31.7	31.9	32.4	32.7	33.1	33.9	34.7	35.1	35.4	35.8	36.1	36.6
	1	33.8	34.3	34.6	35.0	35.3	35.8	36.5	37.3	37.8	38.0	38.5	38.8	39.3
	2	35.4	36.0	36.3	36.7	37.0	37.4	38.3	39.1	39.5	39.8	40.2	40.5	41.1
	3	36.6	37.2	37.5	37.9	38.2	38.7	39.5	40.4	40.8	41.1	41.6	41.9	42.4
	4	37.6	38.2	38.5	39.0	39.3	39.7	40.6	41.4	41.9	42.2	42.7	43.0	43.5
	5	38.5	39.0	39.3	39.8	40.1	40.6	41.5	42.3	42.8	43.1	43.6	43.9	44.5
	6	39.2	39.7	40.1	40.5	40.8	41.3	42.2	43.1	43.5	43.9	44.3	44.6	45.2
	7	39.8	40.4	40.7	41.1	41.5	41.9	42.8	43.7	44.2	44.5	45.0	45.3	45.9
	8	40.3	40.9	41.2	41.7	42.0	42.5	43.4	44.3	44.7	45.1	45.6	45.9	46.5
	9	40.7	41.3	41.6	42.1	42.4	42.9	43.8	44.7	45.2	45.5	46.0	46.3	46.9
	10	41.1	41.7	42.0	42.5	42.8	43.3	44.2	45.1	45.6	46.0	46.4	46.8	47.4
	11	41.4	42.0	42.4	42.9	43.2	43.7	44.6	45.5	46.0	46.3	46.8	47.1	47.7
1	12	41.7	42.3	42.7	43.2	43.5	44.0	44.9	45.8	46.3	46.6	47.1	47.5	48.1
	13	42.0	42.6	42.9	43.4	43.8	44.3	45.2	46.1	46.6	46.9	47.4	47.7	48.3
	14	42.2	42.9	43.2	43.7	44.0	44.5	45.4	46.3	46.8	47.2	47.7	48.0	48.6
	15	42.5	43.1	43.4	43.9	44.2	44.7	45.7	46.6	47.1	47.4	47.9	48.2	48.8
	16	42.7	43.3	43.6	44.1	44.4	44.9	45.9	46.8	47.3	47.6	48.1	48.5	49.1
	17	42.9	43.5	43.8	44.3	44.6	45.1	46.1	47.0	47.5	47.8	48.3	48.7	49.3
	18	43.0	43.6	44.0	44.5	44.8	45.3	46.2	47.2	47.7	48.0	48.5	48.8	49.5
	19	43.2	43.8	44.1	44.6	45.0	45.5	46.4	47.3	47.8	48.2	48.7	49.0	49.6
	20	43.4	44.0	44.3	44.8	45.1	45.6	46.6	47.5	48.0	48.4	48.9	49.2	49.8
	21	43.5	44.1	44.5	45.0	45.3	45.8	46.7	47.7	48.2	48.5	49.0	49.4	50.0
	22	43.7	44.3	44.6	45.1	45.4	46.0	46.9	47.8	48.3	48.7	49.2	49.5	50.1
	23	43.8	44.4	44.7	45.3	45.6	46.1	47.0	48.0	48.5	48.8	49.3	49.7	50.3
2	24	43.9	44.6	44.9	45.4	45.7	46.2	47.2	48.1	48.6	49.0	49.5	49.8	50.4
	25	44.1	44.7	45.0	45.5	45.9	46.4	47.3	48.3	48.8	49.1	49.6	49.9	50.6
	26	44.2	44.8	45.2	45.7	46.0	46.5	47.5	48.4	48.9	49.2	49.8	50.1	50.7
	27	44.3	44.9	45.3	45.8	46.1	46.6	47.6	48.5	49.0	49.4	49.9	50.2	50.8
	28	44.4	45.1	45.4	45.9	46.3	46.8	47.7	48.7	49.2	49.5	50.0	50.3	51.0
	29	44.6	45.2	45.5	46.0	46.4	46.9	47.8	48.8	49.3	49.6	50.1	50.5	51.1
	30	44.7	45.3	45.6	46.1	46.5	47.0	47.9	48.9	49.4	49.7	50.2	50.6	51.2
	31	44.8	45.4	45.7	46.2	46.6	47.1	48.0	49.0	49.5	49.8	50.4	50.7	51.3
	32	44.9	45.5	45.8	46.3	46.7	47.2	48.1	49.1	49.6	49.9	50.5	50.8	51.4
	33	45.0	45.6	45.9	46.4	46.8	47.3	48.2	49.2	49.7	50.0	50.6	50.9	51.5
	34	45.1	45.7	46.0	46.5	46.9	47.4	48.3	49.3	49.8	50.1	50.7	51.0	51.6
	35	45.1	45.8	46.1	46.6	47.0	47.5	48.4	49.4	49.9	50.2	50.7	51.1	51.7
3	36	45.3	46.0	46.3	46.9	47.3	47.8	48.8	49.9	50.5	50.8	51.4	51.8	52.5

만나이 (세)	만나이 (개월)	1st	3rd	5th	10th	15th	25th	50th	75th	85th	90th	95th	97th	99th
3	37	45.4	46.0	46.4	47.0	47.3	47.9	48.9	50.0	50.5	50.9	51.5	51.8	52.5
	38	45.5	46.1	46.5	47.0	47.4	48.0	49.0	50.0	50.6	51.0	51.5	51.9	52.6
	39	45.6	46.2	46.6	47.1	47.5	48.0	49.1	50.1	50.6	51.0	51.6	52.0	52.7
	40	45.7	46.3	46.7	47.2	47.6	48.1	49.1	50.2	50.7	51.1	51.7	52.0	52.7
	41	45.8	46.4	46.8	47.3	47.7	48.2	49.2	50.2	50.8	51.2	51.7	52.1	52.8
	42	45.8	46.5	46.8	47.4	47.7	48.3	49.3	50.3	50.8	51.2	51.8	52.1	52.8
	43	45.9	46.6	46.9	47.4	47.8	48.3	49.3	50.3	50.9	51.3	51.8	52.2	52.9
	44	46.0	46.6	47.0	47.5	47.9	48.4	49.4	50.4	50.9	51.3	51.9	52.2	52.9
	45	46.1	46.7	47.0	47.6	47.9	48.4	49.4	50.5	51.0	51.4	51.9	52.3	53.0
	46	46.1	46.8	47.1	47.6	48.0	48.5	49.5	50.5	51.0	51.4	52.0	52.3	53.0
	47	46.2	46.8	47.2	47.7	48.0	48.6	49.6	50.6	51.1	51.5	52.0	52.4	53.1
4	48	46.3	46.9	47.2	47.8	48.1	48.6	49.6	50.6	51.1	51.5	52.1	52.4	53.1
	49	46.4	47.0	47.3	47.8	48.2	48.7	49.7	50.7	51.2	51.6	52.1	52.5	53.2
	50	46.4	47.0	47.4	47.9	48.2	48.7	49.7	50.7	51.2	51.6	52.2	52.5	53.2
	51	46.5	47.1	47.4	47.9	48.3	48.8	49.8	50.8	51.3	51.7	52.2	52.6	53.2
	52	46.5	47.2	47.5	48.0	48.3	48.9	49.8	50.8	51.3	51.7	52.2	52.6	53.3
	53	46.6	47.2	47.6	48.1	48.4	48.9	49.9	50.9	51.4	51.7	52.3	52.6	53.3
	54	46.7	47.3	47.6	48.1	48.5	49.0	49.9	50.9	51.4	51.8	52.3	52.7	53.3
	55	46.7	47.4	47.7	48.2	48.5	49.0	50.0	51.0	51.5	51.8	52.4	52.7	53.4
	56	46.8	47.4	47.7	48.2	48.6	49.1	50.0	51.0	51.5	51.9	52.4	52.8	53.4
	57	46.9	47.5	47.8	48.3	48.6	49.1	50.1	51.0	51.6	51.9	52.5	52.8	53.5
	58	47.0	47.6	47.9	48.4	48.7	49.2	50.1	51.1	51.6	52.0	52.5	52.8	53.5
	59	47.0	47.6	47.9	48.4	48.8	49.3	50.2	51.1	51.7	52.0	52.5	52.9	53.6
5	60	47.1	47.7	48.0	48.5	48.8	49.3	50.2	51.2	51.7	52.1	52.6	53.0	53.6
	61	47.2	47.8	48.1	48.5	48.9	49.4	50.3	51.2	51.8	52.1	52.7	53.0	53.7
	62	47.2	47.8	48.1	48.6	48.9	49.4	50.3	51.3	51.8	52.2	52.7	53.1	53.7
	63	47.3	47.9	48.2	48.7	49.0	49.5	50.4	51.4	51.9	52.2	52.8	53.1	53.8
	64	47.4	47.9	48.2	48.7	49.0	49.5	50.4	51.4	51.9	52.3	52.8	53.2	53.9
	65	47.4	48.0	48.3	48.8	49.1	49.6	50.5	51.5	52.0	52.3	52.9	53.2	53.9
	66	47.5	48.1	48.4	48.8	49.1	49.6	50.6	51.5	52.0	52.4	52.9	53.3	54.0
	67	47.6	48.1	48.4	48.9	49.2	49.7	50.6	51.6	52.1	52.5	53.0	53.4	54.1
	68	47.6	48.2	48.5	48.9	49.3	49.7	50.7	51.6	52.1	52.5	53.1	53.4	54.1
	69	47.7	48.2	48.5	49.0	49.3	49.8	50.7	51.7	52.2	52.6	53.1	53.5	54.2
	70	47.7	48.3	48.6	49.0	49.4	49.8	50.8	51.7	52.2	52.6	53.2	53.5	54.3
	71	47.8	48.3	48.6	49.1	49.4	49.9	50.8	51.8	52.3	52.7	53.2	53.6	54.3
6	72	47.9	48.4	48.7	49.2	49.5	49.9	50.9	51.8	52.4	52.7	53.3	53.7	54.4

9. 남자 0~23개월 신장별 체중 백분위수

누운 키 (cm)	체중(kg) 백분위수												
	1st	3rd	5th	10th	15th	25th	50th	75th	85th	90th	95th	97th	99th
45	2.0	2.1	2.1	2.2	2.2	2.3	2.4	2.6	2.7	2.8	2.9	2.9	3.0
45.5	2.1	2.1	2.2	2.3	2.3	2.4	2.5	2.7	2.8	2.8	2.9	3.0	3.1
46	2.1	2.2	2.3	2.3	2.4	2.5	2.6	2.8	2.9	2.9	3.0	3.1	3.3
46.5	2.2	2.3	2.3	2.4	2.5	2.5	2.7	2.9	3.0	3.0	3.1	3.2	3.4
47	2.3	2.4	2.4	2.5	2.5	2.6	2.8	3.0	3.1	3.1	3.2	3.3	3.5
47.5	2.3	2.4	2.5	2.6	2.6	2.7	2.9	3.0	3.1	3.2	3.3	3.4	3.6
48	2.4	2.5	2.6	2.6	2.7	2.8	2.9	3.1	3.2	3.3	3.4	3.5	3.7
48.5	2.5	2.6	2.6	2.7	2.8	2.9	3.0	3.2	3.3	3.4	3.5	3.6	3.8
49	2.6	2.7	2.7	2.8	2.9	2.9	3.1	3.3	3.4	3.5	3.6	3.7	3.9
49.5	2.6	2.7	2.8	2.9	2.9	3.0	3.2	3.4	3.5	3.6	3.8	3.8	4.0
50	2.7	2.8	2.9	3.0	3.0	3.1	3.3	3.5	3.7	3.7	3.9	4.0	4.1
50.5	2.8	2.9	3.0	3.1	3.1	3.2	3.4	3.6	3.8	3.9	4.0	4.1	4.2
51	2.9	3.0	3.1	3.2	3.2	3.3	3.5	3.8	3.9	4.0	4.1	4.2	4.4
51.5	3.0	3.1	3.2	3.3	3.3	3.4	3.6	3.9	4.0	4.1	4.2	4.3	4.5
52	3.1	3.2	3.3	3.4	3.4	3.5	3.8	4.0	4.1	4.2	4.4	4.5	4.6
52.5	3.2	3.3	3.4	3.5	3.6	3.7	3.9	4.1	4.3	4.4	4.5	4.6	4.8
53	3.3	3.4	3.5	3.6	3.7	3.8	4.0	4.3	4.4	4.5	4.6	4.7	4.9
53.5	3.4	3.5	3.6	3.7	3.8	3.9	4.1	4.4	4.5	4.6	4.8	4.9	5.1
54	3.5	3.6	3.7	3.8	3.9	4.0	4.3	4.5	4.7	4.8	4.9	5.0	5.3
54.5	3.6	3.8	3.8	4.0	4.0	4.2	4.4	4.7	4.8	4.9	5.1	5.2	5.4
55	3.7	3.9	4.0	4.1	4.2	4.3	4.5	4.8	5.0	5.1	5.3	5.4	5.6
55.5	3.9	4.0	4.1	4.2	4.3	4.4	4.7	5.0	5.1	5.2	5.4	5.5	5.8
56	4.0	4.1	4.2	4.3	4.4	4.6	4.8	5.1	5.3	5.4	5.6	5.7	5.9
56.5	4.1	4.3	4.3	4.5	4.6	4.7	5.0	5.3	5.4	5.6	5.7	5.9	6.1
57	4.2	4.4	4.5	4.6	4.7	4.8	5.1	5.4	5.6	5.7	5.9	6.0	6.3
57.5	4.4	4.5	4.6	4.7	4.8	5.0	5.3	5.6	5.8	5.9	6.1	6.2	6.5
58	4.5	4.6	4.7	4.9	5.0	5.1	5.4	5.7	5.9	6.0	6.2	6.4	6.6
58.5	4.6	4.8	4.9	5.0	5.1	5.3	5.6	5.9	6.1	6.2	6.4	6.5	6.8
59	4.7	4.9	5.0	5.1	5.2	5.4	5.7	6.0	6.2	6.4	6.6	6.7	7.0
59.5	4.8	5.0	5.1	5.3	5.4	5.5	5.9	6.2	6.4	6.5	6.7	6.9	7.2
60	5.0	5.1	5.2	5.4	5.5	5.7	6.0	6.3	6.5	6.7	6.9	7.0	7.3
60.5	5.1	5.3	5.4	5.5	5.6	5.8	6.1	6.5	6.7	6.8	7.1	7.2	7.5
61	5.2	5.4	5.5	5.6	5.8	5.9	6.3	6.6	6.8	7.0	7.2	7.4	7.7
61.5	5.3	5.5	5.6	5.8	5.9	6.1	6.4	6.8	7.0	7.1	7.4	7.5	7.8
62	5.4	5.6	5.7	5.9	6.0	6.2	6.5	6.9	7.1	7.3	7.5	7.7	8.0
62.5	5.5	5.7	5.8	6.0	6.1	6.3	6.7	7.0	7.3	7.4	7.6	7.8	8.1
63	5.6	5.8	5.9	6.1	6.2	6.4	6.8	7.2	7.4	7.6	7.8	8.0	8.3

478

누운 키	체중(kg) 백분위수												
(cm)	1st	3rd	5th	10th	15th	25th	50th	75th	85th	90th	95th	97th	99th
63,5	5,7	5,9	6,0	6,2	6,3	6,5	6,9	7,3	7,5	7,7	7,9	8,1	8,4
64	5,8	6,0	6,2	6,3	6,5	6,6	7,0	7,4	7,7	7,8	8,1	8,2	8,6
64,5	5,9	6,1	6,3	6,4	6,6	6,8	7,1	7,6	7,8	8,0	8,2	8,4	8,7
65	6,0	6,3	6,4	6,6	6,7	6,9	7,3	7,7	7,9	8,1	8,3	8,5	8,9
65,5	6,1	6,4	6,5	6,7	6,8	7,0	7,4	7,8	8,1	8,2	8,5	8,7	9,0
66	6,2	6,5	6,6	6,8	6,9	7,1	7,5	7,9	8,2	8,4	8,6	8,8	9,1
66,5	6,3	6,6	6,7	6,9	7,0	7,2	7,6	8,1	8,3	8,5	8,8	8,9	9,3
67	6,4	6,7	6,8	7,0	7,1	7,3	7,7	8,2	8,4	8,6	8,9	9,1	9,4
67,5	6,5	6,8	6,9	7,1	7,2	7,4	7,9	8,3	8,6	8,7	9,0	9,2	9,6
68	6,6	6,9	7,0	7,2	7,3	7,5	8,0	8,4	8,7	8,9	9,2	9,3	9,7
68,5	6,7	7,0	7,1	7,3	7,4	7,7	8,1	8,5	8,8	9,0	9,3	9,5	9,8
69	6,8	7,1	7,2	7,4	7,5	7,8	8,2	8,7	8,9	9,1	9,4	9,6	10,0
69,5	6,9	7,1	7,3	7,5	7,6	7,9	8,3	8,8	9,1	9,3	9,5	9,7	10,1
70	7,0	7,2	7,4	7,6	7,7	8,0	8,4	8,9	9,2	9,4	9,7	9,9	10,3
70,5	7,1	7,3	7,5	7,7	7,8	8,1	8,5	9,0	9,3	9,5	9,8	10,0	10,4
71	7,2	7,4	7,6	7,8	8,0	8,2	8,6	9,1	9,4	9,6	9,9	10,1	10,5
71,5	7,3	7,5	7,7	7,9	8,1	8,3	8,8	9,3	9,6	9,8	10,1	10,3	10,7
72	7,4	7,6	7,8	8,0	8,2	8,4	8,9	9,4	9,7	9,9	10,2	10,4	10,8
72,5	7,5	7,7	7,9	8,1	8,3	8,5	9,0	9,5	9,8	10,0	10,3	10,5	11,0
73	7,5	7,8	8,0	8,2	8,4	8,6	9,1	9,6	9,9	10,1	10,4	10,7	11,1
73,5	7,6	7,9	8,0	8,3	8,4	8,7	9,2	9,7	10,0	10,2	10,6	10,8	11,2
74	7,7	8,0	8,1	8,4	8,5	8,8	9,3	9,8	10,1	10,4	10,7	10,9	11,4
74,5	7,8	8,1	8,2	8,5	8,6	8,9	9,4	9,9	10,3	10,5	10,8	11,0	11,5
75	7,9	8,2	8,3	8,6	8,7	9,0	9,5	10,1	10,4	10,6	10,9	11,2	11,6
75,5	8,0	8,2	8,4	8,7	8,8	9,1	9,6	10,2	10,5	10,7	11,0	11,3	11,7
76	8,0	8,3	8,5	8,7	8,9	9,2	9,7	10,3	10,6	10,8	11,2	11,4	11,9
76,5	8,1	8,4	8,6	8,8	9,0	9,3	9,8	10,4	10,7	10,9	11,3	11,5	12,0
77	8,2	8,5	8,7	8,9	9,1	9,4	9,9	10,5	10,8	11,0	11,4	11,6	12,1
77,5	8,3	8,6	8,7	9,0	9,2	9,5	10,0	10,6	10,9	11,1	11,5	11,7	12,2
78	8,4	8,7	8,8	9,1	9,3	9,5	10,1	10,7	11,0	11,2	11,6	11,8	12,3
78,5	8,4	8,7	8,9	9,2	9,3	9,6	10,2	10,8	11,1	11,3	11,7	12,0	12,4
79	8,5	8,8	9,0	9,2	9,4	9,7	10,3	10,9	11,2	11,4	11,8	12,1	12,5
79,5	8,6	8,9	9,1	9,3	9,5	9,8	10,4	11,0	11,3	11,5	11,9	12,2	12,7
80	8,7	9,0	9,1	9,4	9,6	9,9	10,4	11,1	11,4	11,6	12,0	12,3	12,8
80,5	8,7	9,1	9,2	9,5	9,7	10,0	10,5	11,2	11,5	11,7	12,1	12,4	12,9
81	8,8	9,1	9,3	9,6	9,8	10,1	10,6	11,3	11,6	11,9	12,2	12,5	13,0
81,5	8,9	9,2	9,4	9,7	9,9	10,2	10,7	11,4	11,7	12,0	12,3	12,6	13,1

누운 키 (cm)	체중(kg) 백분위수												
	1st	3rd	5th	10th	15th	25th	50th	75th	85th	90th	95th	97th	99th
82	9.0	9.3	9.5	9.8	10.0	10.2	10.8	11.5	11.8	12.1	12.5	12.7	13.2
82.5	9.1	9.4	9.6	9.9	10.1	10.3	10.9	11.6	11.9	12.2	12.6	12.8	13.3
83	9.2	9.5	9.7	10.0	10.1	10.4	11.0	11.7	12.0	12.3	12.7	13.0	13.5
83.5	9.3	9.6	9.8	10.1	10.3	10.6	11.2	11.8	12.2	12.4	12.8	13.1	13.6
84	9.4	9.7	9.9	10.2	10.4	10.7	11.3	11.9	12.3	12.5	12.9	13.2	13.7
84.5	9.5	9.8	10.0	10.3	10.5	10.8	11.4	12.0	12.4	12.7	13.1	13.3	13.9
85	9.6	9.9	10.1	10.4	10.6	10.9	11.5	12.2	12.5	12.8	13.2	13.5	14.0
85.5	9.7	10.0	10.2	10.5	10.7	11.0	11.6	12.3	12.7	12.9	13.3	13.6	14.1
86	9.8	10.1	10.3	10.6	10.8	11.1	11.7	12.4	12.8	13.1	13.5	13.7	14.3
86.5	9.9	10.2	10.4	10.7	10.9	11.2	11.9	12.5	12.9	13.2	13.6	13.9	14.4
87	10.0	10.3	10.5	10.8	11.0	11.4	12.0	12.7	13.1	13.3	13.7	14.0	14.6
87.5	10.1	10.4	10.6	10.9	11.2	11.5	12.1	12.8	13.2	13.5	13.9	14.2	14.7
88	10.2	10.6	10.7	11.1	11.3	11.6	12.2	12.9	13.3	13.6	14.0	14.3	14.9
88.5	10.3	10.7	10.9	11.2	11.4	11.7	12.4	13.1	13.5	13.7	14.2	14.4	15.0
89	10.4	10.8	11.0	11.3	11.5	11.8	12.5	13.2	13.6	13.9	14.3	14.6	15.2
89.5	10.5	10.9	11.1	11.4	11.6	11.9	12.6	13.3	13.7	14.0	14.4	14.7	15.3
90	10.6	11.0	11.2	11.5	11.7	12.1	12.7	13.4	13.8	14.1	14.6	14.9	15.4
90.5	10.7	11.1	11.3	11.6	11.8	12.2	12.8	13.6	14.0	14.3	14.7	15.0	15.6
91	10.8	11.2	11.4	11.7	11.9	12.3	13.0	13.7	14.1	14.4	14.8	15.1	15.7
91.5	10.9	11.3	11.5	11.8	12.0	12.4	13.1	13.8	14.2	14.5	15.0	15.3	15.9
92	11.0	11.4	11.6	11.9	12.2	12.5	13.2	13.9	14.4	14.6	15.1	15.4	16.0
92.5	11.1	11.5	11.7	12.0	12.3	12.6	13.3	14.1	14.5	14.8	15.2	15.5	16.1
93	11.2	11.6	11.8	12.1	12.4	12.7	13.4	14.2	14.6	14.9	15.4	15.7	16.3
93.5	11.3	11.7	11.9	12.2	12.5	12.8	13.5	14.3	14.7	15.0	15.5	15.8	16.4
94	11.4	11.8	12.0	12.3	12.6	12.9	13.7	14.4	14.9	15.2	15.6	16.0	16.6
94.5	11.5	11.9	12.1	12.4	12.7	13.1	13.8	14.5	15.0	15.3	15.8	16.1	16.7
95	11.6	12.0	12.2	12.6	12.8	13.2	13.9	14.7	15.1	15.4	15.9	16.2	16.9
95.5	11.7	12.1	12.3	12.7	12.9	13.3	14.0	14.8	15.3	15.6	16.0	16.4	17.0
96	11.8	12.2	12.4	12.8	13.0	13.4	14.1	14.9	15.4	15.7	16.2	16.5	17.2
96.5	11.9	12.3	12.5	12.9	13.1	13.5	14.3	15.1	15.5	15.8	16.3	16.7	17.3
97	12.0	12.4	12.6	13.0	13.2	13.6	14.4	15.2	15.7	16.0	16.5	16.8	17.5
97.5	12.1	12.5	12.7	13.1	13.4	13.7	14.5	15.3	15.8	16.1	16.6	17.0	17.6
98	12.2	12.6	12.8	13.2	13.5	13.9	14.6	15.5	15.9	16.3	16.8	17.1	17.8
98.5	12.3	12.7	13.0	13.3	13.6	14.0	14.8	15.6	16.1	16.4	16.9	17.3	18.0
99	12.4	12.8	13.1	13.4	13.7	14.1	14.9	15.7	16.2	16.6	17.1	17.4	18.1
99.5	12.5	12.9	13.2	13.6	13.8	14.2	15.0	15.9	16.4	16.7	17.2	17.6	18.3
100	12.6	13.0	13.3	13.7	13.9	14.4	15.2	16.0	16.5	16.9	17.4	17.8	18.5

누운 키 (cm)	체중(kg) 백분위수												
	1st	3rd	5th	10th	15th	25th	50th	75th	85th	90th	95th	97th	99th
100.5	12.7	13.2	13.4	13.8	14.1	14.5	15.3	16.2	16.7	17.0	17.6	17.9	18.7
101	12.8	13.3	13.5	13.9	14.2	14.6	15.4	16.3	16.8	17.2	17.7	18.1	18.8
101.5	12.9	13.4	13.6	14.0	14.3	14.7	15.6	16.5	17.0	17.4	17.9	18.3	19.0
102	13.0	13.5	13.8	14.2	14.5	14.9	15.7	16.6	17.2	17.5	18.1	18.5	19.2
102.5	13.2	13.6	13.9	14.3	14.6	15.0	15.9	16.8	17.3	17.7	18.3	18.6	19.4
103	13.3	13.8	14.0	14.4	14.7	15.2	16.0	17.0	17.5	17.9	18.4	18.8	19.6
103.5	13.4	13.9	14.1	14.6	14.8	15.3	16.2	17.1	17.7	18.0	18.6	19.0	19.8
104	13.5	14.0	14.3	14.7	15.0	15.4	16.3	17.3	17.8	18.2	18.8	19.2	20.0
104.5	13.6	14.1	14.4	14.8	15.1	15.6	16.5	17.4	18.0	18.4	19.0	19.4	20.2
105	13.7	14.2	14.5	14.9	15.3	15.7	16.6	17.6	18.2	18.6	19.2	19.6	20.4
105.5	13.9	14.4	14.6	15.1	15.4	15.9	16.8	17.8	18.4	18.7	19.4	19.8	20.6
106	14.0	14.5	14.8	15.2	15.5	16.0	16.9	18.0	18.5	18.9	19.6	20.0	20.8
106.5	14.1	14.6	14.9	15.4	15.7	16.2	17.1	18.1	18.7	19.1	19.7	20.2	21.0
107	14.2	14.8	15.0	15.5	15.8	16.3	17.3	18.3	18.9	19.3	19.9	20.4	21.2
107.5	14.4	14.9	15.2	15.6	16.0	16.5	17.4	18.5	19.1	19.5	20.1	20.6	21.4
108	14.5	15.0	15.3	15.8	16.1	16.6	17.6	18.7	19.3	19.7	20.3	20.8	21.7
108.5	14.6	15.2	15.5	15.9	16.3	16.8	17.8	18.8	19.5	19.9	20.5	21.0	21.9
109	14.7	15.3	15.6	16.1	16.4	16.9	17.9	19.0	19.6	20.1	20.8	21.2	22.1
109.5	14.9	15.4	15.7	16.2	16.6	17.1	18.1	19.2	19.8	20.3	21.0	21.4	22.3
110	15.0	15.6	15.9	16.4	16.7	17.2	18.3	19.4	20.0	20.5	21.2	21.6	22.6

10. 여자 0~23개월 신장별 체중 백분위수

누운 키 (cm)	체중(kg) 백분위수												
	1st	3rd	5th	10th	15th	25th	50th	75th	85th	90th	95th	97th	99th
45	2.0	2.1	2.1	2.2	2.2	2.3	2.5	2.6	2.7	2.8	2.9	2.9	3.1
45.5	2.1	2.2	2.2	2.3	2.3	2.4	2.5	2.7	2.8	2.9	3.0	3.0	3.2
46	2.1	2.2	2.3	2.3	2.4	2.5	2.6	2.8	2.9	3.0	3.1	3.1	3.3
46.5	2.2	2.3	2.3	2.4	2.5	2.6	2.7	2.9	3.0	3.1	3.2	3.2	3.4
47	2.3	2.4	2.4	2.5	2.6	2.6	2.8	3.0	3.1	3.2	3.3	3.3	3.5
47.5	2.4	2.4	2.5	2.6	2.6	2.7	2.9	3.1	3.2	3.3	3.4	3.4	3.6
48	2.4	2.5	2.6	2.7	2.7	2.8	3.0	3.2	3.3	3.3	3.5	3.5	3.7
48.5	2.5	2.6	2.7	2.7	2.8	2.9	3.1	3.3	3.4	3.4	3.6	3.7	3.8
49	2.6	2.7	2.7	2.8	2.9	3.0	3.2	3.4	3.5	3.6	3.7	3.8	3.9
49.5	2.7	2.8	2.8	2.9	3.0	3.1	3.3	3.5	3.6	3.7	3.8	3.9	4.1
50	2.7	2.8	2.9	3.0	3.1	3.2	3.4	3.6	3.7	3.8	3.9	4.0	4.2
50.5	2.8	2.9	3.0	3.1	3.2	3.3	3.5	3.7	3.8	3.9	4.0	4.1	4.3
51	2.9	3.0	3.1	3.2	3.2	3.4	3.6	3.8	3.9	4.0	4.2	4.3	4.4
51.5	3.0	3.1	3.2	3.3	3.4	3.5	3.7	3.9	4.0	4.1	4.3	4.4	4.6
52	3.1	3.2	3.3	3.4	3.5	3.6	3.8	4.0	4.2	4.3	4.4	4.5	4.7
52.5	3.2	3.3	3.4	3.5	3.6	3.7	3.9	4.2	4.3	4.4	4.6	4.7	4.9
53	3.3	3.4	3.5	3.6	3.7	3.8	4.0	4.3	4.4	4.5	4.7	4.8	5.0
53.5	3.4	3.5	3.6	3.7	3.8	3.9	4.2	4.4	4.6	4.7	4.9	5.0	5.2
54	3.5	3.6	3.7	3.8	3.9	4.0	4.3	4.6	4.7	4.8	5.0	5.1	5.3
54.5	3.6	3.7	3.8	3.9	4.0	4.2	4.4	4.7	4.9	5.0	5.2	5.3	5.5
55	3.7	3.9	3.9	4.1	4.1	4.3	4.5	4.8	5.0	5.1	5.3	5.4	5.7
55.5	3.8	4.0	4.0	4.2	4.3	4.4	4.7	5.0	5.2	5.3	5.5	5.6	5.8
56	3.9	4.1	4.2	4.3	4.4	4.5	4.8	5.1	5.3	5.4	5.6	5.8	6.0
56.5	4.0	4.2	4.3	4.4	4.5	4.7	5.0	5.3	5.5	5.6	5.8	5.9	6.2
57	4.1	4.3	4.4	4.5	4.6	4.8	5.1	5.4	5.6	5.7	5.9	6.1	6.3
57.5	4.3	4.4	4.5	4.7	4.8	4.9	5.2	5.6	5.7	5.9	6.1	6.2	6.5
58	4.4	4.5	4.6	4.8	4.9	5.0	5.4	5.7	5.9	6.0	6.2	6.4	6.7
58.5	4.5	4.6	4.7	4.9	5.0	5.2	5.5	5.8	6.0	6.2	6.4	6.5	6.8
59	4.6	4.8	4.9	5.0	5.1	5.3	5.6	6.0	6.2	6.3	6.6	6.7	7.0
59.5	4.7	4.9	5.0	5.1	5.2	5.4	5.7	6.1	6.3	6.5	6.7	6.9	7.2
60	4.8	5.0	5.1	5.2	5.4	5.5	5.9	6.3	6.5	6.6	6.9	7.0	7.3
60.5	4.9	5.1	5.2	5.4	5.5	5.6	6.0	6.4	6.6	6.8	7.0	7.2	7.5
61	5.0	5.2	5.3	5.5	5.6	5.8	6.1	6.5	6.7	6.9	7.2	7.3	7.6
61.5	5.1	5.3	5.4	5.6	5.7	5.9	6.3	6.7	6.9	7.0	7.3	7.5	7.8
62	5.2	5.4	5.5	5.7	5.8	6.0	6.4	6.8	7.0	7.2	7.4	7.6	8.0
62.5	5.3	5.5	5.6	5.8	5.9	6.1	6.5	6.9	7.2	7.3	7.6	7.8	8.1
63	5.4	5.6	5.7	5.9	6.0	6.2	6.6	7.0	7.3	7.5	7.7	7.9	8.3

누운 키 (cm)	체중(kg) 백분위수												
	1st	3rd	5th	10th	15th	25th	50th	75th	85th	90th	95th	97th	99th
63,5	5,5	5,7	5,8	6,0	6,1	6,3	6,7	7,2	7,4	7,6	7,9	8,0	8,4
64	5,6	5,8	5,9	6,1	6,2	6,4	6,9	7,3	7,5	7,7	8,0	8,2	8,5
64,5	5,7	5,9	6,0	6,2	6,3	6,6	7,0	7,4	7,7	7,9	8,1	8,3	8,7
65	5,8	6,0	6,1	6,3	6,5	6,7	7,1	7,5	7,8	8,0	8,3	8,5	8,8
65,5	5,9	6,1	6,2	6,4	6,6	6,8	7,2	7,7	7,9	8,1	8,4	8,6	9,0
66	6,0	6,2	6,3	6,5	6,7	6,9	7,3	7,8	8,0	8,2	8,5	8,7	9,1
66,5	6,1	6,3	6,4	6,6	6,8	7,0	7,4	7,9	8,2	8,4	8,7	8,9	9,3
67	6,1	6,4	6,5	6,7	6,9	7,1	7,5	8,0	8,3	8,5	8,8	9,0	9,4
67,5	6,2	6,5	6,6	6,8	7,0	7,2	7,6	8,1	8,4	8,6	8,9	9,1	9,5
68	6,3	6,6	6,7	6,9	7,1	7,3	7,7	8,2	8,5	8,7	9,0	9,2	9,7
68,5	6,4	6,7	6,8	7,0	7,2	7,4	7,9	8,4	8,6	8,8	9,2	9,4	9,8
69	6,5	6,7	6,9	7,1	7,3	7,5	8,0	8,5	8,8	9,0	9,3	9,5	9,9
69,5	6,6	6,8	7,0	7,2	7,3	7,6	8,1	8,6	8,9	9,1	9,4	9,6	10,0
70	6,7	6,9	7,1	7,3	7,4	7,7	8,2	8,7	9,0	9,2	9,5	9,7	10,2
70,5	6,7	7,0	7,1	7,4	7,5	7,8	8,3	8,8	9,1	9,3	9,6	9,9	10,3
71	6,8	7,1	7,2	7,5	7,6	7,9	8,4	8,9	9,2	9,4	9,8	10,0	10,4
71,5	6,9	7,2	7,3	7,6	7,7	8,0	8,5	9,0	9,3	9,5	9,9	10,1	10,5
72	7,0	7,3	7,4	7,6	7,8	8,1	8,6	9,1	9,4	9,6	10,0	10,2	10,7
72,5	7,1	7,4	7,5	7,7	7,9	8,2	8,7	9,2	9,5	9,8	10,1	10,3	10,8
73	7,2	7,4	7,6	7,8	8,0	8,3	8,8	9,3	9,6	9,9	10,2	10,4	10,9
73,5	7,2	7,5	7,7	7,9	8,1	8,3	8,9	9,4	9,7	10,0	10,3	10,6	11,0
74	7,3	7,6	7,8	8,0	8,2	8,4	9,0	9,5	9,9	10,1	10,4	10,7	11,2
74,5	7,4	7,7	7,8	8,1	8,3	8,5	9,1	9,6	10,0	10,2	10,5	10,8	11,3
75	7,5	7,8	7,9	8,2	8,3	8,6	9,1	9,7	10,1	10,3	10,7	10,9	11,4
75,5	7,6	7,8	8,0	8,3	8,4	8,7	9,2	9,8	10,2	10,4	10,8	11,0	11,5
76	7,6	7,9	8,1	8,3	8,5	8,8	9,3	9,9	10,3	10,5	10,9	11,1	11,6
76,5	7,7	8,0	8,2	8,4	8,6	8,9	9,4	10,0	10,4	10,6	11,0	11,2	11,7
77	7,8	8,1	8,2	8,5	8,7	9,0	9,5	10,1	10,5	10,7	11,1	11,3	11,8
77,5	7,9	8,2	8,3	8,6	8,8	9,1	9,6	10,2	10,6	10,8	11,2	11,4	11,9
78	7,9	8,2	8,4	8,7	8,9	9,1	9,7	10,3	10,7	10,9	11,3	11,5	12,1
78,5	8,0	8,3	8,5	8,8	8,9	9,2	9,8	10,4	10,8	11,0	11,4	11,7	12,2
79	8,1	8,4	8,6	8,8	9,0	9,3	9,9	10,5	10,9	11,1	11,5	11,8	12,3
79,5	8,2	8,5	8,7	8,9	9,1	9,4	10,0	10,6	11,0	11,2	11,6	11,9	12,4
80	8,3	8,6	8,7	9,0	9,2	9,5	10,1	10,7	11,1	11,3	11,7	12,0	12,5
80,5	8,3	8,7	8,8	9,1	9,3	9,6	10,2	10,8	11,2	11,5	11,9	12,1	12,7
81	8,4	8,8	8,9	9,2	9,4	9,7	10,3	10,9	11,3	11,6	12,0	12,2	12,8
81,5	8,5	8,8	9,0	9,3	9,5	9,8	10,4	11,1	11,4	11,7	12,1	12,4	12,9

누운 키 (cm)	체중(kg) 백분위수												
	1st	3rd	5th	10th	15th	25th	50th	75th	85th	90th	95th	97th	99th
82	8.6	8.9	9.1	9.4	9.6	9.9	10.5	11.2	11.6	11.8	12.2	12.5	13.1
82.5	8.7	9.0	9.2	9.5	9.7	10.0	10.6	11.3	11.7	11.9	12.4	12.6	13.2
83	8.8	9.1	9.3	9.6	9.8	10.1	10.7	11.4	11.8	12.1	12.5	12.8	13.3
83.5	8.9	9.2	9.4	9.7	9.9	10.2	10.9	11.5	11.9	12.2	12.6	12.9	13.5
84	9.0	9.3	9.5	9.8	10.0	10.3	11.0	11.7	12.1	12.3	12.8	13.1	13.6
84.5	9.1	9.4	9.6	9.9	10.1	10.5	11.1	11.8	12.2	12.5	12.9	13.2	13.8
85	9.2	9.5	9.7	10.0	10.2	10.6	11.2	11.9	12.3	12.6	13.0	13.3	13.9
85.5	9.3	9.6	9.8	10.1	10.4	10.7	11.3	12.1	12.5	12.7	13.2	13.5	14.1
86	9.4	9.8	9.9	10.3	10.5	10.8	11.5	12.2	12.6	12.9	13.3	13.6	14.2
86.5	9.5	9.9	10.1	10.4	10.6	10.9	11.6	12.3	12.7	13.0	13.5	13.8	14.4
87	9.6	10.0	10.2	10.5	10.7	11.0	11.7	12.5	12.9	13.2	13.6	13.9	14.5
87.5	9.7	10.1	10.3	10.6	10.8	11.2	11.8	12.6	13.0	13.3	13.8	14.1	14.7
88	9.8	10.2	10.4	10.7	10.9	11.3	12.0	12.7	13.2	13.5	13.9	14.2	14.9
88.5	9.9	10.3	10.5	10.8	11.0	11.4	12.1	12.9	13.3	13.6	14.1	14.4	15.0
89	10.0	10.4	10.6	10.9	11.2	11.5	12.2	13.0	13.4	13.7	14.2	14.5	15.2
89.5	10.1	10.5	10.7	11.0	11.3	11.6	12.3	13.1	13.6	13.9	14.4	14.7	15.3
90	10.2	10.6	10.8	11.2	11.4	11.8	12.5	13.3	13.7	14.0	14.5	14.8	15.5
90.5	10.3	10.7	10.9	11.3	11.5	11.9	12.6	13.4	13.8	14.2	14.6	15.0	15.6
91	10.4	10.8	11.0	11.4	11.6	12.0	12.7	13.5	14.0	14.3	14.8	15.1	15.8
91.5	10.5	10.9	11.1	11.5	11.7	12.1	12.8	13.7	14.1	14.4	14.9	15.3	15.9
92	10.6	11.0	11.2	11.6	11.8	12.2	13.0	13.8	14.2	14.6	15.1	15.4	16.1
92.5	10.7	11.1	11.3	11.7	12.0	12.3	13.1	13.9	14.4	14.7	15.2	15.6	16.3
93	10.8	11.2	11.5	11.8	12.1	12.5	13.2	14.0	14.5	14.9	15.4	15.7	16.4
93.5	10.9	11.3	11.6	11.9	12.2	12.6	13.3	14.2	14.7	15.0	15.5	15.9	16.6
94	11.0	11.4	11.7	12.0	12.3	12.7	13.5	14.3	14.8	15.1	15.7	16.0	16.7
94.5	11.1	11.5	11.8	12.1	12.4	12.8	13.6	14.4	14.9	15.3	15.8	16.2	16.9
95	11.2	11.6	11.9	12.3	12.5	12.9	13.7	14.6	15.1	15.4	16.0	16.3	17.0
95.5	11.3	11.8	12.0	12.4	12.6	13.0	13.8	14.7	15.2	15.6	16.1	16.5	17.2
96	11.4	11.9	12.1	12.5	12.7	13.2	14.0	14.9	15.4	15.7	16.3	16.6	17.4
96.5	11.5	12.0	12.2	12.6	12.9	13.3	14.1	15.0	15.5	15.9	16.4	16.8	17.5
97	11.6	12.1	12.3	12.7	13.0	13.4	14.2	15.1	15.6	16.0	16.6	16.9	17.7
97.5	11.7	12.2	12.4	12.8	13.1	13.5	14.4	15.3	15.8	16.2	16.7	17.1	17.9
98	11.8	12.3	12.5	12.9	13.2	13.6	14.5	15.4	15.9	16.3	16.9	17.3	18.0
98.5	11.9	12.4	12.7	13.1	13.3	13.8	14.6	15.5	16.1	16.5	17.0	17.4	18.2
99	12.0	12.5	12.8	13.2	13.5	13.9	14.8	15.7	16.2	16.6	17.2	17.6	18.4
99.5	12.2	12.6	12.9	13.3	13.6	14.0	14.9	15.8	16.4	16.8	17.4	17.8	18.5
100	12.3	12.7	13.0	13.4	13.7	14.1	15.0	16.0	16.5	16.9	17.5	17.9	18.7

누운 키 (cm)	체중(kg) 백분위수												
	1st	3rd	5th	10th	15th	25th	50th	75th	85th	90th	95th	97th	99th
100.5	12.4	12.9	13.1	13.5	13.8	14.3	15.2	16.1	16.7	17.1	17.7	18.1	18.9
101	12.5	13.0	13.2	13.7	14.0	14.4	15.3	16.3	16.9	17.3	17.9	18.3	19.1
101.5	12.6	13.1	13.4	13.8	14.1	14.5	15.5	16.4	17.0	17.4	18.0	18.5	19.3
102	12.7	13.2	13.5	13.9	14.2	14.7	15.6	16.6	17.2	17.6	18.2	18.6	19.5
102.5	12.8	13.3	13.6	14.0	14.4	14.8	15.8	16.8	17.4	17.8	18.4	18.8	19.7
103	13.0	13.5	13.7	14.2	14.5	15.0	15.9	16.9	17.5	17.9	18.6	19.0	19.9
103.5	13.1	13.6	13.9	14.3	14.6	15.1	16.1	17.1	17.7	18.1	18.8	19.2	20.1
104	13.2	13.7	14.0	14.5	14.8	15.3	16.2	17.3	17.9	18.3	19.0	19.4	20.3
104.5	13.3	13.9	14.1	14.6	14.9	15.4	16.4	17.4	18.1	18.5	19.1	19.6	20.5
105	13.5	14.0	14.3	14.7	15.1	15.6	16.5	17.6	18.2	18.7	19.3	19.8	20.7
105.5	13.6	14.1	14.4	14.9	15.2	15.7	16.7	17.8	18.4	18.9	19.5	20.0	20.9
106	13.7	14.3	14.6	15.0	15.4	15.9	16.9	18.0	18.6	19.1	19.7	20.2	21.1
106.5	13.9	14.4	14.7	15.2	15.5	16.0	17.1	18.2	18.8	19.3	20.0	20.4	21.4
107	14.0	14.5	14.8	15.3	15.7	16.2	17.2	18.4	19.0	19.5	20.2	20.6	21.6
107.5	14.1	14.7	15.0	15.5	15.8	16.4	17.4	18.5	19.2	19.7	20.4	20.9	21.8
108	14.3	14.8	15.1	15.6	16.0	16.5	17.6	18.7	19.4	19.9	20.6	21.1	22.1
108.5	14.4	15.0	15.3	15.8	16.2	16.7	17.8	18.9	19.6	20.1	20.8	21.3	22.3
109	14.6	15.1	15.5	16.0	16.3	16.9	18.0	19.1	19.8	20.3	21.0	21.5	22.5
109.5	14.7	15.3	15.6	16.1	16.5	17.0	18.1	19.3	20.0	20.5	21.3	21.8	22.8
110	14.9	15.4	15.8	16.3	16.7	17.2	18.3	19.5	20.2	20.7	21.5	22.0	23.0

11. 남자 24~35개월 신장별 체중 백분위수

선 키 (cm)	체중(kg) 백분위수												
	1st	3rd	5th	10th	15th	25th	50th	75th	85th	90th	95th	97th	99th
65	6,2	6,4	6,5	6,7	6,8	7,0	7,4	7,9	8,1	8,3	8,5	8,7	9,1
65,5	6,3	6,5	6,6	6,8	6,9	7,1	7,6	8,0	8,2	8,4	8,7	8,9	9,2
66	6,4	6,6	6,7	6,9	7,1	7,3	7,7	8,1	8,4	8,5	8,8	9,0	9,3
66,5	6,5	6,7	6,8	7,0	7,2	7,4	7,8	8,2	8,5	8,7	8,9	9,1	9,5
67	6,6	6,8	6,9	7,1	7,3	7,5	7,9	8,4	8,6	8,8	9,1	9,3	9,6
67,5	6,7	6,9	7,0	7,2	7,4	7,6	8,0	8,5	8,7	8,9	9,2	9,4	9,8
68	6,8	7,0	7,1	7,3	7,5	7,7	8,1	8,6	8,9	9,0	9,3	9,5	9,9
68,5	6,8	7,1	7,2	7,4	7,6	7,8	8,2	8,7	9,0	9,2	9,5	9,7	10,0
69	6,9	7,2	7,3	7,5	7,7	7,9	8,4	8,8	9,1	9,3	9,6	9,8	10,2
69,5	7,0	7,3	7,4	7,6	7,8	8,0	8,5	9,0	9,2	9,4	9,7	9,9	10,3
70	7,1	7,4	7,5	7,7	7,9	8,1	8,6	9,1	9,4	9,6	9,9	10,1	10,5
70,5	7,2	7,5	7,6	7,8	8,0	8,2	8,7	9,2	9,5	9,7	10,0	10,2	10,6
71	7,3	7,6	7,7	7,9	8,1	8,3	8,8	9,3	9,6	9,8	10,1	10,3	10,7
71,5	7,4	7,7	7,8	8,0	8,2	8,4	8,9	9,4	9,7	9,9	10,2	10,5	10,9
72	7,5	7,8	7,9	8,1	8,3	8,5	9,0	9,5	9,8	10,1	10,4	10,6	11,0
72,5	7,6	7,8	8,0	8,2	8,4	8,6	9,1	9,7	10,0	10,2	10,5	10,7	11,1
73	7,7	7,9	8,1	8,3	8,5	8,7	9,2	9,8	10,1	10,3	10,6	10,8	11,3
73,5	7,8	8,0	8,2	8,4	8,6	8,8	9,3	9,9	10,2	10,4	10,7	11,0	11,4
74	7,8	8,1	8,3	8,5	8,7	8,9	9,4	10,0	10,3	10,5	10,9	11,1	11,5
74,5	7,9	8,2	8,4	8,6	8,8	9,0	9,5	10,1	10,4	10,6	11,0	11,2	11,7
75	8,0	8,3	8,4	8,7	8,9	9,1	9,6	10,2	10,5	10,7	11,1	11,3	11,8
75,5	8,1	8,4	8,5	8,8	9,0	9,2	9,7	10,3	10,6	10,9	11,2	11,4	11,9
76	8,2	8,5	8,6	8,9	9,0	9,3	9,8	10,4	10,7	11,0	11,3	11,6	12,0
76,5	8,2	8,5	8,7	8,9	9,1	9,4	9,9	10,5	10,8	11,1	11,4	11,7	12,1
77	8,3	8,6	8,8	9,0	9,2	9,5	10,0	10,6	10,9	11,2	11,5	11,8	12,3
77,5	8,4	8,7	8,9	9,1	9,3	9,6	10,1	10,7	11,0	11,3	11,6	11,9	12,4
78	8,5	8,8	8,9	9,2	9,4	9,7	10,2	10,8	11,1	11,4	11,7	12,0	12,5
78,5	8,5	8,8	9,0	9,3	9,5	9,7	10,3	10,9	11,2	11,5	11,9	12,1	12,6
79	8,6	8,9	9,1	9,4	9,5	9,8	10,4	11,0	11,3	11,6	12,0	12,2	12,7
79,5	8,7	9,0	9,2	9,4	9,6	9,9	10,5	11,1	11,4	11,7	12,1	12,3	12,8
80	8,8	9,1	9,3	9,5	9,7	10,0	10,6	11,2	11,5	11,8	12,2	12,4	12,9
80,5	8,9	9,2	9,3	9,6	9,8	10,1	10,7	11,3	11,6	11,9	12,3	12,5	13,0
81	8,9	9,3	9,4	9,7	9,9	10,2	10,8	11,4	11,8	12,0	12,4	12,6	13,1
81,5	9,0	9,3	9,5	9,8	10,0	10,3	10,9	11,5	11,9	12,1	12,5	12,8	13,3
82	9,1	9,4	9,6	9,9	10,1	10,4	11,0	11,6	12,0	12,2	12,6	12,9	13,4
82,5	9,2	9,5	9,7	10,0	10,2	10,5	11,1	11,7	12,1	12,3	12,7	13,0	13,5
83	9,3	9,6	9,8	10,1	10,3	10,6	11,2	11,8	12,2	12,5	12,9	13,1	13,6

선 키 (cm)	체중(kg) 백분위수												
	1st	3rd	5th	10th	15th	25th	50th	75th	85th	90th	95th	97th	99th
83,5	9,4	9,7	9,9	10,2	10,4	10,7	11,3	12,0	12,3	12,6	13,0	13,3	13,8
84	9,5	9,8	10,0	10,3	10,5	10,8	11,4	12,1	12,5	12,7	13,1	13,4	13,9
84,5	9,6	9,9	10,1	10,4	10,6	10,9	11,5	12,2	12,6	12,8	13,3	13,5	14,1
85	9,7	10,1	10,2	10,5	10,7	11,1	11,7	12,3	12,7	13,0	13,4	13,7	14,2
85,5	9,8	10,2	10,3	10,6	10,9	11,2	11,8	12,5	12,8	13,1	13,5	13,8	14,3
86	9,9	10,3	10,5	10,8	11,0	11,3	11,9	12,6	13,0	13,3	13,7	13,9	14,5
86,5	10,0	10,4	10,6	10,9	11,1	11,4	12,0	12,7	13,1	13,4	13,8	14,1	14,6
87	10,1	10,5	10,7	11,0	11,2	11,5	12,2	12,9	13,2	13,5	13,9	14,2	14,8
87,5	10,2	10,6	10,8	11,1	11,3	11,6	12,3	13,0	13,4	13,7	14,1	14,4	14,9
88	10,3	10,7	10,9	11,2	11,4	11,8	12,4	13,1	13,5	13,8	14,2	14,5	15,1
88,5	10,5	10,8	11,0	11,3	11,5	11,9	12,5	13,2	13,6	13,9	14,4	14,6	15,2
89	10,6	10,9	11,1	11,4	11,7	12,0	12,6	13,4	13,8	14,1	14,5	14,8	15,4
89,5	10,7	11,0	11,2	11,5	11,8	12,1	12,8	13,5	13,9	14,2	14,6	14,9	15,5
90	10,8	11,1	11,3	11,6	11,9	12,2	12,9	13,6	14,0	14,3	14,8	15,1	15,6
90,5	10,9	11,2	11,4	11,8	12,0	12,3	13,0	13,7	14,1	14,4	14,9	15,2	15,8
91	11,0	11,3	11,5	11,9	12,1	12,4	13,1	13,9	14,3	14,6	15,0	15,3	15,9
91,5	11,0	11,4	11,6	12,0	12,2	12,5	13,2	14,0	14,4	14,7	15,2	15,5	16,1
92	11,1	11,5	11,7	12,1	12,3	12,7	13,4	14,1	14,5	14,8	15,3	15,6	16,2
92,5	11,2	11,6	11,8	12,2	12,4	12,8	13,5	14,2	14,7	15,0	15,4	15,7	16,3
93	11,3	11,7	11,9	12,3	12,5	12,9	13,6	14,4	14,8	15,1	15,6	15,9	16,5
93,5	11,4	11,8	12,0	12,4	12,6	13,0	13,7	14,5	14,9	15,2	15,7	16,0	16,6
94	11,5	11,9	12,1	12,5	12,7	13,1	13,8	14,6	15,0	15,4	15,8	16,1	16,8
94,5	11,6	12,0	12,2	12,6	12,8	13,2	13,9	14,7	15,2	15,5	16,0	16,3	16,9
95	11,7	12,1	12,4	12,7	12,9	13,3	14,1	14,9	15,3	15,6	16,1	16,4	17,1
95,5	11,8	12,2	12,5	12,8	13,1	13,4	14,2	15,0	15,4	15,8	16,2	16,6	17,2
96	11,9	12,3	12,6	12,9	13,2	13,6	14,3	15,1	15,6	15,9	16,4	16,7	17,4
96,5	12,0	12,4	12,7	13,0	13,3	13,7	14,4	15,2	15,7	16,0	16,5	16,9	17,5
97	12,1	12,5	12,8	13,1	13,4	13,8	14,6	15,4	15,9	16,2	16,7	17,0	17,7
97,5	12,2	12,7	12,9	13,3	13,5	13,9	14,7	15,5	16,0	16,3	16,8	17,2	17,9
98	12,3	12,8	13,0	13,4	13,6	14,0	14,8	15,7	16,1	16,5	17,0	17,3	18,0
98,5	12,4	12,9	13,1	13,5	13,8	14,2	14,9	15,8	16,3	16,6	17,2	17,5	18,2
99	12,5	13,0	13,2	13,6	13,9	14,3	15,1	15,9	16,4	16,8	17,3	17,7	18,4
99,5	12,7	13,1	13,3	13,7	14,0	14,4	15,2	16,1	16,6	16,9	17,5	17,8	18,5
100	12,8	13,2	13,5	13,8	14,1	14,5	15,4	16,2	16,7	17,1	17,6	18,0	18,7
100,5	12,9	13,3	13,6	14,0	14,2	14,7	15,5	16,4	16,9	17,3	17,8	18,2	18,9
101	13,0	13,4	13,7	14,1	14,4	14,8	15,6	16,5	17,1	17,4	18,0	18,4	19,1
101,5	13,1	13,6	13,8	14,2	14,5	14,9	15,8	16,7	17,2	17,6	18,2	18,5	19,3

선 키 (cm)	체중(kg) 백분위수												
	1st	3rd	5th	10th	15th	25th	50th	75th	85th	90th	95th	97th	99th
102	13.2	13.7	13.9	14.3	14.6	15.1	15.9	16.9	17.4	17.8	18.3	18.7	19.5
102.5	13.3	13.8	14.1	14.5	14.8	15.2	16.1	17.0	17.6	17.9	18.5	18.9	19.7
103	13.4	13.9	14.2	14.6	14.9	15.3	16.2	17.2	17.7	18.1	18.7	19.1	19.9
103.5	13.6	14.0	14.3	14.7	15.0	15.5	16.4	17.3	17.9	18.3	18.9	19.3	20.1
104	13.7	14.2	14.4	14.9	15.2	15.6	16.5	17.5	18.1	18.5	19.1	19.5	20.3
104.5	13.8	14.3	14.6	15.0	15.3	15.8	16.7	17.7	18.2	18.6	19.2	19.7	20.5
105	13.9	14.4	14.7	15.1	15.4	15.9	16.8	17.8	18.4	18.8	19.4	19.9	20.7
105.5	14.0	14.5	14.8	15.3	15.6	16.1	17.0	18.0	18.6	19.0	19.6	20.1	20.9
106	14.2	14.7	15.0	15.4	15.7	16.2	17.2	18.2	18.8	19.2	19.8	20.3	21.1
106.5	14.3	14.8	15.1	15.6	15.9	16.4	17.3	18.4	19.0	19.4	20.0	20.5	21.3
107	14.4	14.9	15.2	15.7	16.0	16.5	17.5	18.5	19.1	19.6	20.2	20.7	21.5
107.5	14.5	15.1	15.4	15.8	16.2	16.7	17.7	18.7	19.3	19.8	20.4	20.9	21.7
108	14.7	15.2	15.5	16.0	16.3	16.8	17.8	18.9	19.5	20.0	20.6	21.1	22.0
108.5	14.8	15.3	15.6	16.1	16.5	17.0	18.0	19.1	19.7	20.2	20.8	21.3	22.2
109	14.9	15.5	15.8	16.3	16.6	17.1	18.2	19.3	19.9	20.4	21.1	21.5	22.4
109.5	15.1	15.6	15.9	16.4	16.8	17.3	18.3	19.5	20.1	20.6	21.3	21.7	22.7
110	15.2	15.8	16.1	16.6	16.9	17.5	18.5	19.7	20.3	20.8	21.5	22.0	22.9
110.5	15.3	15.9	16.2	16.7	17.1	17.6	18.7	19.9	20.5	21.0	21.7	22.2	23.1
111	15.5	16.1	16.4	16.9	17.2	17.8	18.9	20.1	20.7	21.2	21.9	22.4	23.4
111.5	15.6	16.2	16.5	17.0	17.4	18.0	19.1	20.3	20.9	21.4	22.1	22.6	23.6
112	15.7	16.3	16.7	17.2	17.6	18.1	19.2	20.5	21.1	21.6	22.4	22.9	23.9
112.5	15.9	16.5	16.8	17.4	17.7	18.3	19.4	20.7	21.4	21.8	22.6	23.1	24.1
113	16.0	16.6	17.0	17.5	17.9	18.5	19.6	20.9	21.6	22.1	22.8	23.4	24.4
113.5	16.2	16.8	17.1	17.7	18.1	18.7	19.8	21.1	21.8	22.3	23.1	23.6	24.6
114	16.3	17.0	17.3	17.8	18.2	18.8	20.0	21.3	22.0	22.5	23.3	23.8	24.9
114.5	16.5	17.1	17.5	18.0	18.4	19.0	20.2	21.5	22.2	22.7	23.5	24.1	25.2
115	16.6	17.3	17.6	18.2	18.6	19.2	20.4	21.7	22.4	23.0	23.8	24.3	25.4
115.5	16.8	17.4	17.8	18.3	18.7	19.4	20.6	21.9	22.7	23.2	24.0	24.6	25.7
116	16.9	17.6	17.9	18.5	18.9	19.5	20.8	22.1	22.9	23.4	24.3	24.8	25.9
116.5	17.1	17.7	18.1	18.7	19.1	19.7	21.0	22.3	23.1	23.7	24.5	25.1	26.2
117	17.2	17.9	18.3	18.8	19.3	19.9	21.2	22.5	23.3	23.9	24.7	25.3	26.5
117.5	17.4	18.0	18.4	19.0	19.4	20.1	21.4	22.8	23.6	24.1	25.0	25.6	26.7
118	17.5	18.2	18.6	19.2	19.6	20.3	21.6	23.0	23.8	24.4	25.2	25.8	27.0
118.5	17.7	18.4	18.7	19.4	19.8	20.4	21.8	23.2	24.0	24.6	25.5	26.1	27.3
119	17.8	18.5	18.9	19.5	20.0	20.6	22.0	23.4	24.2	24.8	25.7	26.3	27.5
119.5	17.9	18.7	19.1	19.7	20.1	20.8	22.2	23.6	24.5	25.1	26.0	26.6	27.8
120	18.1	18.8	19.2	19.9	20.3	21.0	22.4	23.8	24.7	25.3	26.2	26.8	28.1

12. 여자 24~35개월 신장별 체중 백분위수

선 키 (cm)	체중(kg) 백분위수												
	1st	3rd	5th	10th	15th	25th	50th	75th	85th	90th	95th	97th	99th
65	5.9	6.1	6.3	6.5	6.6	6.8	7.2	7.7	8.0	8.2	8.4	8.6	9.0
65.5	6.0	6.2	6.4	6.6	6.7	6.9	7.4	7.8	8.1	8.3	8.6	8.8	9.2
66	6.1	6.3	6.5	6.7	6.8	7.0	7.5	7.9	8.2	8.4	8.7	8.9	9.3
66.5	6.2	6.4	6.5	6.8	6.9	7.1	7.6	8.1	8.3	8.5	8.8	9.0	9.4
67	6.3	6.5	6.6	6.9	7.0	7.2	7.7	8.2	8.5	8.7	9.0	9.2	9.6
67.5	6.4	6.6	6.7	6.9	7.1	7.3	7.8	8.3	8.6	8.8	9.1	9.3	9.7
68	6.4	6.7	6.8	7.0	7.2	7.4	7.9	8.4	8.7	8.9	9.2	9.4	9.8
68.5	6.5	6.8	6.9	7.1	7.3	7.5	8.0	8.5	8.8	9.0	9.3	9.5	10.0
69	6.6	6.9	7.0	7.2	7.4	7.6	8.1	8.6	8.9	9.1	9.4	9.7	10.1
69.5	6.7	7.0	7.1	7.3	7.5	7.7	8.2	8.7	9.0	9.2	9.6	9.8	10.2
70	6.8	7.0	7.2	7.4	7.6	7.8	8.3	8.8	9.1	9.4	9.7	9.9	10.3
70.5	6.9	7.1	7.3	7.5	7.7	7.9	8.4	8.9	9.3	9.5	9.8	10.0	10.5
71	6.9	7.2	7.4	7.6	7.8	8.0	8.5	9.0	9.4	9.6	9.9	10.1	10.6
71.5	7.0	7.3	7.4	7.7	7.9	8.1	8.6	9.2	9.5	9.7	10.0	10.3	10.7
72	7.1	7.4	7.5	7.8	7.9	8.2	8.7	9.3	9.6	9.8	10.1	10.4	10.8
72.5	7.2	7.5	7.6	7.9	8.0	8.3	8.8	9.4	9.7	9.9	10.3	10.5	11.0
73	7.3	7.6	7.7	8.0	8.1	8.4	8.9	9.5	9.8	10.0	10.4	10.6	11.1
73.5	7.4	7.6	7.8	8.0	8.2	8.5	9.0	9.6	9.9	10.1	10.5	10.7	11.2
74	7.4	7.7	7.9	8.1	8.3	8.6	9.1	9.7	10.0	10.2	10.6	10.8	11.3
74.5	7.5	7.8	8.0	8.2	8.4	8.7	9.2	9.8	10.1	10.3	10.7	10.9	11.4
75	7.6	7.9	8.0	8.3	8.5	8.7	9.3	9.9	10.2	10.4	10.8	11.1	11.5
75.5	7.7	8.0	8.1	8.4	8.6	8.8	9.4	10.0	10.3	10.5	10.9	11.2	11.7
76	7.7	8.0	8.2	8.5	8.6	8.9	9.5	10.1	10.4	10.6	11.0	11.3	11.8
76.5	7.8	8.1	8.3	8.5	8.7	9.0	9.6	10.2	10.5	10.7	11.1	11.4	11.9
77	7.9	8.2	8.4	8.6	8.8	9.1	9.6	10.3	10.6	10.8	11.2	11.5	12.0
77.5	8.0	8.3	8.4	8.7	8.9	9.2	9.7	10.4	10.7	11.0	11.3	11.6	12.1
78	8.0	8.4	8.5	8.8	9.0	9.3	9.8	10.5	10.8	11.1	11.4	11.7	12.2
78.5	8.1	8.4	8.6	8.9	9.1	9.4	9.9	10.6	10.9	11.2	11.6	11.8	12.3
79	8.2	8.5	8.7	9.0	9.2	9.4	10.0	10.7	11.0	11.3	11.7	11.9	12.5
79.5	8.3	8.6	8.8	9.1	9.2	9.5	10.1	10.8	11.1	11.4	11.8	12.1	12.6
80	8.4	8.7	8.9	9.1	9.3	9.6	10.2	10.9	11.2	11.5	11.9	12.2	12.7
80.5	8.5	8.8	9.0	9.2	9.4	9.7	10.3	11.0	11.4	11.6	12.0	12.3	12.8
81	8.6	8.9	9.1	9.3	9.5	9.8	10.4	11.1	11.5	11.7	12.2	12.4	13.0
81.5	8.6	9.0	9.2	9.4	9.6	9.9	10.6	11.2	11.6	11.9	12.3	12.6	13.1
82	8.7	9.1	9.3	9.5	9.7	10.1	10.7	11.3	11.7	12.0	12.4	12.7	13.2
82.5	8.8	9.2	9.4	9.6	9.9	10.2	10.8	11.5	11.9	12.1	12.5	12.8	13.4
83	8.9	9.3	9.5	9.8	10.0	10.3	10.9	11.6	12.0	12.3	12.7	13.0	13.5

선 키 (cm)	체중(kg) 백분위수												
	1st	3rd	5th	10th	15th	25th	50th	75th	85th	90th	95th	97th	99th
83.5	9.0	9.4	9.6	9.9	10.1	10.4	11.0	11.7	12.1	12.4	12.8	13.1	13.7
84	9.1	9.5	9.7	10.0	10.2	10.5	11.1	11.8	12.2	12.5	13.0	13.3	13.8
84.5	9.2	9.6	9.8	10.1	10.3	10.6	11.3	12.0	12.4	12.7	13.1	13.4	14.0
85	9.3	9.7	9.9	10.2	10.4	10.7	11.4	12.1	12.5	12.8	13.2	13.5	14.1
85.5	9.4	9.8	10.0	10.3	10.5	10.9	11.5	12.2	12.7	12.9	13.4	13.7	14.3
86	9.5	9.9	10.1	10.4	10.6	11.0	11.6	12.4	12.8	13.1	13.5	13.8	14.4
86.5	9.6	10.0	10.2	10.5	10.8	11.1	11.8	12.5	12.9	13.2	13.7	14.0	14.6
87	9.7	10.1	10.3	10.6	10.9	11.2	11.9	12.6	13.1	13.4	13.8	14.1	14.8
87.5	9.9	10.2	10.4	10.8	11.0	11.3	12.0	12.8	13.2	13.5	14.0	14.3	14.9
88	10.0	10.3	10.5	10.9	11.1	11.4	12.1	12.9	13.3	13.7	14.1	14.4	15.1
88.5	10.1	10.4	10.6	11.0	11.2	11.6	12.3	13.0	13.5	13.8	14.3	14.6	15.2
89	10.2	10.5	10.8	11.1	11.3	11.7	12.4	13.2	13.6	13.9	14.4	14.7	15.4
89.5	10.3	10.6	10.9	11.2	11.4	11.8	12.5	13.3	13.8	14.1	14.6	14.9	15.5
90	10.4	10.8	11.0	11.3	11.5	11.9	12.6	13.4	13.9	14.2	14.7	15.0	15.7
90.5	10.5	10.9	11.1	11.4	11.7	12.0	12.8	13.6	14.0	14.4	14.9	15.2	15.9
91	10.6	11.0	11.2	11.5	11.8	12.1	12.9	13.7	14.2	14.5	15.0	15.3	16.0
91.5	10.7	11.1	11.3	11.6	11.9	12.3	13.0	13.8	14.3	14.6	15.1	15.5	16.2
92	10.8	11.2	11.4	11.7	12.0	12.4	13.1	14.0	14.4	14.8	15.3	15.6	16.3
92.5	10.9	11.3	11.5	11.9	12.1	12.5	13.3	14.1	14.6	14.9	15.4	15.8	16.5
93	11.0	11.4	11.6	12.0	12.2	12.6	13.4	14.2	14.7	15.1	15.6	15.9	16.6
93.5	11.1	11.5	11.7	12.1	12.3	12.7	13.5	14.4	14.9	15.2	15.7	16.1	16.8
94	11.2	11.6	11.8	12.2	12.4	12.8	13.6	14.5	15.0	15.3	15.9	16.2	16.9
94.5	11.3	11.7	11.9	12.3	12.6	13.0	13.8	14.6	15.1	15.5	16.0	16.4	17.1
95	11.4	11.8	12.0	12.4	12.7	13.1	13.9	14.8	15.3	15.6	16.2	16.5	17.3
95.5	11.5	11.9	12.1	12.5	12.8	13.2	14.0	14.9	15.4	15.8	16.3	16.7	17.4
96	11.6	12.0	12.3	12.6	12.9	13.3	14.1	15.0	15.6	15.9	16.5	16.9	17.6
96.5	11.7	12.1	12.4	12.8	13.0	13.4	14.3	15.2	15.7	16.1	16.6	17.0	17.8
97	11.8	12.2	12.5	12.9	13.1	13.6	14.4	15.3	15.8	16.2	16.8	17.2	17.9
97.5	11.9	12.3	12.6	13.0	13.3	13.7	14.5	15.5	16.0	16.4	16.9	17.3	18.1
98	12.0	12.4	12.7	13.1	13.4	13.8	14.7	15.6	16.1	16.5	17.1	17.5	18.3
98.5	12.1	12.6	12.8	13.2	13.5	13.9	14.8	15.7	16.3	16.7	17.3	17.7	18.4
99	12.2	12.7	12.9	13.3	13.6	14.1	14.9	15.9	16.4	16.8	17.4	17.8	18.6
99.5	12.3	12.8	13.0	13.5	13.8	14.2	15.1	16.0	16.6	17.0	17.6	18.0	18.8
100	12.4	12.9	13.2	13.6	13.9	14.3	15.2	16.2	16.8	17.2	17.8	18.2	19.0
100.5	12.5	13.0	13.3	13.7	14.0	14.5	15.4	16.4	16.9	17.3	17.9	18.3	19.2
101	12.7	13.1	13.4	13.8	14.1	14.6	15.5	16.5	17.1	17.5	18.1	18.5	19.4
101.5	12.8	13.3	13.5	14.0	14.3	14.7	15.7	16.7	17.2	17.7	18.3	18.7	19.5

선 키 (cm)	체중(kg) 백분위수												
	1st	3rd	5th	10th	15th	25th	50th	75th	85th	90th	95th	97th	99th
102	12,9	13,4	13,7	14,1	14,4	14,9	15,8	16,8	17,4	17,8	18,5	18,9	19,7
102,5	13,0	13,5	13,8	14,2	14,5	15,0	16,0	17,0	17,6	18,0	18,7	19,1	19,9
103	13,1	13,6	13,9	14,4	14,7	15,2	16,1	17,2	17,8	18,2	18,8	19,3	20,2
103,5	13,3	13,8	14,1	14,5	14,8	15,3	16,3	17,3	17,9	18,4	19,0	19,5	20,4
104	13,4	13,9	14,2	14,7	15,0	15,5	16,4	17,5	18,1	18,6	19,2	19,7	20,6
104,5	13,5	14,0	14,3	14,8	15,1	15,6	16,6	17,7	18,3	18,7	19,4	19,9	20,8
105	13,6	14,2	14,5	14,9	15,3	15,8	16,8	17,9	18,5	18,9	19,6	20,1	21,0
105,5	13,8	14,3	14,6	15,1	15,4	15,9	16,9	18,1	18,7	19,1	19,8	20,3	21,2
106	13,9	14,5	14,8	15,2	15,6	16,1	17,1	18,2	18,9	19,3	20,0	20,5	21,4
106,5	14,1	14,6	14,9	15,4	15,7	16,3	17,3	18,4	19,1	19,5	20,2	20,7	21,7
107	14,2	14,7	15,1	15,6	15,9	16,4	17,5	18,6	19,3	19,7	20,5	21,0	21,9
107,5	14,3	14,9	15,2	15,7	16,1	16,6	17,7	18,8	19,5	20,0	20,7	21,2	22,1
108	14,5	15,0	15,4	15,9	16,2	16,8	17,8	19,0	19,7	20,2	20,9	21,4	22,4
108,5	14,6	15,2	15,5	16,0	16,4	16,9	18,0	19,2	19,9	20,4	21,1	21,6	22,6
109	14,8	15,4	15,7	16,2	16,6	17,1	18,2	19,4	20,1	20,6	21,4	21,9	22,9
109,5	14,9	15,5	15,8	16,4	16,7	17,3	18,4	19,6	20,3	20,8	21,6	22,1	23,1
110	15,1	15,7	16,0	16,5	16,9	17,5	18,6	19,8	20,6	21,1	21,8	22,4	23,4
110,5	15,2	15,8	16,2	16,7	17,1	17,7	18,8	20,1	20,8	21,3	22,1	22,6	23,7
111	15,4	16,0	16,3	16,9	17,3	17,8	19,0	20,3	21,0	21,5	22,3	22,8	23,9
111,5	15,5	16,2	16,5	17,1	17,4	18,0	19,2	20,5	21,2	21,7	22,6	23,1	24,2
112	15,7	16,3	16,7	17,2	17,6	18,2	19,4	20,7	21,5	22,0	22,8	23,4	24,5
112,5	15,9	16,5	16,8	17,4	17,8	18,4	19,6	20,9	21,7	22,2	23,1	23,6	24,7
113	16,0	16,7	17,0	17,6	18,0	18,6	19,8	21,2	21,9	22,5	23,3	23,9	25,0
113,5	16,2	16,8	17,2	17,8	18,2	18,8	20,0	21,4	22,2	22,7	23,6	24,1	25,3
114	16,3	17,0	17,4	17,9	18,4	19,0	20,2	21,6	22,4	23,0	23,8	24,4	25,6
114,5	16,5	17,2	17,5	18,1	18,5	19,2	20,5	21,8	22,6	23,2	24,1	24,7	25,8
115	16,7	17,3	17,7	18,3	18,7	19,4	20,7	22,1	22,9	23,4	24,3	24,9	26,1
115,5	16,8	17,5	17,9	18,5	18,9	19,6	20,9	22,3	23,1	23,7	24,6	25,2	26,4
116	17,0	17,7	18,1	18,7	19,1	19,8	21,1	22,5	23,4	23,9	24,9	25,5	26,7
116,5	17,2	17,9	18,3	18,9	19,3	20,0	21,3	22,8	23,6	24,2	25,1	25,7	27,0
117	17,3	18,0	18,4	19,1	19,5	20,2	21,5	23,0	23,8	24,4	25,4	26,0	27,3
117,5	17,5	18,2	18,6	19,2	19,7	20,4	21,7	23,2	24,1	24,7	25,6	26,3	27,5
118	17,7	18,4	18,8	19,4	19,9	20,6	22,0	23,5	24,3	25,0	25,9	26,5	27,8
118,5	17,8	18,6	19,0	19,6	20,1	20,8	22,2	23,7	24,6	25,2	26,2	26,8	28,1
119	18,0	18,7	19,1	19,8	20,3	21,0	22,4	23,9	24,8	25,5	26,4	27,1	28,4
119,5	18,2	18,9	19,3	20,0	20,5	21,2	22,6	24,2	25,1	25,7	26,7	27,4	28,7
120	18,3	19,1	19,5	20,2	20,6	21,4	22,8	24,4	25,3	26,0	27,0	27,6	29,0

13. 남자 3~18세 신장별 체중 백분위수

선 키 (cm)	체중(kg) 백분위수												
	1st	3rd	5th	10th	15th	25th	50th	75th	85th	90th	95th	97th	99th
90	10,9	11,3	11,6	11,9	12,2	12,5	13,2	13,9	14,2	14,5	14,8	15,1	15,5
91	11,1	11,6	11,8	12,2	12,4	12,8	13,4	14,1	14,5	14,7	15,1	15,3	15,8
92	11,4	11,8	12,1	12,4	12,7	13,0	13,7	14,4	14,7	15,0	15,4	15,6	16,1
93	11,6	12,1	12,3	12,7	12,9	13,3	13,9	14,6	15,0	15,3	15,6	15,9	16,4
94	11,9	12,3	12,5	12,9	13,2	13,5	14,2	14,9	15,3	15,5	15,9	16,2	16,6
95	12,1	12,6	12,8	13,2	13,4	13,8	14,5	15,2	15,5	15,8	16,2	16,5	16,9
96	12,4	12,8	13,0	13,4	13,6	14,0	14,7	15,4	15,8	16,1	16,5	16,7	17,2
97	12,6	13,0	13,3	13,6	13,9	14,3	15,0	15,7	16,1	16,4	16,8	17,0	17,5
98	12,9	13,3	13,5	13,9	14,1	14,5	15,2	16,0	16,4	16,6	17,0	17,3	17,8
99	13,1	13,5	13,8	14,1	14,4	14,8	15,5	16,2	16,6	16,9	17,3	17,6	18,1
100	13,3	13,8	14,0	14,4	14,6	15,0	15,8	16,5	16,9	17,2	17,7	17,9	18,5
101	13,6	14,0	14,3	14,6	14,9	15,3	16,0	16,8	17,3	17,5	18,0	18,3	18,9
102	13,8	14,3	14,5	14,9	15,2	15,6	16,3	17,1	17,6	17,9	18,3	18,6	19,2
103	14,1	14,5	14,8	15,2	15,4	15,8	16,6	17,5	17,9	18,2	18,7	19,0	19,6
104	14,3	14,8	15,0	15,4	15,7	16,1	16,9	17,8	18,2	18,6	19,1	19,4	20,0
105	14,5	15,0	15,3	15,7	16,0	16,4	17,2	18,1	18,6	18,9	19,4	19,8	20,4
106	14,8	15,3	15,6	16,0	16,3	16,7	17,6	18,5	19,0	19,3	19,8	20,2	20,9
107	15,0	15,5	15,8	16,3	16,6	17,0	17,9	18,8	19,3	19,7	20,2	20,6	21,3
108	15,3	15,8	16,1	16,5	16,8	17,3	18,2	19,2	19,7	20,1	20,7	21,0	21,8
109	15,6	16,1	16,4	16,8	17,1	17,6	18,6	19,5	20,1	20,5	21,1	21,5	22,3
110	15,8	16,4	16,7	17,1	17,4	17,9	18,9	19,9	20,5	20,9	21,5	21,9	22,7
111	16,1	16,6	16,9	17,4	17,8	18,3	19,2	20,3	20,9	21,3	22,0	22,4	23,2
112	16,4	16,9	17,2	17,7	18,1	18,6	19,6	20,7	21,3	21,8	22,4	22,9	23,8
113	16,7	17,2	17,5	18,0	18,4	18,9	20,0	21,1	21,8	22,2	22,9	23,4	24,3
114	16,9	17,5	17,8	18,4	18,7	19,3	20,4	21,5	22,2	22,7	23,4	23,9	24,9
115	17,2	17,8	18,2	18,7	19,1	19,6	20,7	22,0	22,7	23,2	23,9	24,4	25,5
116	17,5	18,1	18,5	19,0	19,4	20,0	21,1	22,4	23,1	23,7	24,4	25,0	26,1
117	17,8	18,4	18,8	19,3	19,7	20,3	21,5	22,9	23,6	24,1	25,0	25,5	26,6
118	18,1	18,7	19,1	19,7	20,1	20,7	22,0	23,3	24,1	24,7	25,6	26,1	27,3
119	18,4	19,1	19,4	20,0	20,5	21,1	22,4	23,8	24,7	25,2	26,1	26,8	28,0
120	18,7	19,4	19,8	20,4	20,8	21,5	22,8	24,3	25,2	25,8	26,7	27,4	28,6
121	19,0	19,7	20,1	20,8	21,2	21,9	23,3	24,9	25,8	26,4	27,4	28,1	29,4
122	19,3	20,1	20,5	21,2	21,6	22,4	23,8	25,4	26,4	27,0	28,1	28,8	30,2
123	19,6	20,4	20,8	21,5	22,0	22,8	24,3	26,0	27,0	27,7	28,7	29,5	30,9
124	19,9	20,8	21,2	22,0	22,5	23,3	24,9	26,6	27,7	28,4	29,5	30,3	31,8
125	20,3	21,1	21,6	22,4	22,9	23,7	25,4	27,3	28,3	29,1	30,3	31,1	32,7
126	20,6	21,5	22,0	22,8	23,4	24,2	26,0	27,9	29,0	29,8	31,0	31,9	33,6

선 키 (cm)	체중(kg) 백분위수												
	1st	3rd	5th	10th	15th	25th	50th	75th	85th	90th	95th	97th	99th
127	20.9	21.9	22.4	23.2	23.8	24.7	26.6	28.6	29.8	30.6	31.9	32.8	34.5
128	21.3	22.3	22.8	23.7	24.3	25.3	27.2	29.3	30.5	31.4	32.7	33.7	35.5
129	21.7	22.7	23.3	24.2	24.8	25.8	27.8	30.0	31.3	32.2	33.6	34.5	36.5
130	22.0	23.1	23.7	24.7	25.3	26.4	28.4	30.7	32.1	33.0	34.5	35.5	37.5
131	22.4	23.5	24.1	25.1	25.8	26.9	29.1	31.5	32.9	33.9	35.4	36.4	38.5
132	22.8	24.0	24.6	25.6	26.4	27.5	29.7	32.2	33.7	34.7	36.3	37.4	39.6
133	23.2	24.4	25.1	26.1	26.9	28.1	30.4	33.0	34.5	35.6	37.3	38.4	40.6
134	23.6	24.8	25.5	26.7	27.5	28.7	31.1	33.8	35.4	36.5	38.2	39.4	41.7
135	24.0	25.3	26.0	27.2	28.0	29.3	31.8	34.6	36.3	37.4	39.2	40.4	42.8
136	24.4	25.7	26.5	27.7	28.6	29.9	32.6	35.5	37.2	38.3	40.2	41.4	43.9
137	24.8	26.2	27.0	28.3	29.2	30.5	33.3	36.3	38.1	39.3	41.2	42.5	45.0
138	25.2	26.7	27.5	28.8	29.8	31.2	34.0	37.2	39.0	40.2	42.2	43.5	46.2
139	25.7	27.2	28.0	29.4	30.4	31.9	34.8	38.0	39.9	41.2	43.2	44.6	47.3
140	26.1	27.7	28.6	30.0	31.0	32.5	35.6	38.9	40.8	42.2	44.3	45.7	48.5
141	26.5	28.2	29.1	30.6	31.6	33.2	36.4	39.8	41.8	43.2	45.3	46.8	49.6
142	27.0	28.7	29.7	31.2	32.3	33.9	37.2	40.7	42.7	44.1	46.3	47.8	50.7
143	27.5	29.3	30.3	31.8	32.9	34.6	37.9	41.6	43.7	45.1	47.4	48.9	51.9
144	28.0	29.8	30.8	32.4	33.6	35.3	38.7	42.5	44.6	46.1	48.4	49.9	53.0
145	28.5	30.4	31.4	33.1	34.3	36.0	39.6	43.4	45.6	47.1	49.4	51.0	54.1
146	29.1	31.0	32.1	33.8	35.0	36.8	40.4	44.3	46.5	48.1	50.5	52.1	55.2
147	29.6	31.6	32.7	34.4	35.6	37.5	41.2	45.2	47.5	49.1	51.5	53.1	56.3
148	30.2	32.2	33.3	35.1	36.4	38.3	42.0	46.1	48.4	50.1	52.5	54.2	57.5
149	30.8	32.9	34.0	35.8	37.1	39.0	42.9	47.0	49.4	51.1	53.6	55.3	58.6
150	31.4	33.5	34.7	36.5	37.8	39.8	43.7	48.0	50.4	52.1	54.6	56.4	59.8
151	32.0	34.1	35.3	37.2	38.5	40.6	44.6	48.9	51.4	53.1	55.7	57.5	61.0
152	32.6	34.8	36.0	37.9	39.3	41.3	45.4	49.8	52.3	54.1	56.8	58.6	62.2
153	33.2	35.4	36.7	38.6	40.0	42.1	46.3	50.8	53.3	55.1	57.9	59.7	63.4
154	33.9	36.1	37.4	39.3	40.7	42.9	47.1	51.7	54.3	56.1	58.9	60.8	64.5
155	34.5	36.8	38.0	40.1	41.5	43.6	47.9	52.6	55.2	57.1	59.9	61.8	65.6
156	35.1	37.5	38.7	40.8	42.2	44.4	48.7	53.4	56.1	58.0	60.9	62.9	66.7
157	35.8	38.1	39.4	41.5	42.9	45.1	49.5	54.3	57.0	58.9	61.9	63.8	67.7
158	36.5	38.8	40.1	42.2	43.7	45.9	50.3	55.1	57.9	59.8	62.8	64.8	68.7
159	37.1	39.5	40.8	42.9	44.4	46.6	51.1	56.0	58.8	60.7	63.7	65.7	69.7
160	37.8	40.2	41.6	43.7	45.2	47.4	52.0	56.9	59.7	61.6	64.7	66.7	70.7
161	38.6	41.0	42.3	44.5	46.0	48.2	52.8	57.8	60.6	62.6	65.6	67.7	71.7
162	39.3	41.7	43.1	45.2	46.7	49.1	53.7	58.6	61.5	63.5	66.6	68.7	72.7
163	40.1	42.5	43.9	46.1	47.6	49.9	54.5	59.6	62.4	64.5	67.6	69.6	73.8

선 키 (cm)	체중(kg) 백분위수												
	1st	3rd	5th	10th	15th	25th	50th	75th	85th	90th	95th	97th	99th
164	40.9	43.3	44.7	46.9	48.4	50.8	55.4	60.5	63.4	65.4	68.5	70.6	74.8
165	41.7	44.2	45.5	47.7	49.3	51.6	56.3	61.4	64.3	66.4	69.5	71.6	75.8
166	42.5	45.0	46.4	48.6	50.1	52.5	57.2	62.4	65.3	67.4	70.5	72.7	76.9
167	43.3	45.8	47.2	49.5	51.0	53.4	58.2	63.3	66.3	68.4	71.6	73.7	78.0
168	44.1	46.7	48.1	50.3	51.9	54.3	59.1	64.3	67.3	69.4	72.6	74.8	79.0
169	44.9	47.5	48.9	51.2	52.7	55.2	60.0	65.2	68.2	70.3	73.6	75.8	80.1
170	45.7	48.3	49.7	52.0	53.6	56.0	60.9	66.2	69.2	71.3	74.6	76.8	81.1
171	46.5	49.1	50.5	52.8	54.4	56.9	61.8	67.1	70.1	72.3	75.5	77.7	82.1
172	47.2	49.8	51.3	53.6	55.2	57.7	62.6	67.9	71.0	73.1	76.4	78.6	83.0
173	47.9	50.5	52.0	54.3	55.9	58.4	63.4	68.8	71.8	74.0	77.3	79.5	83.9
174	48.6	51.2	52.7	55.1	56.7	59.2	64.2	69.6	72.7	74.9	78.2	80.4	84.9
175	49.2	51.9	53.4	55.8	57.4	60.0	65.0	70.4	73.6	75.7	79.1	81.3	85.8
176	49.9	52.6	54.1	56.5	58.2	60.7	65.8	71.3	74.4	76.6	80.0	82.2	86.7
177	50.5	53.2	54.8	57.2	58.9	61.5	66.6	72.1	75.3	77.5	80.9	83.2	87.6
178	51.0	53.8	55.4	57.9	59.6	62.3	67.5	73.1	76.2	78.4	81.8	84.1	88.5
179	51.5	54.4	56.0	58.6	60.4	63.1	68.4	74.0	77.2	79.4	82.8	85.0	89.4
180	52.0	55.0	56.7	59.3	61.1	63.9	69.3	75.0	78.1	80.3	83.7	85.9	90.3
181	52.4	55.6	57.3	60.0	61.9	64.7	70.2	75.9	79.1	81.3	84.6	86.9	91.1
182	52.8	56.1	57.9	60.7	62.6	65.5	71.1	76.9	80.1	82.3	85.6	87.8	92.0
183	53.3	56.7	58.5	61.4	63.4	66.3	72.0	77.8	81.0	83.2	86.5	88.7	92.9
184	53.7	57.2	59.1	62.1	64.1	67.1	72.9	78.8	82.0	84.2	87.5	89.6	93.8
185	54.1	57.8	59.8	62.8	64.9	68.0	73.8	79.8	83.0	85.2	88.4	90.6	94.6
186	54.5	58.3	60.4	63.5	65.7	68.8	74.7	80.7	83.9	86.1	89.4	91.5	95.5

494

14. 여자 3~18세 신장별 체중 백분위수

신 키 (cm)	체중(kg) 백분위수												
	1st	3rd	5th	10th	15th	25th	50th	75th	85th	90th	95th	97th	99th
88	10.2	10.6	10.8	11.1	11.4	11.7	12.3	13.0	13.4	13.7	14.0	14.3	14.8
89	10.5	10.9	11.1	11.4	11.6	11.9	12.6	13.3	13.7	13.9	14.3	14.6	15.1
90	10.7	11.1	11.3	11.6	11.9	12.2	12.9	13.5	13.9	14.2	14.6	14.8	15.3
91	11.0	11.3	11.6	11.9	12.1	12.5	13.1	13.8	14.2	14.4	14.8	15.1	15.6
92	11.2	11.6	11.8	12.1	12.4	12.7	13.4	14.1	14.5	14.7	15.1	15.4	15.9
93	11.4	11.8	12.0	12.4	12.6	13.0	13.6	14.3	14.7	15.0	15.4	15.7	16.2
94	11.7	12.1	12.3	12.6	12.9	13.2	13.9	14.6	15.0	15.3	15.7	15.9	16.4
95	11.9	12.3	12.5	12.9	13.1	13.5	14.2	14.9	15.3	15.5	15.9	16.2	16.7
96	12.2	12.6	12.8	13.1	13.4	13.7	14.4	15.1	15.5	15.8	16.2	16.5	17.0
97	12.4	12.8	13.0	13.4	13.6	14.0	14.7	15.4	15.8	16.1	16.5	16.8	17.3
98	12.6	13.1	13.3	13.6	13.9	14.3	15.0	15.7	16.1	16.4	16.8	17.1	17.6
99	12.9	13.3	13.5	13.9	14.2	14.5	15.2	16.0	16.4	16.7	17.1	17.4	17.9
100	13.1	13.6	13.8	14.2	14.4	14.8	15.5	16.3	16.7	17.0	17.4	17.7	18.3
101	13.4	13.8	14.0	14.4	14.7	15.1	15.8	16.6	17.0	17.3	17.8	18.1	18.7
102	13.6	14.0	14.3	14.7	14.9	15.3	16.1	16.9	17.4	17.7	18.2	18.5	19.1
103	13.8	14.3	14.5	14.9	15.2	15.6	16.4	17.3	17.7	18.0	18.5	18.8	19.5
104	14.1	14.5	14.8	15.2	15.5	15.9	16.7	17.6	18.1	18.4	18.9	19.2	19.9
105	14.3	14.8	15.1	15.5	15.8	16.2	17.0	17.9	18.4	18.8	19.3	19.6	20.3
106	14.5	15.0	15.3	15.7	16.0	16.5	17.4	18.3	18.8	19.2	19.7	20.1	20.8
107	14.8	15.3	15.6	16.0	16.3	16.8	17.7	18.6	19.2	19.5	20.1	20.5	21.2
108	15.0	15.5	15.8	16.3	16.6	17.1	18.0	19.0	19.6	20.0	20.6	21.0	21.7
109	15.3	15.8	16.1	16.6	16.9	17.4	18.3	19.4	20.0	20.4	21.0	21.4	22.3
110	15.5	16.1	16.4	16.8	17.2	17.7	18.7	19.8	20.4	20.8	21.5	21.9	22.8
111	15.8	16.3	16.6	17.1	17.5	18.0	19.0	20.2	20.8	21.3	21.9	22.4	23.3
112	16.0	16.6	16.9	17.4	17.8	18.3	19.4	20.6	21.2	21.7	22.4	22.9	23.9
113	16.3	16.9	17.2	17.7	18.1	18.7	19.8	21.0	21.7	22.2	22.9	23.4	24.4
114	16.6	17.2	17.5	18.0	18.4	19.0	20.1	21.4	22.1	22.6	23.4	23.9	25.0
115	16.8	17.4	17.8	18.3	18.7	19.3	20.5	21.8	22.6	23.1	23.9	24.5	25.6
116	17.1	17.7	18.1	18.7	19.1	19.7	20.9	22.3	23.0	23.6	24.4	25.0	26.2
117	17.4	18.0	18.4	19.0	19.4	20.0	21.3	22.7	23.5	24.1	25.0	25.6	26.8
118	17.7	18.3	18.7	19.3	19.8	20.4	21.7	23.2	24.0	24.6	25.5	26.2	27.4
119	17.9	18.7	19.0	19.7	20.1	20.8	22.2	23.7	24.6	25.2	26.2	26.8	28.1
120	18.2	19.0	19.4	20.0	20.5	21.2	22.6	24.2	25.1	25.7	26.8	27.5	28.8
121	18.5	19.3	19.7	20.4	20.9	21.6	23.1	24.7	25.7	26.3	27.4	28.1	29.6
122	18.9	19.6	20.1	20.8	21.3	22.0	23.6	25.3	26.2	26.9	28.0	28.8	30.3
123	19.2	20.0	20.4	21.2	21.7	22.5	24.0	25.8	26.8	27.5	28.7	29.5	31.0
124	19.5	20.4	20.8	21.6	22.1	22.9	24.5	26.4	27.4	28.2	29.4	30.2	31.8

선 키 (cm)	체중(kg) 백분위수												
	1st	3rd	5th	10th	15th	25th	50th	75th	85th	90th	95th	97th	99th
125	19.9	20.7	21.2	22.0	22.5	23.4	25.1	26.9	28.1	28.9	30.1	30.9	32.7
126	20.2	21.1	21.6	22.4	23.0	23.8	25.6	27.6	28.7	29.6	30.9	31.8	33.6
127	20.6	21.5	22.0	22.8	23.4	24.3	26.1	28.2	29.4	30.3	31.6	32.6	34.4
128	20.9	21.8	22.4	23.2	23.8	24.8	26.7	28.8	30.1	31.0	32.4	33.4	35.3
129	21.3	22.3	22.8	23.7	24.3	25.3	27.3	29.5	30.8	31.8	33.2	34.2	36.3
130	21.6	22.7	23.2	24.1	24.8	25.8	27.9	30.2	31.5	32.5	34.1	35.1	37.2
131	22.0	23.1	23.7	24.6	25.3	26.3	28.5	30.9	32.3	33.3	34.9	36.0	38.2
132	22.4	23.5	24.1	25.1	25.8	26.9	29.1	31.6	33.1	34.1	35.8	36.9	39.2
133	22.8	23.9	24.5	25.6	26.3	27.4	29.7	32.3	33.8	34.9	36.6	37.8	40.2
134	23.1	24.3	25.0	26.1	26.8	28.0	30.4	33.1	34.6	35.8	37.5	38.7	41.2
135	23.5	24.8	25.4	26.6	27.3	28.6	31.0	33.8	35.4	36.6	38.4	39.6	42.1
136	23.9	25.2	25.9	27.0	27.9	29.1	31.7	34.5	36.2	37.4	39.3	40.5	43.1
137	24.3	25.6	26.4	27.6	28.4	29.7	32.3	35.3	37.0	38.2	40.1	41.4	44.0
138	24.7	26.1	26.8	28.1	28.9	30.3	33.0	36.0	37.7	39.0	40.9	42.2	44.9
139	25.1	26.5	27.3	28.6	29.5	30.8	33.6	36.7	38.5	39.8	41.8	43.1	45.8
140	25.5	27.0	27.8	29.1	30.0	31.5	34.3	37.5	39.3	40.6	42.7	44.0	46.7
141	25.9	27.5	28.3	29.7	30.6	32.1	35.0	38.3	40.2	41.5	43.5	44.9	47.7
142	26.4	28.0	28.9	30.3	31.3	32.8	35.8	39.2	41.1	42.5	44.6	46.0	48.8
143	26.9	28.6	29.5	30.9	31.9	33.5	36.6	40.1	42.0	43.4	45.6	47.0	49.9
144	27.4	29.1	30.0	31.5	32.6	34.2	37.4	40.9	43.0	44.4	46.6	48.1	51.0
145	28.0	29.8	30.7	32.3	33.4	35.0	38.3	41.9	44.0	45.5	47.7	49.2	52.2
146	28.6	30.4	31.4	33.0	34.1	35.8	39.2	42.9	45.0	46.5	48.8	50.3	53.4
147	29.3	31.2	32.2	33.8	35.0	36.8	40.2	44.0	46.2	47.7	50.0	51.6	54.6
148	30.0	31.9	33.0	34.7	35.9	37.7	41.3	45.1	47.3	48.9	51.2	52.8	55.9
149	30.6	32.6	33.7	35.5	36.7	38.6	42.3	46.2	48.5	50.0	52.4	54.0	57.1
150	31.4	33.5	34.6	36.4	37.7	39.6	43.3	47.3	49.6	51.2	53.6	55.2	58.4
151	32.1	34.3	35.4	37.3	38.6	40.5	44.4	48.5	50.8	52.4	54.8	56.5	59.6
152	32.9	35.1	36.3	38.2	39.5	41.5	45.4	49.5	51.9	53.5	55.9	57.6	60.8
153	33.7	36.0	37.2	39.1	40.4	42.4	46.4	50.6	52.9	54.6	57.1	58.7	61.9
154	34.5	36.8	38.0	40.0	41.3	43.4	47.4	51.6	54.0	55.7	58.2	59.8	63.1
155	35.3	37.6	38.8	40.8	42.2	44.2	48.3	52.6	55.0	56.6	59.2	60.9	64.1
156	36.1	38.4	39.7	41.6	43.0	45.1	49.2	53.5	55.9	57.6	60.2	61.9	65.2
157	36.9	39.2	40.5	42.5	43.9	46.0	50.1	54.4	56.9	58.6	61.2	62.9	66.3
158	37.7	40.0	41.2	43.2	44.6	46.7	50.9	55.3	57.7	59.5	62.1	63.8	67.3
159	38.4	40.7	41.9	44.0	45.3	47.5	51.6	56.1	58.6	60.3	63.0	64.8	68.2
160	39.1	41.4	42.7	44.7	46.1	48.2	52.4	56.9	59.5	61.2	63.9	65.7	69.2
161	39.7	42.1	43.3	45.4	46.8	48.9	53.2	57.7	60.3	62.1	64.8	66.6	70.2

선 키 (cm)	체중(kg) 백분위수												
	1st	3rd	5th	10th	15th	25th	50th	75th	85th	90th	95th	97th	99th
162	40.4	42.7	44.0	46.0	47.5	49.6	53.9	58.5	61.1	62.9	65.7	67.6	71.2
163	41.1	43.4	44.7	46.7	48.1	50.3	54.6	59.3	61.9	63.7	66.6	68.5	72.2
164	41.8	44.1	45.4	47.4	48.8	51.0	55.3	60.0	62.7	64.6	67.5	69.4	73.2
165	42.4	44.8	46.0	48.1	49.5	51.7	56.0	60.8	63.5	65.4	68.3	70.3	74.2
166	43.1	45.4	46.7	48.8	50.2	52.4	56.8	61.6	64.4	66.3	69.3	71.3	75.3
167	43.8	46.1	47.4	49.5	50.9	53.1	57.6	62.4	65.2	67.2	70.3	72.4	76.5
168	44.5	46.8	48.1	50.2	51.6	53.9	58.3	63.3	66.1	68.2	71.3	73.4	77.6
169	45.2	47.5	48.8	50.9	52.3	54.6	59.1	64.1	67.0	69.1	72.3	74.5	78.8
170	45.9	48.2	49.5	51.6	53.0	55.3	59.9	65.0	67.9	70.0	73.3	75.5	80.0
171	46.6	48.9	50.2	52.3	53.8	56.0	60.7	65.8	68.8	70.9	74.3	76.5	81.1
172	47.3	49.6	50.9	53.0	54.5	56.8	61.4	66.6	69.7	71.9	75.3	77.6	82.3
175	49.2	51.9	53.4	55.8	57.4	60.0	65.0	70.4	73.6	75.7	79.1	81.3	85.8
176	49.9	52.6	54.1	56.5	58.2	60.7	65.8	71.3	74.4	76.6	80.0	82.2	86.7
177	50.5	53.2	54.8	57.2	58.9	61.5	66.6	72.1	75.3	77.5	80.9	83.2	87.6
178	51.0	53.8	55.4	57.9	59.6	62.3	67.5	73.1	76.2	78.4	81.8	84.1	88.5
179	51.5	54.4	56.0	58.6	60.4	63.1	68.4	74.0	77.2	79.4	82.8	85.0	89.4
180	52.0	55.0	56.7	59.3	61.1	63.9	69.3	75.0	78.1	80.3	83.7	85.9	90.3
181	52.4	55.6	57.3	60.0	61.9	64.7	70.2	75.9	79.1	81.3	84.6	86.9	91.1
182	52.8	56.1	57.9	60.7	62.6	65.5	71.1	76.9	80.1	82.3	85.6	87.8	92.0
183	53.3	56.7	58.5	61.4	63.4	66.3	72.0	77.8	81.0	83.2	86.5	88.7	92.9
184	53.7	57.2	59.1	62.1	64.1	67.1	72.9	78.8	82.0	84.2	87.5	89.6	93.8
185	54.1	57.8	59.8	62.8	64.9	68.0	73.8	79.8	83.0	85.2	88.4	90.6	94.6
186	54.5	58.3	60.4	63.5	65.7	68.8	74.7	80.7	83.9	86.1	89.4	91.5	95.5

전국 소아 전용 응급실 목록

* 〈전국 소아 전용 응급실 목록〉은 응급의료포털 E-Gen의 자료를 참조하였습니다.

서울		
병원명	대표전화	주소
고려대학교 안암병원	1577-0083	서울특별시 성북구 고려대로 73
가톨릭대학교 여의도성모병원	1661-7575	서울특별시 영등포구 63로 10
강동경희대학교병원	02-440-7114	서울특별시 강동구 동남로 892
강북삼성병원	02-2001-2001	서울특별시 종로구 새문안로 29
건국대학교병원	1588-1533	서울특별시 광진구 능동로 120-1
경희대학교병원	02-958-8114	서울특별시 동대문구 경희대로 23
고려대학교 구로병원	02-2626-1114	서울특별시 구로구 구로동로 148
광명성애병원	02-2680-7114	경기도 광명시 디지털로 36
국립중앙의료원	02-2260-7114	서울특별시 중구 을지로 245
노원을지대학교병원	02-970-8000	서울특별시 노원구 한글비석로 68
삼성서울병원	02-3410-2114	서울특별시 강남구 일원로 81
삼육서울병원	02-2244-0191	서울특별시 동대문구 망우로 82
서울대학교병원	1588-5700	서울특별시 종로구 대학로 101
서울특별시보라매병원	02-870-2114	서울특별시 동작구 보라매로5길 20
강동성심병원	02-2224-2114	서울특별시 강동구 성안로 150
성애병원	02-840-7114	서울특별시 영등포구 여의대방로53길 22
순천향대학교 부속 서울병원	02-27099114	서울특별시 용산구 대사관로 59
강남세브란스병원	02-2019-3114	서울특별시 강남구 언주로 211
한전의료재단 한일병원	02-901-3114	서울특별시 도봉구 우이천로 308
이대목동병원	02-2650-5114	서울특별시 양천구 안양천로 1071
인제대학교 상계백병원	02-950-1114	서울특별시 노원구 동일로 1342
서울아산병원	02-3010-3114	서울특별시 송파구 올림픽로43길 88
중앙대학교병원	1800-1114	서울특별시 동작구 흑석로 102
가톨릭대학교 서울성모병원	1588-1511	서울특별시 서초구 반포대로 222
세브란스병원	02-2228-0114	서울특별시 서대문구 연세로 50-1
한림대학교한강성심병원	02-2639-5114	서울특별시 영등포구 버드나루로7길 12

| 한양대학교의료원 | 02-2290-8114 | 서울특별시 성동구 왕십리로 222-1 |
| 홍익병원 | 02-2693-5555 | 서울특별시 양천구 목동로 225, 홍익병원본관 |

경기도		
병원명	대표전화	주소
가톨릭대학교 성빈센트병원	031-1577-8588	경기도 수원시 팔달구 중부대로 93
가톨릭대학교 의정부성모병원	1661-7500	경기도 의정부시 천보로 271
고려대학교 안산병원	031-412-5653	경기도 안산시 단원구 적금로 123
분당제생병원	031-779-0114	경기도 성남시 분당구 서현로180번길 20
동국대학교일산병원	031-1577-7000	경기도 고양시 일산동구 동국로 27
아주대학교병원	031-219-5114	경기도 수원시 영통구 월드컵로 164
용인세브란스병원	1899-1004	경기도 용인시 기흥구 동백죽전대로 363
동수원병원	031-210-0114	경기도 수원시 팔달구 중부대로 165
명지병원	031-810-5114	경기도 고양시 덕양구 화수로14번길 55
인제대학교 일산백병원	031-910-7114	경기도 고양시 일산서구 주화로 170
분당차병원	031-780-5000	경기도 성남시 분당구 야탑로 59
한림대학교동탄성심병원	031-8086-3000	경기도 화성시 큰재봉길 7
한양대학교구리병원	1644-9118	경기도 구리시 경춘로 153

인천		
병원명	대표전화	주소
가천대 길병원	032-460-3548	인천광역시 남동구 남동대로774번길 21
인하대학교의과대학부속병원	032-890-2114	인천광역시 중구 인항로 27

충남 천안		
병원명	대표전화	주소
단국대학교병원	041-550-7114	충청남도 천안시 동남구 망향로 201
순천향대학교 부속 천안병원	041-570-2114	충청남도 천안시 동남구 순천향6길 31

충북

병원명	대표전화	주소
건국대학교 충주병원	043-840-8200	충청북도 충주시 국원대로 82
명지병원(제천)	043-640-8114	충청북도 제천시 내토로 991
충북대학교병원	043-269-6114	충청북도 청주시 서원구 1순환로 776

대전

병원명	대표전화	주소
충남대학교병원	1599-7123	대전광역시 중구 문화로 282
가톨릭대학교 대전성모병원	042-220-9114	대전광역시 중구 대흥로 64
건양대학교병원	042-600-9999	대전광역시 서구 관저동로 158
대전을지대학교병원	042-611-3000	대전광역시 서구 둔산서로 95

대구

병원명	대표전화	주소
경북대학교병원	053-200-5114	대구광역시 중구 동덕로 130
대구가톨릭대학교병원	053-650-3000	대구광역시 남구 두류공원로17길 33
대구파티마병원	053-1688-7770	대구광역시 동구 아양로 99
영남대학교병원	053-623-8001	대구광역시 남구 현충로 170
칠곡경북대학교병원	053-200-2000	대구광역시 북구 호국로 807

부산

병원명	대표전화	주소
고신대학교복음병원	051-990-6114	부산광역시 서구 감천로 262
동아대학교병원	051-240-2400	부산광역시 서구 대신공원로 26
부산성모병원	051-933-7114	부산광역시 남구 용호로232번길 25-14
인제대학교 부산백병원	051-890-6114	부산광역시 부산진구 복지로 75
인제대학교 해운대백병원	051-797-0100	부산광역시 해운대구 해운대로 875
일신기독병원	051-630-0300	부산광역시 동구 정공단로 27
좋은문화병원	051-644-2002	부산광역시 동구 범일로 119

경북 경주

병원명	대표전화	주소
동국대학교경주병원	054-748-9300	경상북도 경주시 동대로 87

경남

병원명	대표전화	주소
경상대학교병원	055-750-8000	경상남도 진주시 강남로 79
삼성창원병원	055-233-5114	경상남도 창원시 마산회원구 팔용로 158

전북

병원명	대표전화	주소
전북대학교병원	063-250-1114	전라북도 전주시 덕진구 건지로 20

강원도

병원명	대표전화	주소
강릉아산병원	033-610-3114	강원도 강릉시 사천면 방동길 38
강원대학교병원	033-258-2000	강원도 춘천시 백령로 156
연세대학교 원주세브란스기독병원	033-741-0114	강원도 원주시 일산로 20
한림대학교춘천성심병원	033-240-5000	강원도 춘천시 삭주로 77

제주

병원명	대표전화	주소
중앙병원	064-786-7000	제주특별자치도 제주시 월랑로 91
제주대학교병원	064-717-1075	제주특별자치도 제주시 아란13길 15
제주한라병원	064-740-5000	제주특별자치도 제주시 도령로 65
한마음병원	064-750-9000	제주특별자치도 제주시 연신로 52

찾아보기

찾아보기

우리 아이 응급 주치의

초판 1쇄 발행 · 2020년 6월 30일

지은이 · 최석재
펴낸이 · 김동하

책임편집 · 김원희
기획편집 · 양현경
온라인마케팅 · 이인애

펴낸곳 · 책들의정원
출판신고 · 2015년 1월 14일 제2016-000120호
주소 · (03955) 서울시 마포구 방울내로9안길 32, 2층(망원동)
문의 · (070) 7853-8600
팩스 · (02) 6020-8601
이메일 · books-garden1@naver.com
포스트 · post.naver.com/books-garden1

ISBN 979-11-6416-060-0 (13590)

· 이 책은 저작권법에 따라 보호받는 저작물이므로 무단 전재와 무단 복제를 금합니다.
· 잘못된 책은 구입처에서 바꾸어 드립니다.
· 책값은 뒤표지에 있습니다.
· 이 도서의 국립중앙도서관 출판예정도서목록(CIP)은 서지정보유통지원시스템 홈페이지
 (http://seoji.nl.go.kr)와 국가자료공동목록시스템(http://www.nl.go.kr/kolisnet)에서 이용
 하실 수 있습니다.(CIP제어번호: CIP2020024313)